例说电子技术

第2版

LISHUO DIANZI JISHU

主　编　武玉升　张　斌

副主编　刘春霞　刘　霞

参　编　武心庆　隋美娥

主　审　郝　红

中国电力出版社
CHINA ELECTRIC POWER PRESS

内容提要

本书是根据高职高专培养高技能人才的培养目标，按照“项目导向、任务驱动”的教学改革思路来编写的。全书设计了九个教学项目，每个项目由若干个工作任务组成。各项目主要围绕模拟电路和数字电路两大内容展开，其中项目一～项目四为模拟电路，包括：直流稳压电源制作实例、晶体管放大器制作实例、函数信号发生器制作实例、扩音器制作实例；项目五～项目八为数字电路，包括：三人表决器制作实例、智力竞赛抢答器制作实例、循环彩灯控制器制作实例、数字电子钟制作实例。项目九为电子技术课程设计实例，用两个典型的设计项目，实现对模拟电路和数字电路的综合应用。每个项目在编写过程中，以完成工作任务为主线，链接相应的理论知识和技能实训，融“教、学、做”为一体。

本书添加了二维码，读者可以用手机扫描二维码观看知识讲解、PPT 讲解、电路实测、电路仿真、动画演示等微视频，为读者提供了有效的、趣味性的学习资源。

本书内容难易适中、实用性强，可作为高职高专院校电类专业电子技术课程的教材，也可作为成人教育类电子技术课程的教材，也可供广大工程技术人员学习和参考，还适合于电子技术爱好者自学使用。

图书在版编目（CIP）数据

例说电子技术/武玉升，张斌主编．—2 版．—北京：中国电力出版社，2022.1
ISBN 978-7-5198-6075-2（2025.2重印）

Ⅰ.①例… Ⅱ.①武… ②张… Ⅲ.①电子技术 Ⅳ.①TN

中国版本图书馆 CIP 数据核字（2021）第 207185 号

出版发行：中国电力出版社
地　　址：北京市东城区北京站西街 19 号（邮政编码 100005）
网　　址：http：//www.cepp.sgcc.com.cn
责任编辑：王杏芸　（010-63412394）
责任校对：黄　蓓　常燕昆
装帧设计：赵姗姗
责任印制：杨晓东

印　　刷：北京雁林吉兆印刷有限公司
版　　次：2015 年 2 月第一版　2022 年 1 月第二版
印　　次：2025 年 2 月北京第八次印刷
开　　本：787 毫米×1092 毫米　16 开本
印　　张：12
字　　数：296 千字
定　　价：42.00 元

前 言

本书为第二版，为满足新形势下教学要求，与第一版相比，本书融入了山东省《电子技术》省级精品资源共享课的建设成果，添加了二维码，读者可以用手机扫描二维码观看知识讲解、PPT 讲解、电路实测、电路仿真、动画演示等微视频，为读者提供了有效的、趣味性的学习资源。在编写过程中，我们根据行业企业专家对高职高专院校电类专业所涵盖的岗位群进行的工作任务和职业能力的分析，以高职电类专业共同具备的岗位职业能力为依据，遵循学生认知规律，紧密结合职业资格证书中对电子技能所作的要求，确定项目模块和课程内容。

本书以电子技术制作实例为基础，将教学内容分为若干个相对独立的实训项目，每个项目由若干个任务组成。教学过程应充分发挥学生的主动性、积极性，在内容安排上，以应用为目的，注重实用性、先进性，尽量删繁就简，遵循由浅入深、循序渐进的认知规律，将基本知识的学习融合在实际实训项目中，重点放在器件的外部特性和使用上，使教材重点突出、概念清楚、实用性强，注重综合应用能力和基本技能的培养。

本书分为九个项目，其理论和实践内容主要围绕模拟电路项目和数字电路项目两类内容展开。其中模拟电路项目包括：直流稳压电源制作实例、晶体管放大器制作实例、函数信号发生器制作实例、扩音器制作实例；数字电路项目包括：三人表决器制作实例、智力竞赛抢答器制作实例、循环彩灯控制器制作实例、数字电子钟制作实例。教材最后安排了电子技术课程设计实例，用两个典型的综合设计项目，实现对模拟电路和数字电路的综合应用。每个项目在编写过程中，以完成工作任务为主线，链接相应的理论知识和技能实训，融“教、学、做”为一体。

本书由青岛港湾职业技术学院武玉升和张斌任主编，青岛港湾职业技术学院刘春霞、刘霞任副主编，参加本书编写的人员还有青岛港湾职业技术学院武心庆、隋美娥。其中武玉升编写项目一、四、七、八、附录 A，张斌编写项目二、六，刘春霞编写项目三，刘霞编写项目五和附录 C，武心庆编写项目九，隋美娥编写附录 B 和附录 D，并由武玉升负责总体策划及全书统稿。

本书由青岛港湾职业技术学院郝红担任主审，郝红老师在百忙之中对全部书稿进行了详细的审阅，并提出了许多宝贵意见，在此表示衷心感谢！

由于编者水平有限，时间仓促，书中难免存在疏漏及错误之处，恳请广大读者批评指正。

编 者

2022 年 1 月

前 言

第一版

根据教育部对于高等职业教育应“以服务为宗旨、以就业为导向、以能力为本位”的指导思想，结合高等职业教育的发展特点及学生状况，我们深入开展了基于“项目导向、任务驱动”教学模式的教学改革，并根据在多年教学实践中积累的经验，编写了本书。在编写过程中，我们根据行业企业专家对高职电类专业所涵盖的岗位群进行的工作任务和职业能力的分析，以高职电类专业共同具备的岗位职业能力为依据，遵循学生认知规律，紧密结合职业资格证书中对电子技能所作的要求，确定项目模块和课程内容。

本书以电子技术制作实例为基础，将教学内容分为若干个相对独立的实训项目，每个项目由若干个任务组成。教学过程应充分发挥学生的主动性、积极性，注重综合应用能力和基本技能的培养，在内容安排上，以应用为目的，注重实用性、先进性，尽量删繁就简，遵循由浅入深、循序渐进的认知规律，将基本知识的学习融合在实训项目中，将重点放在器件的外部特性和使用上，使教材重点突出、概念清楚、实用性强。

本书分为9个项目，其理论和实践内容主要围绕两大项目展开，即模拟电路项目和数字电路项目。其中模拟电路项目包括：直流稳压电源制作实例、晶体管放大器制作实例、函数信号发生器制作实例、扩音器制作实例；数字电路项目包括：三人表决器制作实例、智力竞赛抢答器制作实例、循环彩灯控制器制作实例、数字电子钟制作实例。教材最后安排了电子技术课程设计实例，用两个典型的综合设计项目，体现了对模拟电路和数字电路的综合应用。每个项目在编写过程中，都以完成工作任务为主线，链接相应的理论知识和技能实训，融“教、学、做”为一体。

本书由青岛港湾职业技术学院武玉升和张斌任主编，青岛港湾职业技术学院刘春霞、刘霞任副主编，参加本书编写的人员还有：青岛港湾职业技术学院武心庆、隋美娥。其中武玉升编写项目一、四、七、八和附录A，张斌编写项目二、六，刘春霞编写项目三，刘霞编写项目五和附录C，武心庆编写项目九，隋美娥编写附录B和附录D，并由武玉升负责总体策划及全书统稿。

本书由青岛港湾职业技术学院郝红担任主审，郝红老师在百忙之中对全部书稿进行了详细的审阅，并提出了许多宝贵意见，在此表示衷心感谢！

由于编者水平有限，加之时间仓促，书中难免存在疏漏及错误之处，恳请广大读者批评指正。

编 者

2015年1月

目 录

项目一

直流稳压电源制作实例

在电子设备和自控装置中，一般都需要稳定的直流电源，功率较小的直流电源大多数都是将交流电经过整流、滤波和稳压后获得的。功率较大的直流电源大多采用晶闸管等半导体开关器件完成整流。

扫一扫

项目要求：

利用三端集成稳压器制作一个固定输出为15V的直流稳压电源和一个输出可调的直流稳压电源，要求输出电压稳定，最大输出电流为1A，且电路能带动一定的负载。

任务一　认识半导体二极管

如果我们打开个人台式电脑的主机箱、收音机等家用电器的后盖，就会看到各种各样的电子元器件安装在不同的电路板上，正是有了由这些电子元器件组成的各种功能电路，才能保证这些电子产品的正常工作。学习电子技术，首先应该学会对这些电子元器件进行选择、检测和质量判别。电子电路中主要包括以下元器件：电阻器、电容器、电感器，还有二极管、晶体管等。电阻器、电容器和电感器是常见的电子元件，在本项目中，我们首先来认识半导体二极管。

扫一扫

1.1.1　半导体的基本知识

自然界的物质按导电能力分为导体、半导体和绝缘体。半导体就是指导电能力介于导体和绝缘体之间的物质，如硅、锗、硒、砷化镓以及大多数金属氧化物和硫化物等。

半导体的导电能力受各种因素的影响，其主要特性有：

(1) 热敏性。有些半导体对温度的反应特别灵敏，当温度升高时，电阻率就会下降，导电能力会增强很多。例如，纯锗温度每升高10℃，它的电阻率就会下降到原来的一半左右。利用半导体的这种特性就可以做成各种热敏元件。

(2) 光敏性。有些半导体受到光照时，它的导电能力会变得很强，当无光照时，又会变得像绝缘体那样不导电。例如，硫化镉在没有光照时，电阻高达几十兆欧，受到光照时，电阻可降到几十千欧。利用半导体的这种特性可以做成各种光电元件。

(3) 掺杂性。在纯净的半导体中掺入微量的某种杂质后，它的导电能力就可以增加几十万甚至几百万倍。例如在纯净的硅中掺入百万分之一的硼后，硅的电阻率从大约 $2\times10^{3}\Omega\cdot m$ 减少到 $4\times10^{-3}\Omega\cdot m$。利用半导体的这种特性可以制成不同用途的半导体器件，如半导体二极管、三极管、场效应晶体管和晶闸管等。

纯净的半导体（本征半导体）掺入微量元素后就成为杂质半导体，它的导电能力将大大增强。根据掺入杂质的不同，杂质半导体主要分为P型半导体和N型半导体。P型或N型半导体的导电能力虽然很强，但并不能直接用来制造半导体器件。

PN结是构成各种半导体器件的基础。利用特殊的工艺把一块P型半导体和一块N型半导体连接到一起后，在它们的交界面就会形成PN结。PN结具有单向导电的特性，即在PN结上加正向电压（P接正，N接负）时，PN结电阻很低，正向电流很大，相当于一个导通的开关，这时PN结处于导通状态。反之，加反向电压（P接负，N接正）时，PN结电阻很高，反向电流很低，忽略不计时相当于一个断开的开关，这时PN结处于截止状态。

1.1.2 半导体二极管

1. 二极管的结构和符号

将PN结加上相应的电极引线和管壳，就成为半导体二极管。图1-1(a)为一些常见二极管的外形图。图1-1(b)为半导体二极管的基本结构图，其核心部分是由P型半导体和N型半导体结合而成的PN结，从P区和N区各引出一个电极，并在外面加管壳封装。图1-1(c)是二极管的图形符号，其中从P区引出的电极叫阳极（正极），从N区引出的电极叫阴极（负极），箭头的方向表示正向电流的方向，VD是二极管的文字符号。按结构分，二极管有点接触型和面接触型两类。点接触型二极管的特点是PN结的结面积小，因此管子中不允许通过较大的电流，但其高频性能好，适用于高频和小功率场合的工作。面接触二极管由于PN结的结面积大，故允许流过较大的电流，但只能在较低频率下工作，可用于整流电路。根据材料的不同，二极管又分为硅二极管和锗二极管。

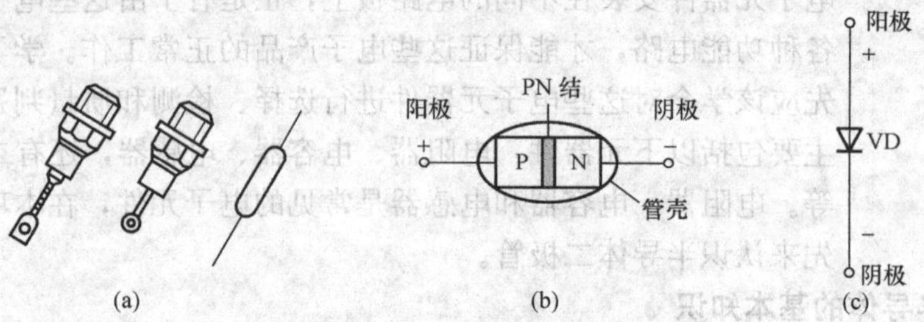

图1-1 二极管的外形、结构和符号

(a) 外形；(b) 结构；(c) 符号

2. 二极管的伏安特性

二极管最主要的特性是单向导电性，下面我们通过伏安特性曲线来说明。二极管两端的电压U与流过二极管中的电流I之间的关系，称为二极管的伏安特性。图1-2是硅二极管的伏安特性曲线。

(1) 正向特性。当外加正向电压很低时，二极管的正向电流很小，几乎为零。当正向电压超过一定数值后，二极管中的电流增长很快，这个定值称为死区电压U_{th}，其大小与材料及环境温度有关。通常，硅管的死区电压约为0.5V，锗管约为0.2V。管子导通后，当正向电流在较大范围内变化时，管子上的压降却变化很小，我们把这个电压称为管子的导通压降U_F，硅管约为0.7V，锗管约为0.3V。硅二极管的伏安特性曲线比锗二极管的要陡。

(2) 反向特性。在二极管上加反向电压时，只有很小的反向电流（$I \approx -I_S$）流过二极管。它的反向电流有两个特点，一是它随温度的上升增长很快，二是在反向电压不超过某一范围时，反向电流的大小基本不变，而与反向电压的高低无关，故通常称它为反向饱和电流。反向饱和电流是衡量二极管质量优劣的重要参数，其值越小，二极管的质量就越好，一般硅管的反向电流要比锗管的反向电流要小得多。

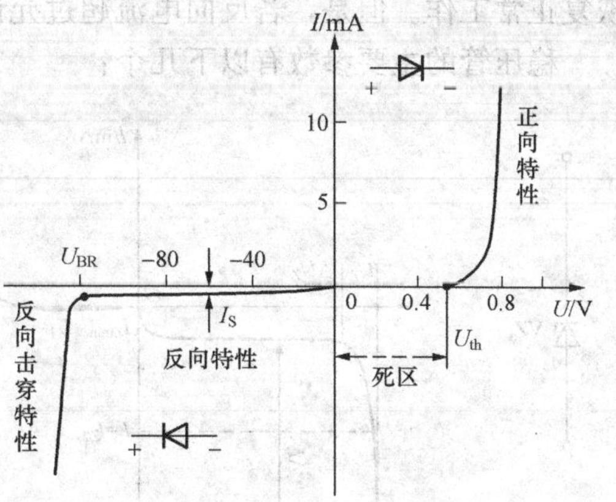

图 1-2　硅二极管的伏安特性曲线

(3) 反向击穿特性。当外加反向电压过高，超过 U_{BR} 以后，反向电流将急剧增大，这种现象称为反向击穿，U_{BR} 称为反向击穿电压。二极管击穿以后便不再具有单向导电性。

必须说明一点，发生击穿并不意味着二极管被损坏。实际上，当反向击穿时，只要控制反向电流的数值不过大从而使二极管过热烧坏，则当反向电压降低时，二极管的性能就可以恢复正常。如果二极管的反向电压超过反向击穿电压后，没有采取适当的限流措施，二极管会因电流过大、电压过高、管子过热而造成永久性的损坏，称为热击穿。

3. 二极管的温度特性

二极管是对温度非常敏感的器件。随温度升高，二极管的正向压降减小，正向伏安特性曲线左移，即二极管的正向压降具有负的温度系数（约为 -2mV/℃）；温度升高，反向饱和电流会增大，反向伏安特性曲线下移，温度每升高 10℃，反向电流大约增加一倍。

4. 二极管的主要参数

电子器件的参数是其特性的定量描述，也是实际工作中根据要求选用器件的主要依据。二极管的主要参数有以下几个：

(1) 最大整流电流 I_F。它是指二极管长期运行时，允许通过管子的最大正向平均电流。I_F 的数值是由二极管允许的温升所限定的。使用时，管子的平均电流不得超过此值，否则可能使二极管过热而损坏。

(2) 最高反向工作电压 U_{RM}。工作时加在二极管两端的反向电压不得超过此值，否则二极管可能被击穿。为了留有余地，通常将击穿电压 U_{BR} 的一半定为 U_{RM}。

(3) 反向电流 I_S。它是指二极管未被击穿时的反向电流值。I_S 越小，说明二极管的单向导电性越好。I_S 对温度较敏感，使用时要注意使环境温度不要太高。

1.1.3　特殊二极管

1. 稳压二极管

稳压二极管是一种特殊的面接触型半导体硅二极管。由于它在电路中与适当数值的电阻配合后能起到稳定电压的作用，故又称为稳压管，其伏安特性及符号如图 1-3 所示。稳压管工作于反向击穿区。从反向特性上可以看出，反向电压在一定范围内变化时，反向电流很小。当反向电压升高到击穿电压时，反向电流剧增，稳压管反向击穿以后，电流虽然在很大范围内变化，但稳压管两端的电压变化很小。利用这一特性，稳压管在电路中能起到稳压作用。稳压管与一般二极管不一样，它的反向击穿是可逆的。当去掉反向电压之后，稳压管又恢复正常工作。但是，若反向电流超过允许范围，稳压管将会发生热击穿而损坏。

稳压管的主要参数有以下几个：

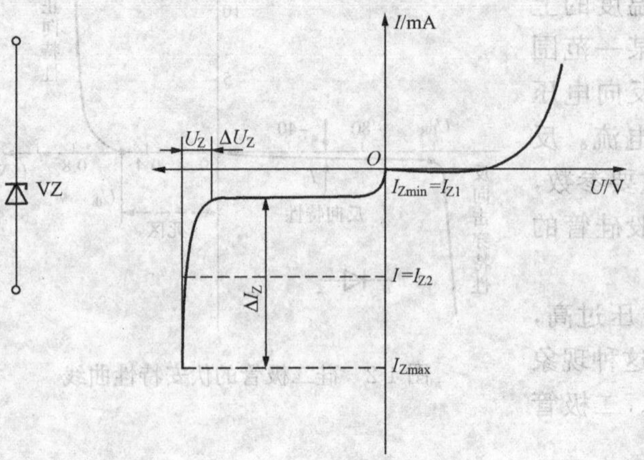

图 1-3　硅稳压管符号和伏安特性

（1）稳定电压 U_Z。它是稳压管在正常工作下管子两端的电压。手册中所列的都是在一定条件（工作电流、温度）下的数值，即使是同一型号稳压管，由于制作工艺和其他原因，其稳压值也有一定的分散性。

（2）动态电阻 r_Z。动态电阻是指稳压管工作在反向击穿稳压区时，端电压的变化量与相应电流变化量之比即 $r_Z=\dfrac{\Delta U_Z}{\Delta I_Z}$。稳压管的反向伏安特性曲线越陡，则其动态电阻越小，稳压性能也就越好。

（3）稳定电流 I_Z。稳压管的稳定电流值是一个参考数值，若工作电流低于 I_Z，则管子的稳压性能变差。

（4）最大允许耗散功率 P_{ZM}。它是指管子不致发生热击穿的最大功率损耗。

$$P_{ZM}=U_Z I_{Zmax}$$

稳压管的应用很广泛，常用来组成限幅电路，即限定输出电压的幅度。如图 1-4 所示的电路中，稳压管的稳压值 $U_Z=7V$。

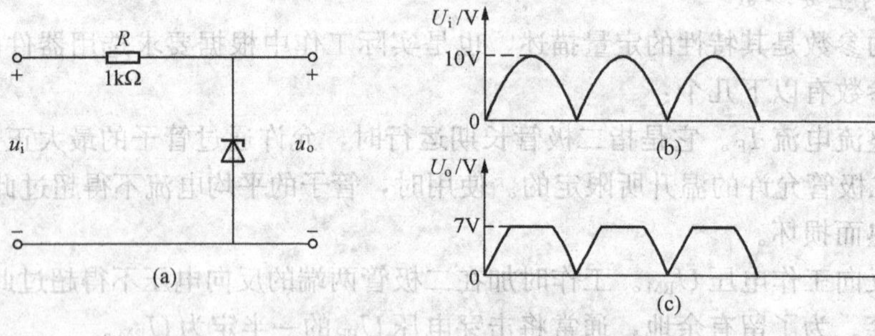

图 1-4　稳压管限幅电路

(a) 电路图；(b)、(c) 波形图

2. 发光二极管

发光二极管是一种能将电能转换成光能的特殊二极管，简写成 LED，发光二极管正向偏置并达到一定电流时就会发光。通常工作电流 I_F 为 10～30mA 时，正向压降 U_F 大约为 2～3V。发光二极管的发光颜色有红色、绿色、黄色等。通常其管脚引线较长的为正极，较短的为负极。当管壳上有凸起的标志时，靠近标志的管脚为正极。发光二极管的外形和符号如图 1-5 所示。

使用发光二极管时也要串入限流电阻，避免流过的电流过大。改变限流电阻的大小，可以改变发光的亮度。图 1-6 所示是常用的驱动电路。限流电阻 R 可按下式计算：

$$R = \frac{U - U_F}{I_F} \tag{1-1}$$

式中　U_F——LED的正向电压，约为2V；

　　I_F——正向工作电流，可从产品手册中查得。

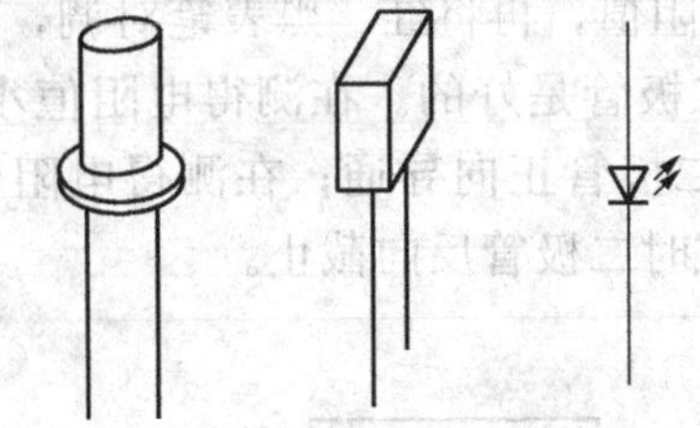

图1-5　发光二极管的外形和符号

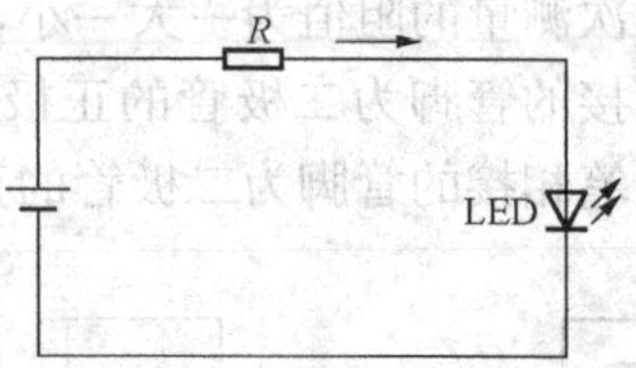

图1-6　LED的驱动电路

目前有一种BTV系列的电压型发光二极管，它将限流电阻集成在管壳内，与发光二极管串联后引出两个电极，外观与普通发光二极管相同，但使用更为方便。

发光二极管的用途也很广泛，常用作微型计算机、音响设备、数控装置中的显示器件。作为显示器件，它具有体积小、显示快、光度强、寿命长等优点，缺点是功率消耗较大。

1.1.4　二极管使用注意事项

二极管使用时的注意事项如下：

(1) 加在二极管上的电压、电流、功率以及环境温度等都不应超过规范表所允许的极限值。

(2) 整流二极管不应直接串联或并联使用。需要串联时，每个二极管应并联一个均压电阻，其大小按100V（峰值）70kΩ左右计算。若需并联使用时每个二极管应串联10Ω左右的均流电阻，以免个别元件过载。

(3) 二极管在容性负载线路中工作时，额定整流电流值应降低20%使用。

(4) 二极管在三相线路中使用时，所加的交流电压须比相应的单相线路中降低20%。

(5) 在焊接二极管时最好用功率在45W以下的电烙铁进行焊接，并用镊子夹住引线根部，以免烫坏管芯。

(6) 二极管的引线弯曲处一般应大于外壳端面2.5mm，防止引线折断或外壳断裂。

(7) 当功率较大，需要附加散热器时，应按要求加装散热器并使之良好接触。

(8) 在安装时，二极管应尽量避免靠近发热元件。

1.1.5　二极管的判别

要了解一只二极管的类型、性能与参数，可以用专门的测试仪器进行测试，但如果要粗略判断一只二极管的类型和管脚，可通过二极管的型号简单判别其类型，用指针万用表欧姆挡判断其管脚及质量好坏，也可以用数字万用表的二极管测试挡测试二极管。

1. 二极管类型的判别

二极管的型号2AP9的名称含义如下：

2——代表二极管；

A——代表器件的材料（A为N型Ge，B为P型Ge，C为N型Si，D为P型Ge)；

P——代表器件的类型（P为普通管，Z为整流管，K为开关管)；

9——用数字代表同类器件的不同规格。

2. 用指针万用表测试二极管

（1）二极管正、负极判别。指针万用表欧姆挡的黑表笔为内置电源正极，红表笔为内置电源负极，等效电路如图 1-7 所示。将万用表选在 $R\times100$ 或 $R\times1\text{k}$ 挡，红、黑两表笔分别接二极管的两管脚，如图 1-8 所示，可测得一个阻值，再将红、黑表笔对调，又测得另一阻值，如果两次测量的阻值为一大一小，则表明二极管是好的。在测得电阻值小的那一次中，与黑表笔相接的管脚为二极管的正极，测试时二极管正向导通；在测得电阻值大的那一次中，与红表笔相接的管脚为二极管的正极，测试时二极管反向截止。

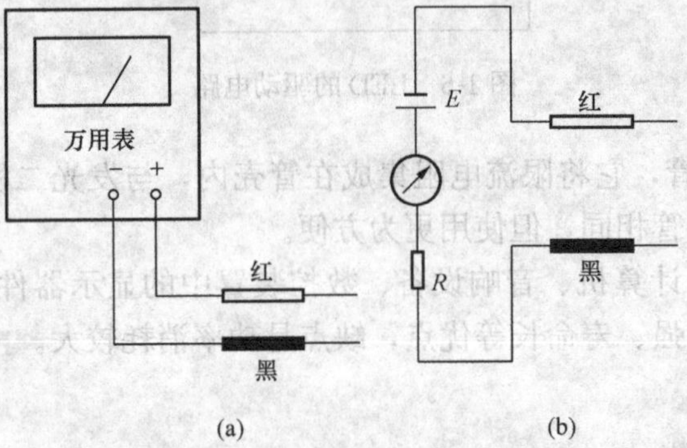

图 1-7　万用表及其欧姆挡内部等效电路
（a）万用表；（b）欧姆挡内部等效电路

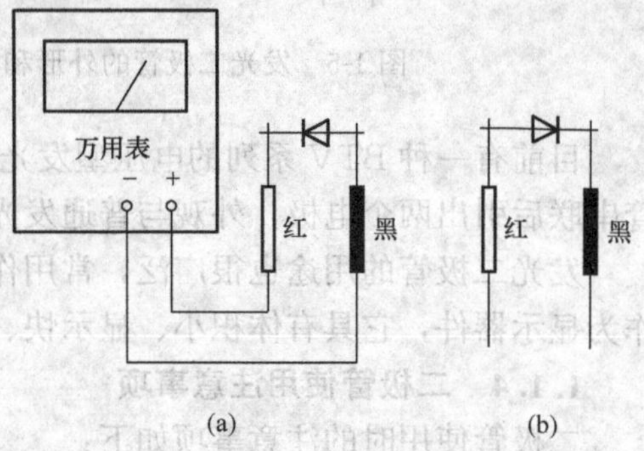

图 1-8　万用表测试二极管正负极
（a）电阻小；（b）电阻大

（2）二极管质量判定。正、反电阻差别越大，说明二极管单向导电性越好。如果正、反向电阻都很大，表明管子内部已断路；如果正、反向电阻都很小，表明管子失去了单向导电性，内部已短路，不论是断路还是短路均表明二极管已损坏。一般正向电阻在几千欧以下，反向电阻在 200kΩ 以上为好。

3. 用数字万用表测试二极管

数字万用表红表笔为内置电源正极，黑表笔为内置电源负极。在测试二极管时，选用数字万用表上标有二极管符号的挡位。当 PN 结完好且正偏时，显示值为 PN 结两端的正向压降（V）。反偏时，显示 | 。

任务二　整流滤波电路制作实例

很多电子设备都需要稳定的直流稳压电源供电，直流稳压电源可以由直流发电机和各种电池提供，比较经济实用的办法是利用具有单向导电性的电子元件将使用广泛的工频正弦交流电转换为直流电。直流稳压电源还是一种当电网的电压波动或者负载改变的时候，能保持输出电压基本不变的电源电路。直流稳压电源由电源变压器、整流电路、滤波电路和稳压电路四部分组成，把正弦交流电转换为直流电的稳压电源的原理框图如图 1-9 所示。

扫一扫

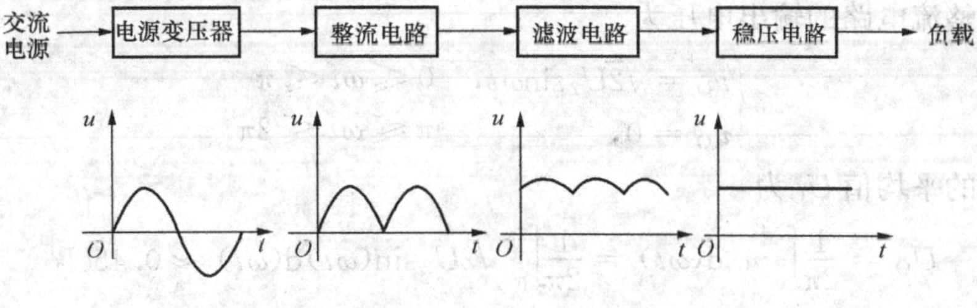

图 1-9　直流稳压电源的组成原理框图

图 1-9 中各个环节的功能如下：

(1) 电源变压器。电网提供的交流电一般为 220V（或 380V），而各种电子设备所需要的直流电源的电压幅值却各不相同。因此需要将电网的交流电压变为符合整流需要的交流电压。

(2) 整流电路。它的作用是利用具有单向导电性能的二极管器件，将正负交替变化的正弦交流电压变换成单方向脉动的直流电压。但是，这种单向脉动电压往往包含着很大的脉动成分。

(3) 滤波电路。它是由电容、电感等储能元件组成，它的作用是尽可能地将单向脉动直流电压中的脉动部分（交流分量）减小，使输出电压成为比较平滑的直流电压。

(4) 稳压电路。经过整流滤波后的电压波形尽管较为平滑，但它受电网电压变化或负载变化的影响较大，稳压电路的主要作用是当电网电压波动、负载或温度变化时，维持输出直流电压的稳定。在对直流电压的稳定程度要求不高的场合，也可以不要稳压电路。

1.2.1　单相半波整流电路

1. 工作原理

单相半波整流电路如图 1-10(a) 所示，图中 u_1、u_2 分别表示变压器的一次侧和二次侧的交流电压，R_L 为负载电阻。变压器二次侧电压 u_2、输出电压 u_O、流过二极管的电流 i_D 和二极管两端电压 u_D 的波形图如图 1-10(b) 所示。

设 $u_2 = \sqrt{2}U_2 \sin\omega t$，其中 U_2 为变压器二次侧电压有效值。在 0～π 时间内，即在 u_2 的正半周内，二极管因承受正向电压而导通，此时有电流流过负载，并且和流过二极管的电流相等，即 $i_O = i_D$，忽略二极管上的压降则负载上的输出电压 $u_O = u_2$，其波形与 u_2 相同。

在 π～2π 时间内，即在 u_2 的负半周内，二极管因承受反向电压而截止，负载无电流流过，故负载电阻 R_L 上无电压，即输出电压 $u_O = 0$，此时电压 u_2 全部加在二极管上。

可见，在交流电源的一个周期内，只有半个周期内有电流流过负载，负载上得到的整流电压虽然是单方向的，但其大小是变化的，称为单向脉动电压，通常用一个周期的平均值来说明它的大小。

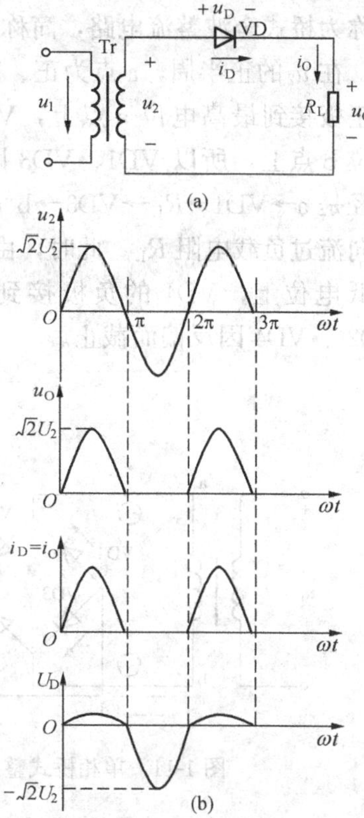

图 1-10　单相半波整流电路及波形
(a) 电路图；(b) 波形图

2. 单相半波整流电路的指标

单相半波整流电路的输出电压为

$$\begin{cases} u_O = \sqrt{2}U_2\sin\omega t, & 0 \leqslant \omega t \leqslant \pi \\ u_O = 0, & \pi \leqslant \omega t \leqslant 2\pi \end{cases}$$

输出电压的平均值 U_O 为

$$U_O = \frac{1}{2\pi}\int_0^{2\pi} u_O \mathrm{d}(\omega t) = \frac{1}{2\pi}\int_0^{2\pi} \sqrt{2}U_2\sin(\omega t)\mathrm{d}(\omega t) \approx 0.45U_2 \tag{1-2}$$

流过二极管的平均电流 I_D 为

$$I_D = I_O = \frac{U_O}{R_L} = 0.45\frac{U_2}{R_L} \tag{1-3}$$

在单相半波整流电路中，流过二极管的平均电流等于负载平均电流，二极管不导通时承受的最高反向电压 U_{RM} 就是变压器二次侧交流电压的最大值，即

$$U_{RM} = \sqrt{2}U_2 \tag{1-4}$$

单相半波整流电路结构简单，使用的元器件少，但变压器的利用率和整流效率较低，输出电压脉动较大，所以单相半波整流电路只适合于小电流且对电源要求不高的场合。

1.2.2 单相桥式整流电路

1. 单相桥式整流电路的工作原理

桥式整流电路如图 1-11 所示，将四只二极管接成电桥形式，整流输出波形是全波，所以称为桥式全波整流电路，简称桥式整流电路，其波形如图 1-12 所示。

在 u_2 的正半周，a 点为正、b 点为负。由于 VD1 的正极接到最高电位 a 点上，VD3 的负极接到最低电位 b 点上，所以 VD1、VD3 因正偏而导通。电流路径是 a→VD1→R_L→VD3→b，电流以自上而下的方向流过负载电阻 R_L。此时，由于 VD2 的正极接到最低电位上，VD4 的负极接到最高电位上，所以 VD2 、VD4 因反偏而截止。

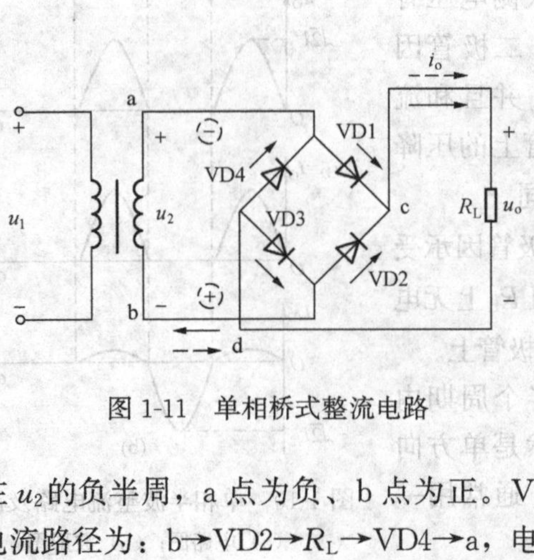

图 1-11 单相桥式整流电路

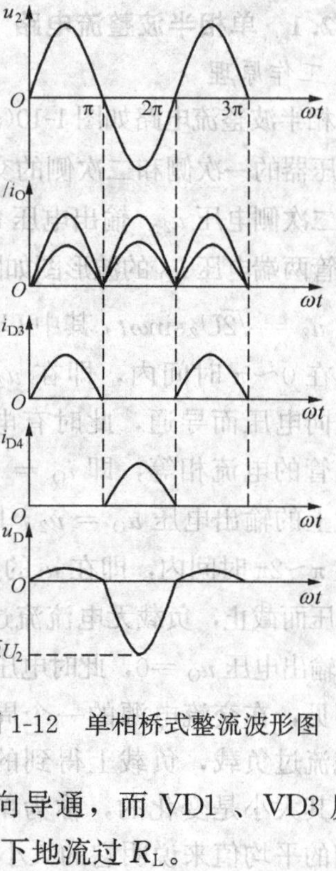

图 1-12 单相桥式整流波形图

在 u_2 的负半周，a 点为负、b 点为正。VD2 、VD4 正向导通，而 VD1、VD3 反向截止。电流路径为：b→VD2→R_L→VD4→a，电流也是自上而下地流过 R_L。

2. 单相桥式整流电路的指标

单相桥式整流电路输出电压的平均值U_O为

$$U_O=\frac{1}{\pi}\int_0^{\pi}u_O\mathrm{d}(\omega t)=\frac{1}{\pi}\int_0^{\pi}\sqrt{2}U_2\sin(\omega t)\mathrm{d}(\omega t)\approx 0.9U_2 \tag{1-5}$$

显然，四个二极管两两轮流导通，无论是正半周还是负半周都有电流自上而下流过负载电阻，从而使输出电压的直流成分提高，脉动成分降低。桥式整流使输出电压U_O增大了，脉动减小了。

流过每个二极管的电流平均值为负载平均电流的一半，即

$$I_{D1}=I_{D2}=\frac{1}{2}I_O=\frac{1}{2}\frac{U_O}{R_L} \tag{1-6}$$

从图 1-11 可以看出，当 VD1 、VD3 导通时，若忽略二极管的正向压降，截止管 VD2 和 VD4 的负极电位就等于 a 点的高电位，它们的正极电位就等于 b 点的低电位，所以截止管所承受的最大反向电压就是u_2的幅值，即

$$U_{RM}=\sqrt{2}U_2 \tag{1-7}$$

【例 1-1】 有一单相桥式整流电路，要求输出直流电压为 110V，电流为 3A，应选择多大的整流元件？

解 根据桥式整流电路整流电压U_O与变压器二次侧电压U_2的关系：$U_O\approx 0.9U_2$ 得

$$U_2=\frac{U_O}{0.9}=\frac{110}{0.9}\approx 122\,(\mathrm{V})$$

整流二极管截止时承受的最大反向电压U_{RM}为

$$U_{RM}=\sqrt{2}U_2=\sqrt{2}\times 122\approx 172.5\,(\mathrm{V})$$

通过二极管的平均电流为

$$I_D=\frac{1}{2}I_O=\frac{1}{2}\times 3=1.5\,(\mathrm{A})$$

因此，可选用二极管 2CZ12D，其最大整流电流为 3A，最大反向工作电压为 300V。

【例 1-2】 已知负载电阻$R_L=120\Omega$，负载电压$U_O=18\mathrm{V}$。今采用单相桥式整流电路，单相交流电源电压为 220V。（1）如何选用二极管？（2）求整流变压器的变比及（视在）功率容量。

解

（1）选择二极管。

1）负载电流为　$I_O=\frac{U_O}{R_L}=\frac{18}{120}=150\,(\mathrm{mA})$

2）每只二极管通过的平均电流为　$I_D=\frac{1}{2}I_O=\frac{1}{2}\times 150=75\,(\mathrm{mA})$

3）变压器二次侧电压的有效值为　$U_2=\frac{U_O}{0.9}=\frac{18}{0.9}=20\,(\mathrm{V})$

考虑到变压器二次侧及管子上的压降，变压器的二次侧电压大约应高出 20%，即

$$U_2=20\times 1.2=24\,(\mathrm{V})$$

于是　$U_{RM}=\sqrt{2}U_2=\sqrt{2}\times 24\approx 34\,(\mathrm{V})$

因此可选用 2CP11 二极管，其最大整流电流为 100mA，最高反向工作电压为 50V。

（2）变压器的变比为

$$k=\frac{220}{24}$$

变压器二次侧电流的有效值为

$$I_2=\frac{I_O}{0.9}=\frac{150}{0.9}\approx 167\,(\text{mA})$$

变压器的容量为

$$S=U_2\times I_2=24\times 0.167\approx 4\,(\text{VA})$$

1.2.3 电容滤波电路

由整流得到的输出电压，虽然是直流，但脉动较大，含有很大的交流成分，这在对电压要求比较高的仪器设备中会带来严重的不良影响。为此，在整流以后还需要用滤波电路将脉动的直流电变为比较平稳的直流电。常用的滤波电路有电容滤波电路、电感滤波电路、LC滤波电路和π型滤波电路。

电容滤波电路是最常见的，也是最简单的滤波电路，在整流电路的输出端（即负载电阻两端）并联一个电容即构成电容滤波电路，如图1-13所示。滤波电容容量较大，因此一般采用电解电容，在接线时要注意电解电容的正、负极。电容滤波电路利用电容的充、放电作用，使输出电压趋于平稳。

1. 电容滤波电路的工作原理

在如图1-13（a）所示的桥式整流滤波电路中，假定起始电容电压 u_C（即 R_L 两端电压 u_O）为零，且 u_2 从零开始，则 u_2 上升，VD1，VD3导通，开始给电容充电。由于二极管导通，正向电阻很小，所以充电时间常数很小，电容电压上升速度很快，可完全跟上 u_2 的上升速度，所以随 u_2 一起上升，如图1-13（b）中 OA 段所示。u_2 从 A 点开始下降，电容 C 通过 R_L 开始放电，因为 R_L 较大，使放电常数 R_LC 很大，故放电很慢，电容电压 u_C 下降速度比 u_2 慢，使输出电压 u_O 高于 u_2，四个整流管都反向截止。从 B 点所对应的时刻开始，u_2 大于 u_O，又开始给电容充电，把在 AB 段时放掉的电荷补上，u_2 达到最大值后电容又开始放电。如此重复进行。

由图1-13（b）可见，加滤波电容后的桥式整流电路输出电压波形变得比较平滑，这就是滤波电路的作用。

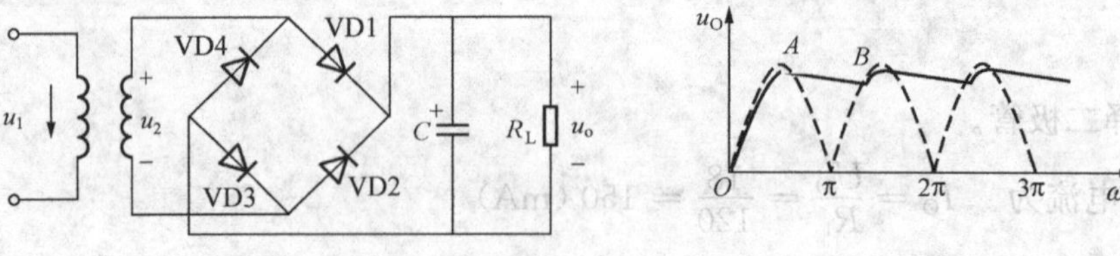

(a)　　(b)

图1-13　有滤波电容的桥式整流电路及波形图

（a）桥式整流电路；（b）波形图

2. 加滤波电容后电路的特点

（1）二极管导通角变小，而导通时的最大电流变大。二极管导通角就是在一个周期内，二极管导通时间所对应的角度。在未加滤波电容时，桥式整流电路中每只整流管的导通角为180°，而加滤波电容后导通角就变得小多了，并且电容越大，导通角越小。由于导通时间变短，在较短的时间内还要把放掉的电荷全部补上，所以电流很大，形成脉冲电流。因此，在有滤波电容的整流电路中，整流管的最大允许平均电流应为I_D的2～3倍。

（2）电容滤波电路的外特性。所谓外特性是指输出电压与输出电流的关系，这是整流滤波电路的一项指标。电容滤波电路的外特性如图1-14所示。由图可知，该电路输出电压随输出电流的增大而下降很快。这种外特性我们称为软特性。因此，电容滤波只在负载电流不大或变化较小的场合比较适宜。

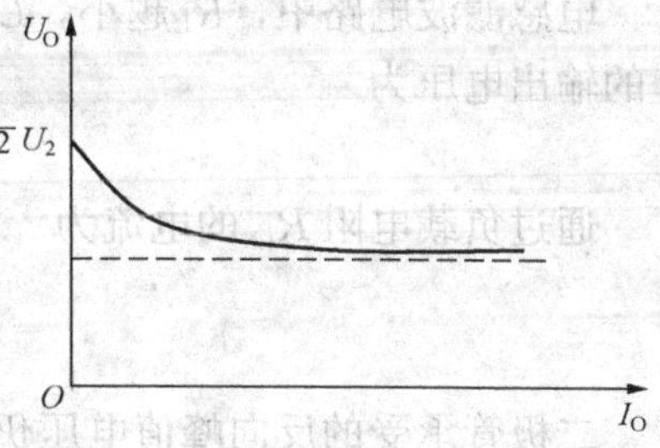

图1-14 电容滤波电路的外特性

3. 加滤波电容后的参数计算

（1）输出电压的计算。

$$U_O=(1.1\sim1.4)U_2 \tag{1-8}$$

额定情况下

$$U_O\approx1.2U_2 \tag{1-9}$$

（2）滤波电容容量的确定。

$$RC\geqslant(3\sim5)\frac{T}{2} \tag{1-10}$$

式中：T为电源交流电压的周期。

（3）电容耐压值的选定。由图1-13可知，加在电容上的最大电压为$\sqrt{2}U_2$，选定的电容耐压值应为（1.5～2）$\sqrt{2}U_2$。

（4）负载上的平均电流为

$$I_O=\frac{U_O}{R_L}=1.2\frac{U_2}{R_L}$$

（5）整流管的平均电流为

$$I_D=\frac{1}{2}I_O=0.6\frac{U_2}{R_L}$$

（6）整流管承受的最大反向电压为

$$U_{RM}=\sqrt{2}U_2$$

1.2.4 电感滤波电路

在大电流负载情况下，由于负载电阻R_L很小，若采用电容滤波电路，则电容容量势必很大，而且整流二极管的冲击电流也非常大，这就使得整流管和电容器的选择变得很困难，甚至不大可能，在此情况下应当采用电感滤波。

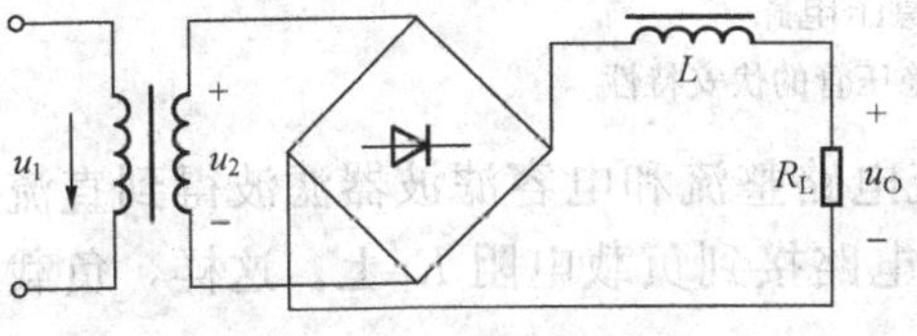

图1-15 电感滤波电路

在桥式整流电路和负载电阻R_L之间串入一个铁心电感线圈L，如图1-15所示。由于电流变化时电感线圈中要产生自感电动势阻止电流变化，因此当电流增加时，电感线圈中自感电动势的方向就与电流方向相反，限制了电流的增加，同时将一部分电能转换为场能量；当电流减小时，自感电动势方向与电流方向相同，阻止电流减小，同时电感线圈放出储存的磁场能量，使电流减小的速度变慢。因此通过负载的电流脉动受到抑制，波形大为平滑。

电感滤波电路中，R_L越小，L 越大，滤波效果越好，在电感滤波电路中，负载电阻 R_L 上的输出电压为

$$U_O = 0.9U_2$$

通过负载电阻 R_L 的电流为

$$I_O = \frac{U_O}{R_L} = 0.45\frac{U_2}{R_L}$$

二极管承受的反向峰值电压仍为 $\sqrt{2}U_2$。

以上说明，负载电阻 R_L上的电压、电流，以及二极管上承受的反向电压与电感大小无关。电感的作用是使整流后电压的交流成分大部分落在它的上面，从而大大减少负载电阻 R_L上电压的交流分量。当电感 L 呈现的感抗显著大于负载电阻 R_L时，u_O中的交流成分接近于零。

电感滤波电路的主要优点是外特性好，即当负载变动时，输出电压的平均值变动较小；而且当负载增加（即 R_L减小）时，线圈的感抗 X_L相对增大（因为与它串联的 R_L减小了），因此降落在线圈上的交流成分更多，输出电压 u_O中的交流成分减少，因此脉动程度更为减小，可见电感滤波适用于负载电流较大的场合。电感滤波电路的主要缺点是体积大、比较笨重，成本高。

任务三　稳压电路制作实例

经整流和滤波后的电压往往会随交流电源电压的波动和负载的变化而变化。电压的不稳定有时会产生测量和计算的误差，甚至导致电源根本无法工作，特别是精密电子测量仪器、自动控制、晶体管的触发电路等都要求有很稳定的直流电源供电。最简单的直流稳压电源是采用稳压管来稳定电压的。

扫一扫

1.3.1　硅稳压管稳压电路

图 1-16(a) 是硅稳压管稳压电路，图 1-16(b) 是稳压管的伏安特性曲线。

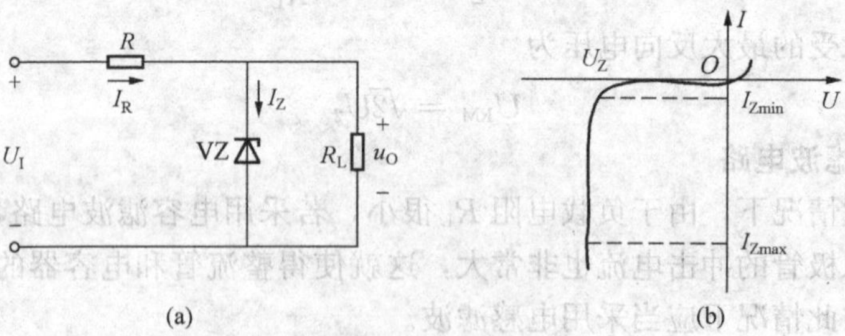

图 1-16　硅稳压管稳压电路

(a) 硅稳压管稳压电路；(b) 稳压管的伏安特性

图 1-16 是一种稳压管稳压电路，经过桥式整流电路整流和电容滤波器滤波得到直流电压 U_I，再经过限流电阻 R 和稳压管 D_Z组成的稳压电路接到负载电阻 R_L上。这样，负载上得到的就是一个比较稳定的电压。

稳压管工作在反向击穿区，见图 1-16(b)。只要流过管子的反向电流 I_Z在 I_{Zmin}～I_{Zmax}的范围内，管子两端电压基本稳定在 U_Z，而且其动态电阻值很小，表达式为

$$R_O = \frac{\Delta U_Z}{\Delta I_Z}$$

在图 1-16(a) 电路中，当因电网电压升高而使 U_I上升时，输出电压 U_O应随之升高。但稳压管两端反向电压的微小增量，会引起 I_Z急剧增加，从而使 I_R加大，则在 R 上的压降也增大，因此抵消了 U_O的升高，使输出电压基本保持不变。

当因负载电阻减小而使 I_O增大时，I_R应随之加大，在 R 上压降应变大，所以 U_O也应下降，但稳压管反向电压的略微下降，会引起 I_Z的急剧减小，从而使 I_R基本不变。所以它具有稳压的功能。

硅稳压管稳压电路结构简单，设计制作方便，适用于负载电流较小的电子设备中。但是，这种电路一旦选定稳压管后，输出电压便不可随意调节，而且它也不适用于电网电压和负载电流变化较大的场合。

1.3.2　三端固定输出集成稳压器

随着集成技术的发展，稳压电路也迅速实现集成化。当前单片集成稳压电源已经得到广泛应用。它具有体积小、可靠性高、使用灵活、价格低廉等优点。通用产品有 CW78××系列（正电源）和 CW79××系列（负电源）。输出电压由具体型号中的后两位数字代表，输出电压分别为：±5V、±6V、±9V、±12V、±15V、±18V、±24V；其额定输出电流以 78 或（79）后面所加字母来区分，L 表示 0.1A，M 表示 0.5A，无字母表示 1.5A。如 CW7805 表示输出电压为+5V，额定输出电流为 1.5A。由于它只有输入、输出和公共端三个引出端，故通称为三端集成稳压器。

图 1-17 所示是 CW78××系列和 CW79××系列塑料封装和金属封装三端稳压器的外形及管脚排列。

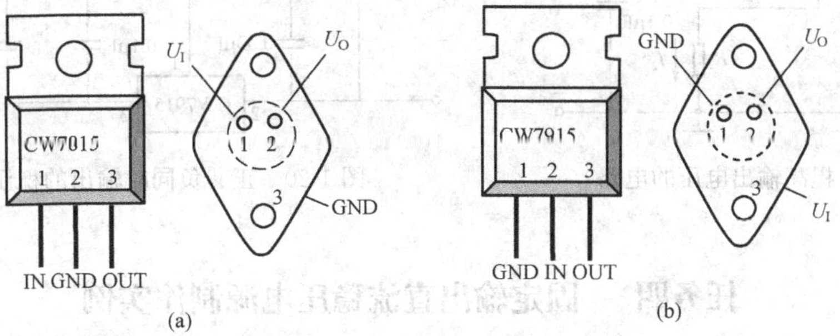

图 1-17　三端固定输出集成稳压器外形及管脚排列

(a) CW78××系列；(b) CW79××系列

下面介绍其几个简单应用电路。

1. 基本应用电路

图 1-18 所示是 CW78××系列三端集成稳压器的基本应用电路。由于输出电压决定于集成稳压器，所以图 1-18 输出电压为 12V，最大输出电流为 1.5A。为使电路正常工作，要求输入电压 U_I比输出电压 U_O至少大 2.5～3V。输入电容 C_1用以抵消输入端较长接线的电感效应，以防止自激振荡现象的发

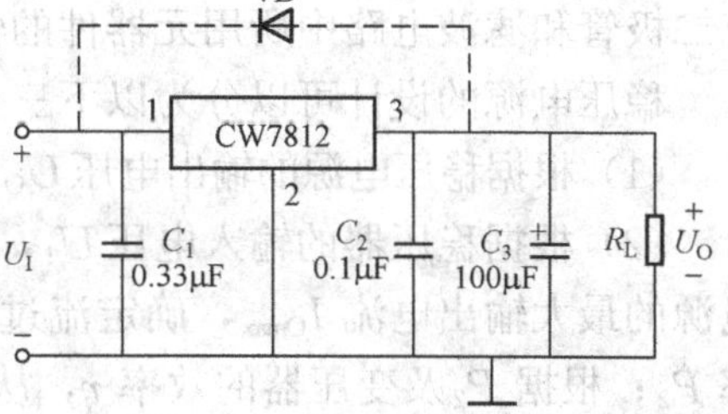

图 1-18　CW78××基本应用电路

生，还可抑制电源的高频脉冲干扰，一般取 0.1～1μF。输出端电容 C_2、C_3 用以改善负载的瞬态响应，消除电路的高频噪声，同时也具有消振作用。VD 是保护二极管，防止在输入端短路时输出电容 C_3 所存储电荷通过稳压器放电而损坏器件。

2. 提高输出电压的电路

提高输出电压的电路如图 1-19 所示，图中 I_Q 为稳压器的静态工作电流，一般为 5mA，最大可达 8mA；U_{XX} 为稳压器的标称输出电压，要求 $I_1=\dfrac{U_{XX}}{R_1}\geqslant 5I_Q$。整个稳压器的输出电压 U_O 由图可得

$$U_O=U_{XX}+(I_1+I_Q)R_2=U_{XX}+\left(\frac{U_{XX}}{R_1}+I_Q\right)R_2=\left(1+\frac{R_2}{R_1}\right)U_{XX}+I_QR_2$$

若忽略 I_Q 的影响，则

$$U_O\approx\left(1+\frac{R_2}{R_1}\right)U_{XX}$$

由此可见，提高 R_2 与 R_1 的比值，可提高 U_O。这种接法的缺点是当输入电压变化时，I_Q 也变化，这将降低稳压器的精度。

3. 输出正、负电压的电路

图 1-20 所示为采用 CW7815 和 CW7915 三端稳压器各一块组成的具有同时输出 +15V、−15V 电压的稳压电路。

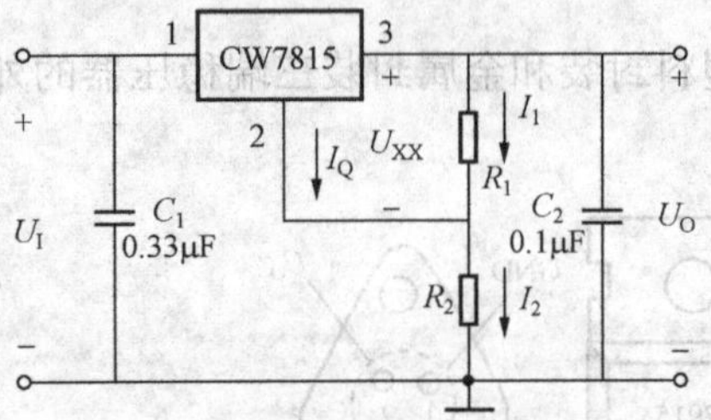

图 1-19　提高输出电压的电路

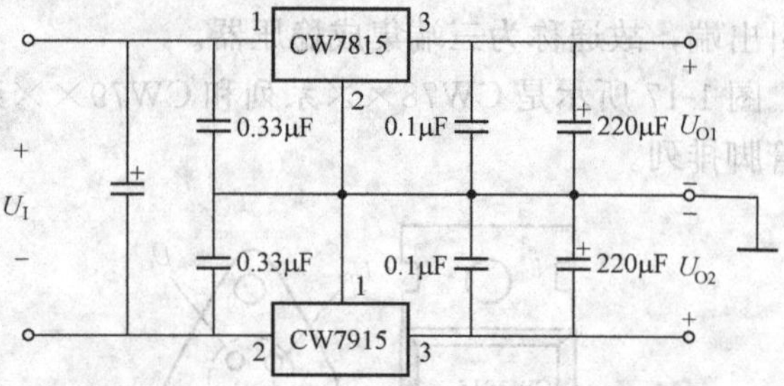

图 1-20　正、负同时输出的稳压电源

任务四　固定输出直流稳压电源制作实例

现以三端集成稳压器的应用为例，制作一个固定输出为 15V 的直流稳压电源，要求输出电压稳定，最大输出电流为 1A，电路能带动一定的负载。稳压电源的设计，是根据稳压电源的输出电压 U_O、输出电流 I_O 等性能指标要求，正确地确定出变压器、集成稳压器、整流二极管和滤波电路中所用元器件的性能参数，从而合理的选择这些器件的过程。

稳压电源的设计可以分为以下三个步骤：

（1）根据稳压电源的输出电压 U_O、最大输出电流 I_{Omax}，确定稳压器的型号及电路形式。

（2）根据稳压器的输入电压 U_1，确定电源变压器二次侧电压 u_2 的有效值 U_2；根据稳压电源的最大输出电流 I_{Omax}，确定流过电源变压器二次侧的电流 I_2 和电源变压器二次侧的功率 P_2；根据 P_2 及变压器的效率 η，从而确定电源变压器一次侧的功率 P_1。然后根据所确定的参数，选择电源变压器。

(3) 确定整流二极管的正向平均电流 I_D、整流二极管的最大反向电压 U_{RM} 和滤波电容的电容值和耐压值。根据所确定的参数，选择整流二极管和滤波电容。

通常直流稳压电源设计以使用为主，采用模块化设计，尽量采用现成的元器件。

1.4.1　元器件选择

1. 选择稳压器

采用固定输出式三端集成稳压器 7815，U_i 和 U_o 之间存在电压差，即 $|U_i - U_o| \approx (3\sim5)$V。所以可得本设计的输入直流电压为

$$U_i = (3\sim5)\text{V} + 15\text{V}，取 U_i = 20\ (\text{V})$$

2. 确定输入变压器

$$U_i = 1.2U_2 = 20\ (\text{V})$$

由此可得　$U_2 = 20/1.2 = 16\ (\text{V})$

再根据输出电流 $I_o \leqslant 1$A，算出变压器的功率 $P=16$W。实际可选择输入为 220V 的电源变压器，使其输出电压在 15～18V 的范围内，功率约为 20～25W 即可。

3. 确定整流二极管或桥堆

二极管或桥堆耐压应最好选择在 $U_{RM} > 2\sqrt{2}U_2 = 45$V 以上的，一般耐压以 50V 为进阶单位。故选择桥堆满足 $I_o = 1$A，$U_{RM} > 50$V 的要求即可。整流管用 IN4001 或 IN4002 即可满足要求。

4. 选择滤波电容

因为 $R_L \geqslant \dfrac{U_o}{I_o} = \dfrac{15}{1} = 15\Omega$，这里取 $R_L = 15\Omega$。

由式 $RC \geqslant (3\sim5)\dfrac{T}{2} = (3\sim5)\dfrac{1}{2f}$，则 $C \geqslant (3\sim5)\dfrac{1}{2f} \times \dfrac{1}{15} = (3\sim5) \times \dfrac{1}{1500}$

可取 $C = 3 \times \dfrac{1}{1500} = 2000\ (\mu\text{F})$，这里取标称值 $C = 2200\mu$F。

最终选用 C 的容量为 2200μF、耐压为 50V 的电解电容器。

1.4.2　电路原理图设计

所设计的固定输出 15V 直流稳压电源电路如图 1-21 所示，图中 C_1 用于抑制芯片自激，在组装时应尽量靠近稳压器管脚；C_2 用于限制芯片的高频带宽，减小高频噪声。C_1 一般取 0.33μF，C_2 一般取 1μF。

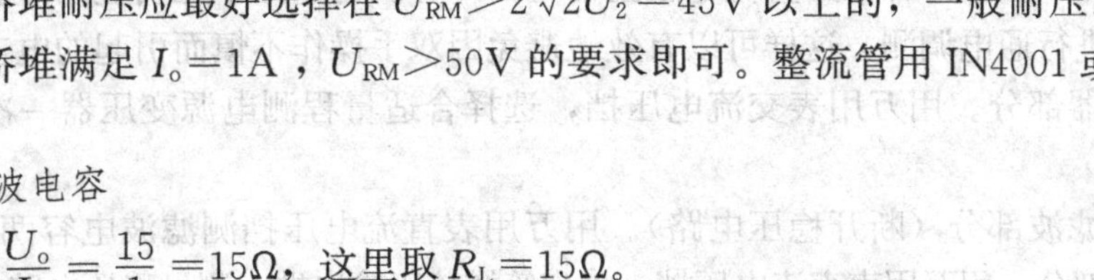

图 1-21　固定输出 15V 直流稳压电源电路原理图

1.4.3　直流稳压电源的组装

在简易的情况下，可以先用面包板进行电路组装和调试。为了便于观察电路的工作情

况，可以在负载上串接一个发光二极管。

1. 元器件的检测

首先观察元器件的外观，元器件应完好无损，各种型号、规格、标识应清楚。应按照电子元器件的检测方法，对所有用到的元器件进行检测。用万用表电阻挡判断变压器一、二次侧有无短路和开路；将变压器一次侧接入 220V 交流电压，用交流挡测变压器二次侧电压，观察是否与标称值（15V）一致。用万用表检测确认整流二极管的极性与质量好坏，本次使用的主要元件是四个型号为 IN4001 的二极管。认识电解电容的型号与极性，用万用表简易检测出电容的质量好坏。

2. 电路连接

识读三端稳压电源电路原理图；在面包板上对元器件进行布局，正确插装好元器件（注意发光二极管和电解电容的正、负极）；安装变压器，注意此时不要急于把变压器的线圈和交流电源相连；检查电路中元器件是否有漏插、错插等情况，以及元器件的极性是否正确；通电试验，观察与负载串联的发光二极管的状态，判断电路通电情况。

3. 整机调测

测在路直流电阻，在不通电的情况下进行，用万用表电阻挡测变压器一次侧电阻和二次侧电阻；通电调测，当测得各在路直流电阻正常时，即可认为电路中无明显的短路现象，此时可用单手操作法进行通电调测，这样可以有效地避免因双手操作不慎而引起的电击等意外事故。

（1）变压器部分。用万用表交流电压挡，选择合适量程测电源变压器一次侧电压和二次侧电压。

（2）整流滤波部分（断开稳压电路）。用万用表直流电压挡测滤波电容两极之间电压。

（3）稳压部分。用万用表直流电压挡，将表笔搭接于输出端，测量稳压电路的输出电压。

任务五　可调输出直流稳压电源制作实例

任务要求如下：

（1）性能指标要求。

$U_O=1.25\sim9V(\pm0.1)$，$I_{omax}=100mA$，$\Delta U_{op\text{-}p}\leqslant5mV$，$S_v\leqslant3\times10^{-3}$。

（2）选用 LM317 三端可调集成稳压器。

（3）调节电位器，从开始到终点时。输出电压应从 1.25～9V，误差应小于 5%。

1.5.1　电路原理图设计

1. 方案论证

根据稳压电源的输出电压 U_o、输出电流 I_o、输出纹波电压 $\Delta U_{op\text{-}p}$ 等性能指标要求，正确地确定出变压器、集成稳压器、整流二极管和滤波电路中所用元器件的性能参数，从而合理地选择这些器件及电路形式。设计参考如图 1-22 所示。

2. 选择电源变压器

电源变压器选择参数为 220V/12V、5VA，该变压器可以输出 1 路 12V 交流电压。

3. 整流二极管和滤波电容的计算

确定整流二极管的正向平均电流 I_D、整流二极管的最大反向电压 U_{RM} 和滤波电容的电容值和耐压值。根据所确定的参数，选择整流二极管和滤波电容。

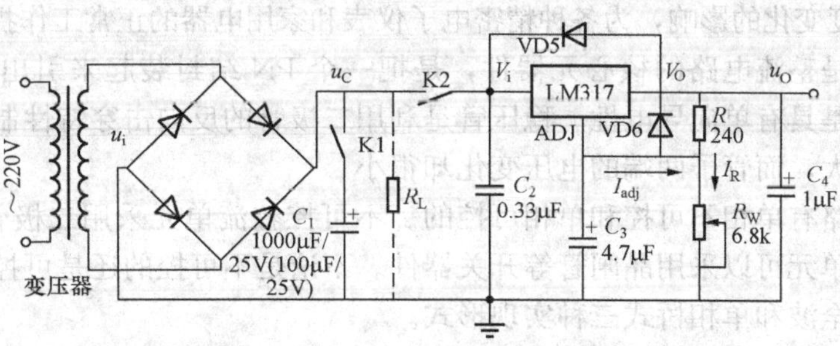

图 1-22　可调直流稳压电源电路

整流二极管选择 IN4001，其极限参数为 $U_{RM} \geqslant 50V$，而 $\sqrt{2}U_2 = 17V$，滤波电容 C 可选容值为 1000μF、耐压为 25V 的电解电容。

4. 电路原理图及各元器件的作用

电源变压器：将来自电网的 220V 交流电压变换为整流电路所需要的交流电压。四个整流二极管组成桥式整流电路：将交流电压变换成脉动的直流电压。滤波电路：把脉动直流电压中的大部分纹波加以滤除，以得到较平稳的直流电压。VD5：防止输入/输出接反，保护稳压器内部的调整管。VD6：给 C_3 提供放电回路，保护稳压器。C_1、C_2：起滤波作用。C_3：有效抑制输入纹波电压。C_4：防止负载的瞬态响应，起到高频滤波的作用。R_1、R_W：稳压电路外接的取样电阻。

1.5.2　电路的安装、调试与检测

(1) 用万用表检测所有元器件，并对元器件引脚做好镀锡、成型等准备工作。

(2) 可先在万能板上进行安装调试，对照电路原理图，正确安装与搭接元器件，安装工艺参考如下要求：

1) 电阻、二极管均采用水平安装，紧贴电路板。电阻的色环方向应该一致。

2) 电解电容尽量插到底，元件底面离电路板距离不能大于 4mm。

3) 微调电位器尽量插到底，不能倾斜，三只脚均需焊接。要求所有插件装配美观、均匀、整齐。

4) 电源变压器用螺钉紧固在电路板上，螺母均放在导线面，伸长的螺钉用作支撑（电路板四角也可以安装螺钉），靠电路板的一只紧固螺母下垫入接线片，用于固定 220V 电源线。变压器二次绕组向内，将引出线焊在电路板上。变压器一次绕组向外，连接电源线。引出线和电源线接头焊好后，应该用绝缘胶布包妥，绝不允许露出线头。

5) 所有插入焊盘孔的元器件引线及导线均采用直角焊，剪角留头在焊面以上的长度为 1mm±0.5mm，焊点要求圆滑、光亮，防止虚焊、搭焊和散焊。

6) 将 K1、K2 断开，形成桥式整流电路；将 K1 接通，K2 断开，形成桥式整流滤波电路，可单独进行调试、检测。

7) 将 K1 接通，K2 断开，形成桥式整流滤波电路；将 K1、K2 接通，形成三端可调稳压电路。调节 R_W，用万用电表检测输出电压的变化。

小　结

直流稳压电源一般由变压器、整流电路、滤波电路和稳压电路四部分组成，输出电压不受

电网、负载及温度变化的影响，为各种精密电子仪表和家用电器的正常工作提供了能源保证。

（1）二极管是整流电路的核心元器件，是把一个 PN 结封装起来引出金属电极而制成的，其主要特点是具有单向导电性。稳压管是利用二极管的反向击穿特性制成的，即流过管子的电流变化很大，而管子两端的电压变化却很小。

（2）整流电路有单相不可控和单相可控的。不可控整流单元采用二极管作为开关器件，而单相可控整流单元可以采用晶闸管等开关器件。不论是不可控的还是可控的整流单元都有单相半波、单相全波和单相桥式三种实现形式。

（3）常用的滤波电路类型有电容滤波型和电感滤波型，能够滤除直流中的脉动成分。

（4）稳压电路主要有硅稳压管稳压电路、三端集成稳压电路，其主要作用是当电网电压波动、负载或温度变化时，维持输出直流电压的稳定。

练习题

1.1　填空题

（1）二极管的两端加正向电压时，有一段“死区电压”。硅管的死区电压约为______；锗管的死区电压约为______。

（2）稳压管是一种特殊的二极管，它一般工作在______状态。

1.2　选择题

（1）二极管两端正向偏置电压大于______电压时，二极管才能导通。

A. 击穿　　B. 死区　　C. 饱和

（2）当环境温度升高时，二极管的正向压降______，反向饱和电流______。

A. 增大　　B. 减小　　C. 不变　　D. 无法判定

（3）直流稳压电源中滤波电路的目的是______。

A. 将交流变为直流　　B. 将高频变为低频

C. 将交、直流混合量中的交流成分滤掉

（4）硅稳压管稳压电路，稳压管的稳定电压应选为______负载电压。

A. 大于　　B. 小于　　C. 等于

（5）CW7805 表示输出电压为______。

A. 正 5V　　B. 负 5V　　C. 不确定

（6）整流的目的是______。

A. 将交流变为直流　　B. 将高频变为低频　　C. 将正弦波变为方波

（7）在单相桥式整流电路中，若有一只整流管接反，则______。

A. 输出电压约为 $2U_D$　　B. 变为半波直流　　C. 整流管将因电流过大而烧坏

1.3　假设用万用表 R×10 挡测得某二极管的正向电阻为 200Ω，若改用 R×100 挡测量同一个二极管，则测得的结果将比 200Ω 大还是小，还是正好相等？为什么？

提示：使用万用表的欧姆挡时，表内电路为 1.5V 的电池与一个电阻串联。但选择不同挡位时这个串联电阻的阻值不同，R×10 挡时的串联电阻值较 R×100 挡的小。

1.4　已知如图 1-23 中 $u_i = 10\sin\omega t$(V)，二极管的正向压降和反向电流都忽略不计，试画出 u_o 的波形。

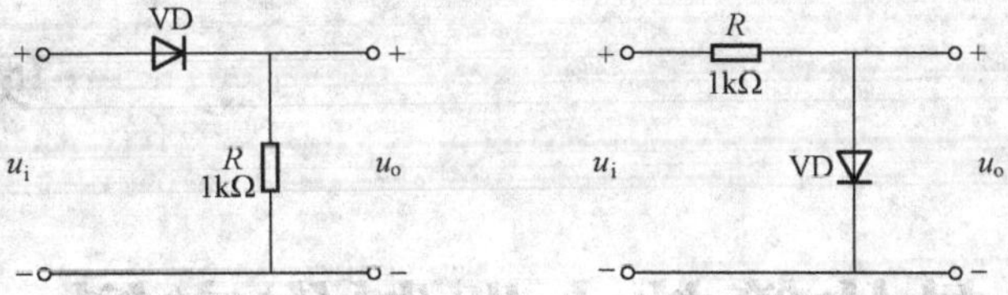

图 1-23　题 1.4 图

1.5　在如图 1-24 所示桥式整流电容滤波电路中，$U_2=20\text{V}$，$R_L=40\Omega$，$C=1000\mu\text{F}$，试问：

(1) 正常时 U_O 为多大？

(2) 如果测得 U_O 为：①$U_O=18\text{V}$；②$U_O=28\text{V}$；③$U_O=9\text{V}$；④$U_O=24\text{V}$ 时，电路分别处于何种状态？

(3) 如果电路中有一个二极管出现下列情况：①开路；②短路；③接反时，电路分别处于何种状态？是否会给电路带来什么危害？

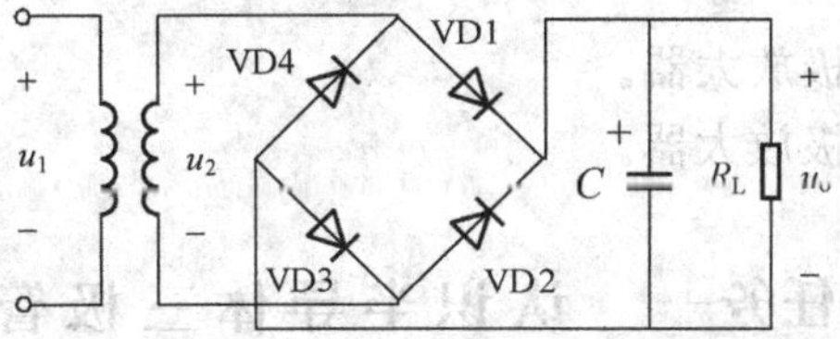

图 1-24　题 1.5 图

1.6　在如图 1-25 所示的电路中，硅稳压管 VZ1 的稳压值是 8V，VZ2 的稳压值是 5V，正向压降均为 0.7V，求各电路的输出电压 u_o。

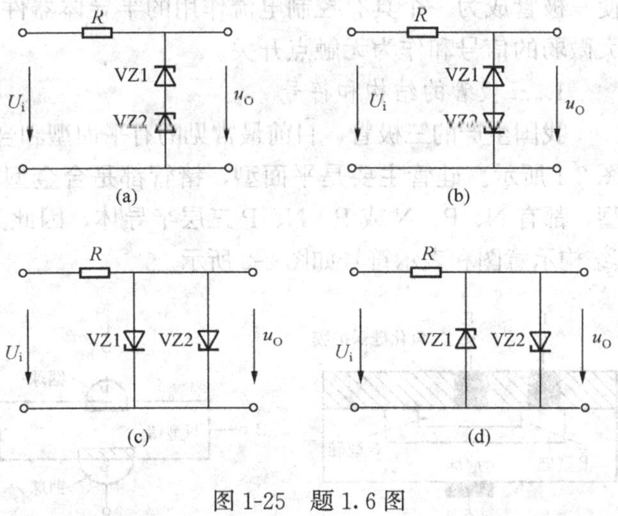

图 1-25　题 1.6 图

1.7　简答题

对于三端集成稳压器 CW78××系列和 CW79××系列，如何知道它是稳压多少伏的？

1.8　计算题

有一电压为 110V，电阻为 55Ω 的直流负载，采用单相桥式整流（不带滤波电容）电路供电，试求变压器二次绕组电压和每只二极管通过的平均电流，并选择二极管的型号。

项目二

晶体管放大器制作实例

放大电路能将微弱的电信号（电压、电流或功率）进行放大，因此被广泛应用在各种电子设备中，是模拟电路的主要电路形式，而单管放大电路是组成各种复杂放大电路的基本单元。在实际应用的电子设备中，要把信号放大到需要的幅度，单个放大电路的放大倍数往往不够，所以需要采用多级放大电路。

项目要求：

（1）制作晶体管共发射极放大器。

（2）制作晶体管共集电极放大器。

任务一　认识半导体三极管

2.1.1　半导体三极管

半导体三极管又称晶体三极管或双极型晶体管，一般简称晶体管或三极管。它是通过一定的制作工艺，将两个PN结结合在一起的器件。两个PN结相互作用，使三极管成为一个具有控制电流作用的半导体器件。三极管可以用来放大微弱的信号和作为无触点开关。

扫一扫

1. 三极管的结构和符号

我国生产的三极管，目前最常见的有平面型和合金型两类，其结构如图2-1所示。硅管主要是平面型，锗管都是合金型。不论平面型或合金型，都有N、P、N或P、N、P三层半导体，因此又把晶体管分为NPN型和PNP型两类，其结构示意图和表示符号如图2-2所示。

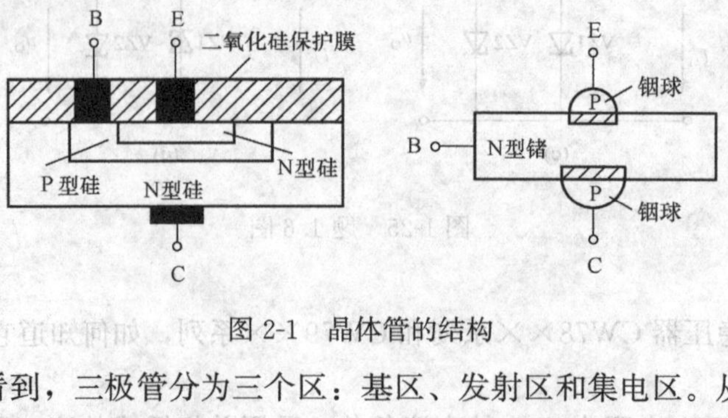

图2-1　晶体管的结构

从结构上可以看到，三极管分为三个区：基区、发射区和集电区。从三个区上分别引出三个极：基极b、发射极e和集电极c。三个区形成了两个PN结：基区和集电区之间的PN结称为集电结，而基区和发射区之间的PN结称为发射结。当前国内生产的硅晶体管多为

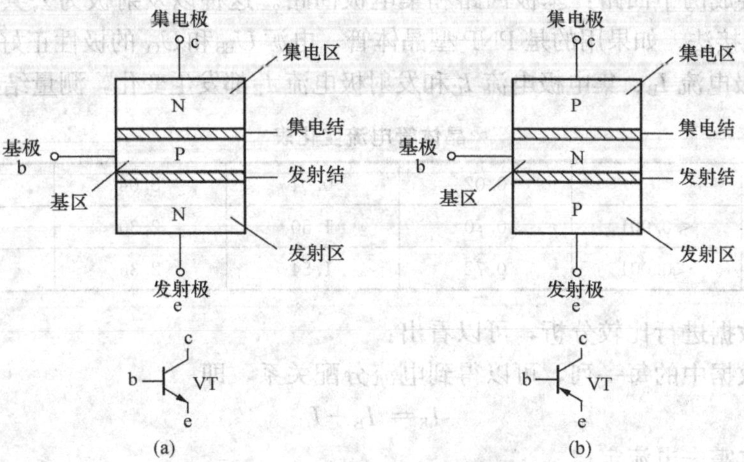

图 2-2　晶体管结构示意图和符号

(a) NPN 型；(b) PNP 型

NPN 型（3D 系列），锗晶体管多为 PNP 型（3A 系列）。

三极管可以由半导体硅材料制成，称为硅三极管；也可以由锗材料制成，称为锗三极管。

三极管从应用的角度讲，种类很多。根据工作频率分为高频管、低频管和开关管；根据工作功率分为大功率管、中功率管和小功率管。常见的三极管外形如图 2-3 所示。

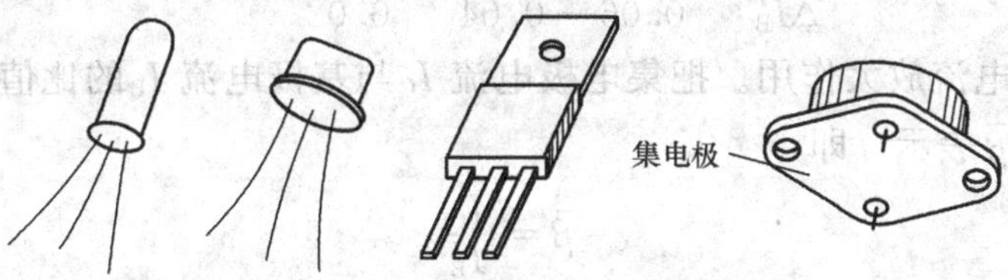

图 2-3　常见的三极管外形

2. 三极管的电流分配关系和放大作用

三极管是电子技术的核心器件，它的主要功能是实现电流放大。三极管要想具有电流放大作用（工作在放大状态），必须满足内部和外部两个条件。内部条件就是三极管的内部结构必须满足：①发射区和集电区虽然是同种半导体材料，但发射区的掺杂浓度远远高于集电区的，且集电区的空间要比发射区的空间大；②基区很薄，并且掺杂浓度特别低。外部条件就是给三极管加上合适的电压，使发射结正偏，集电结反偏。

下面以 NPN 型三极管为例通过实验来说明电流的放大原理，其中 PNP 型与 NPN 型的工作原理基本相似，只是所加的外加电压正好相反。

如图 2-4 所示的实验电路中，基极电源 U_{BB} 通过基极偏置电阻 R_B 给发射结加上正向电压 U_{BE}，使发射结正偏，集电极电源 U_{CC} 给集电结加上反向电压，使集电结反偏，

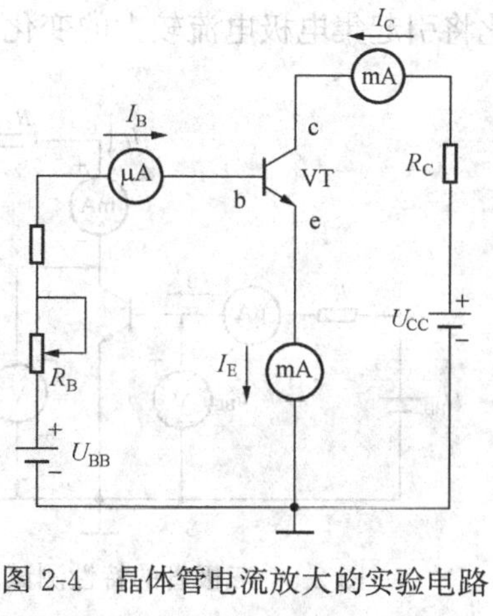

图 2-4　晶体管电流放大的实验电路

因此把晶体管接成两个回路：基极回路和集电极回路。这种以发射极为公共端的接法称为晶体管的共发射极接法。如果用的是 PNP 型晶体管，电源 U_{BB}和 U_{CC}的极性正好相反。当改变电阻 R_B时，则基极电流 I_B、集电极电流 I_C和发射极电流 I_E都发生变化，测量结果见表 2-1。

表 2-1　　晶体管电流变化表

I_B/mA	0	0.02	0.04	0.06	0.08
I_C/mA	<0.001	0.70	1.50	2.30	3.10
I_E/mA	<0.001	0.72	1.54	2.36	3.18

将表中的数据进行比较分析，可以看出：

（1）观察数据中的每一列，可以得到电流分配关系，即

$$I_E = I_B + I_C \tag{2-1}$$

此结果符合基尔霍夫电流定律。

（2）I_C和 I_E比 I_B大得多。从第三列和第四列的数据可以得出 I_C与 I_B的比值分别为

$$\frac{I_C}{I_B} = \frac{1.50}{0.04} = 37.5$$

$$\frac{I_C}{I_B} = \frac{2.30}{0.06} = 38.3$$

特别是当基极电流的微小变化 ΔI_B可以引起集电极电流较大的变化 ΔI_C。例如：

$$\frac{\Delta I_C}{\Delta I_B} = \frac{2.30-1.50}{0.06-0.04} = \frac{0.80}{0.02} = 40$$

这是三极管的电流放大作用。把集电极电流 I_C与基极电流 I_B的比值称为共发射极直流电流放大系数，用 $\bar{\beta}$ 表示，即

$$\bar{\beta} = \frac{I_C}{I_B} \tag{2-2}$$

集电极电流的变化量 ΔI_C与基极电流的变化量 ΔI_B的比值称为共发射极交流电流放大系数，用 $\tilde{\beta}$ 表示，即

$$\tilde{\beta} = \frac{\Delta I_C}{\Delta I_B} \tag{2-3}$$

因此，三极管电流放大作用的实质是：集电极电流受控于基极电流，基极电流的微小变化将引起集电极电流较大的变化。

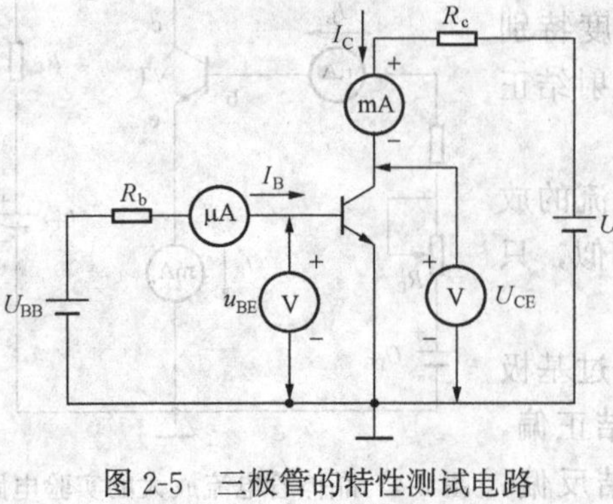

图 2-5　三极管的特性测试电路

（3）当 $I_B = 0$（将基极开路）时，$I_C <$ 0.001mA ≈0，此时的 I_C称穿透电流，用 I_{CEO}表示。

3. 伏安特性曲线

晶体管的特性曲线是用来表示该晶体管各极电压和电流之间相互关系的，它反映出晶体管的性能，是分析放大电路的重要依据。最常用的是共发射极接法时的输入特性曲线和输出特性曲线。这些特性曲线可用晶体管特性图示仪直观地显示出来，也可以通过图 2-5 所示的

实验电路进行测绘。

（1）输入特性曲线。当U_{CE}不变时，输入回路中的电流I_B与电压U_{BE}之间的关系曲线，即$I_B = f(U_{BE})|U_{CE=常数}$称为输入特性曲线。

当$U_{CE} \geqslant 1V$时，U_{CE}对输入特性的影响基本不变，而实际上一般大都有$U_{CE} > 1V$，所以通常只画出$U_{CE} \geqslant 1V$对应的那一条输入特性曲线。图2-6所示为硅晶体管的输入特性曲线。可见，输入特性曲线类似于PN结的伏安特性，硅管发射结的死区电压约为0.5V，而锗管不超过0.2V。在正常工作情况下，硅管的发射结导通压降为0.6～0.7V，而锗管的发射结导通压降为0.2～0.3V。

（2）输出特性曲线。当I_B不变时，输出回路中电流I_C和电压U_{CE}之间的关系曲线，即$I_C = f(U_{CE})|_{I_B=常数}$称为输出特性曲线。在不同的$I_B$下，可得出不同的曲线，如图2-7所示。

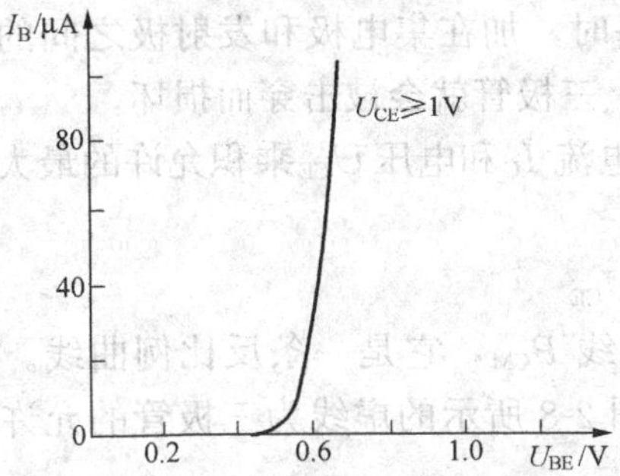

图2-6　晶体管的输入特性曲线

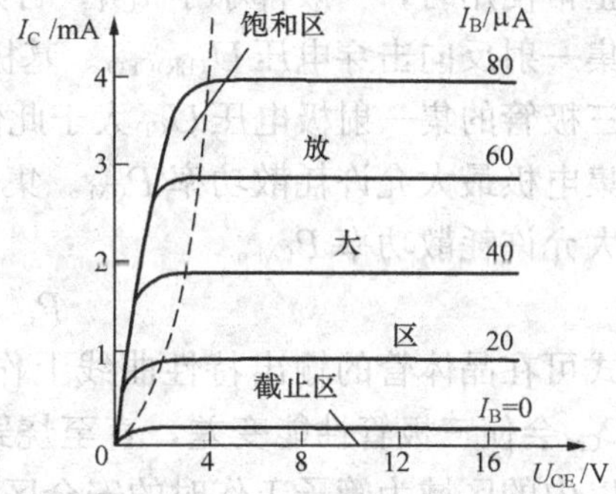

图2-7　三极管的输出特性曲线

1）放大区。输出特性曲线近于水平的部分是放大区。在这个区域，晶体管的发射结处于正向偏置状态，集电结处于反向偏置状态，对NPN型的三极管，有电位关系：$U_C > U_B > U_E$。$I_C = \beta I_B$，当I_B有一个微小变化时，I_C将按比例发生较大变化，体现出晶体管的放大作用。

2）截止区。特性曲线上$I_B = 0$以下的区域称为截止区。此时发射结零偏置或反向偏置，集电结反向偏置，而$I_B = 0$，$I_C = I_{CEO}$。三个极的电流都近似为零，集电极与发射极之间可视为开路，三极管相当于开关断开。

3）饱和区。特性曲线起始弯曲的部分称为饱和区。此时$U_{CE} < U_{BE}$，晶体管的发射结和集电结均处于正向偏置状态，I_B失去了控制I_C的能力，即$I_C \neq \beta I_B$，两者不成正比，有$I_C < \beta I_B$。U_{CE}的值很小，称此时的电压U_{CE}为三极管的饱和压降，用U_{CES}表示。一般硅三极管的U_{CES}约为0.3V，锗三极管的U_{CES}约为0.1V。此时三极管的集电极和发射极近似短接，三极管类似于开关导通。

按照三极管工作于上述不同的区域的状态，相应地称三极管工作于放大状态、截止状态和饱和状态。

4. 主要参数

三极管的参数是设计电路时选用晶体管的依据，主要有：

（1）共发射极电流放大系数$\bar{\beta}$。当三极管接成共发射极电路时，在静态（无输入信号）时集电极电流I_C与基极电流I_B的比值称为共发射极直流电流放大系数，即

$$\bar{\beta}=\frac{I_C}{I_B}$$

当加入交流信号时，集电极电流值的变化量与基极电流的变化量的比值称为共发射极交流电流放大系数，即

$$\tilde{\beta}=\frac{\Delta I_C}{\Delta I_B}$$

由上可见$\bar{\beta}$和$\tilde{\beta}$含义不同，但在输出特性接近于平行等距并且I_{CEO}较小的情况下两者数值近似相等，通常取$\bar{\beta}\approx\tilde{\beta}=\beta$。常用晶体管的$\beta$值为20～100。

(2) 集电极最大允许电流I_{CM}。集电极电流I_C超过一定值时，晶体管的β值要下降。当β值下降到正常数值的三分之二时的集电极电流I_C，称为集电极的最大允许电流I_{CM}。此时晶体管在正常使用时，一般都小于I_{CM}，否则晶体管的性能将变差。

(3) 集—射反向击穿电压$U_{(BR)CEO}$。基极开路时，加在集电极和发射极之间的最大允许电压。当三极管的集—射极电压U_{CE}大于此值时，三极管就会被击穿而损坏。

(4) 集电极最大允许耗散功率P_{CM}。集电极电流I_C和电压U_{CE}乘积允许的最大值，称为集电极最大允许耗散功率P_{CM}。

$$P_{CM}=I_CU_{CE} \tag{2-4}$$

由上式可在晶体管的输出特性曲线上作出曲线P_{CM}，它是一条反比例曲线。若工作时$I_CU_{CE}>P_{CM}$会使三极管性能变差，直至烧毁。图2-8所示的虚线为三极管的允许功率损耗线，虚线以内的区域为管子工作时的安全区。

以上所讨论的几个参数，其中I_{CM}、$U_{(BR)CEO}$、P_{CM}都是极限参数，用来说明晶体管的使用限制。

5. 用指针万用表判别三极管的管脚和类型

用指针万用表判别管脚的根据是：把三极管的结构看成是两个背靠背的PN结，如图2-9所示，对NPN管来说，基极是两个结的公共阳极，对PNP管来说，基极是两个结的公共阴极。

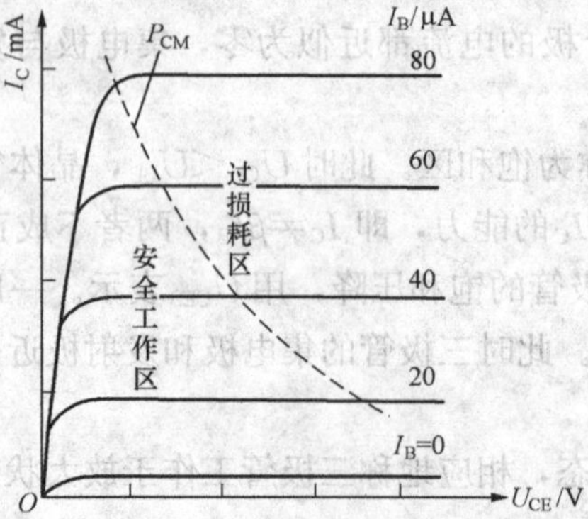

图2-8 三极管的安全工作区

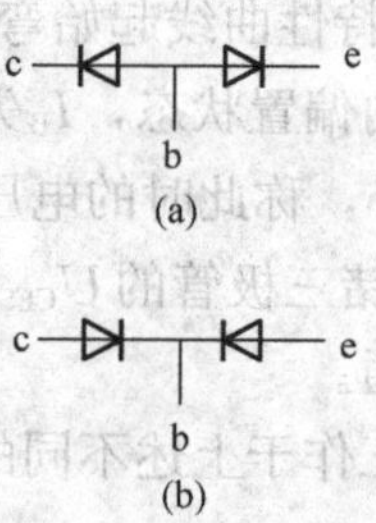

图2-9 三极管的结构设想

(a) NPN管；(b) PNP管

(1) 判定基极和管子的类型。对于功率在1W以下的中小功率管，可用指针万用表的$R\times100$或$R\times1k$挡测量，对于功率在1W以上的大功率管，可用指针万用表的$R\times1$或

$R\times10$挡测量。

先将黑表笔接三极管的一极，然后将红表笔先后接其余的两个极，若测得的电阻都很小，则此时黑表笔接的是 NPN 型管子的基极；若测得的阻值一大一小，则黑表笔所接的电极不是三极管的基极，应另接一个电极重新测量以便确定三极管的基极。另一种接法是将红表笔接三极管的某一极，黑表笔先后接其余的两个极，若两次测得的电阻都很小，则红表笔接的电极为 PNP 型管子的基极。用上述方法既判定了晶体三极管的基极，又判别了三极管的类型。

（2）判断集电极和发射极。判断集电极和发射极的基本原理是把晶体管接成基本单管共射放大电路，利用测量管子的电流放大系数 β 值的大小来判定集电极和发射极，如图 2-10 所示。以 NPN 型晶体管为例，基极确定以后，假定其余的两只脚中的一只是集电极，将黑表棒接到此脚上，红表笔则接到假定的发射极上，用 100kΩ 电阻的一端接基极，一端接黑表笔，若万用表指针偏转较大，则此时黑表笔所接的一端为集电极，红表笔接的是发射极。

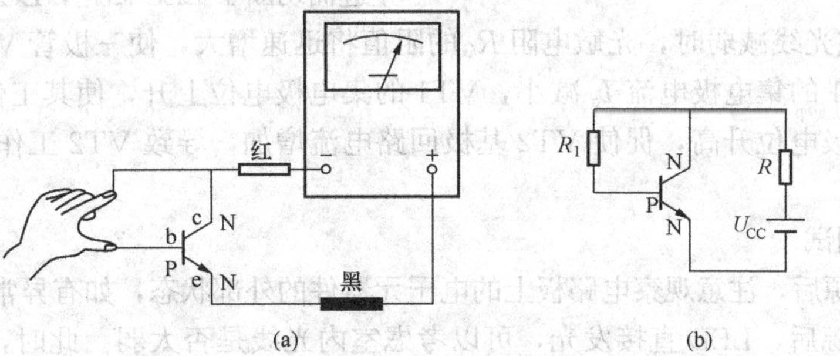

图 2-10　万用表判断三极管 c、e 电极

（a）判别示意图；（b）等效电路

另外也可用人体电阻代替 100kΩ 电阻，如图 2-10 所示。确定基极后，假定其余的两只脚中的一只是集电极，将黑表笔接到此脚上，红表笔则接到假定的发射极上。用手指把假设的集电极和已测出的基极捏起来（但不要相碰），看表针指示，并记下此阻值的读数。然后再作相反假设，即把原来假设为集电极的脚假设为发射极。做同样的测试并记下此阻值的读数。比较两次读数的大小，若前者阻值较小，说明前者的假设是对的，那么当时黑表笔接的一只脚就是集电极，剩下的一只脚便是发射极。

若需判别是 PNP 型晶体三极管，仍用上述方法，但必须把表笔极性对调一下。

（3）测试性能。以 NPN 管为例。若用万用表的黑表笔接管子的基极，红表笔接另外两极，测得的电阻都很小；而用红表笔接基极，黑表笔接另外两极，测得的电阻都很大，则此晶体管是好的，否则是坏的。PNP 型管子的判别方法与 NPN 型管子相同，但极性相反。

用数字万用表测试三极管时，可以使用专门的测试三极管的插座和挡位，正确插入三极管后可以从数字万用表显示屏上读出三极管的电流放大系数 β 值。如果插入不正确或三极管损坏，数字万用表显示屏上显示的数字会很小或显示溢出符号。

2.1.2　三极管趣味应用电路实例

1. 光控灯电路实例

（1）电路工作原理。光控灯电路原理图如图 2-11 所示，该电路的感光传感部件是一个

半导体光敏电阻 R_G，光敏电阻的阻值会随着光照的强弱变化而改变，即光照越强，光敏电阻的阻值越小；光照越弱，光敏电阻的阻值越大。因此，本电路将有两种工作状态：有光照和无光照。

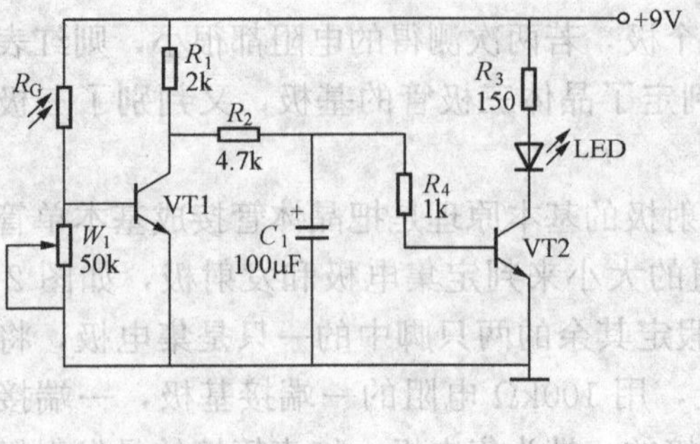

图 2-11　光控灯电路

当有光照在图中光敏电阻 R_G上或光线增强时，其阻值将减小，导致三极管 VT1 的基极电流增大，并产生后续电路的一系列相应动作，具体如下：VT1 基极电流 I_b增大，将有 VT1 的集电极电流 I_c 增大，从而使 VT1 的集电极电位下降，使三极管 VT1 工作在饱和导通状态。同时，由于 VT2 的基极回路元件 R_2、R_4 连接于 VT1 的集电极上，促使三极管 VT2 的基极电位下降，使 VT2 工作在截止状态。由于三极管 VT2 的截止进而切断了 LED 回路，LED 不亮。

当无光照或光线减弱时，光敏电阻 R_G的阻值将迅速增大，使三极管 VT1 的基极电流 I_b 减小，将有 VT1 的集电极电流 I_c 减小，VT1 的集电极电位上升，使其工作在截止状态。由于 VT1 的集电极电位升高，促使 VT2 基极回路电流增加，导致 VT2 工作在饱和导通状态，驱动 LED 点亮。

（2）电路调试。

1）接通电源后，注意观察电路板上的电子元器件的外部状态，如有异常应立即关闭电源。

2）接通电源后，LED 直接发光，可以考虑室内光线是否太弱。此时，可以增强室内光线，如果 LED 熄灭，说明电路完好，无须调整。否则，可以调整电位器 W_1，使其阻值增大，当 LED 熄灭时，停止调整。

3）接通电源后，LED 不发光，可以考虑室内光线是否太强。此时，可以用手遮挡住光敏电阻，如果 LED 点亮，说明电路完好，无须调整。否则，可以调整电位器 W_1，使其阻值减小，当 LED 点亮时，停止调整。

2. 声控灯电路实例

（1）电路工作原理。声控灯电路原理图如图 2-12 所示，电路主要由捡音器（驻极体电容器话筒）、晶体管放大器和发光二极管等构成。电源 U_{CC}通过电阻 R_1 给电容话筒 MIC 提供偏置电流，话筒捡取室内环境中的声波信号后即转为相应的电信号，再经电容 C_1 送到 VT1 的基极进行放大，VT1、VT2 组成两级直接耦合放大电路，只要选取合适的 R_2、R_3，使无声波信号时 VT1 处于临界饱和状态，VT2 处于截止状态，两只 LED 中就因无电流流过而不发光。

静态时，没有声音信号输入，三极管 VT1 处于临界饱和状态，使 VT2 截止，此时 LED1 和 LED2 皆不发光。

动态时，当 MIC 捡取声波信号后，就有音频信号注入 VT1 的基极，其信号的负半周使 VT1 退出饱和状态，VT1 的集电

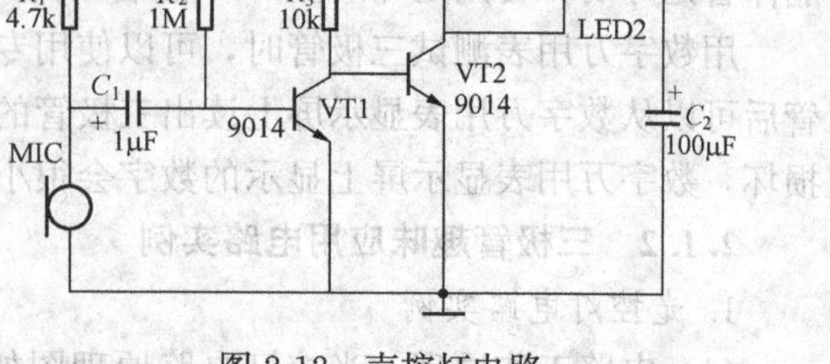

图 2-12　声控灯电路

极电压上升，VT2 导通，LED1 和 LED2 点亮发光。当输入音频信号较弱时，不足以使 VT1 退出饱和状态，LED1 和 LED2 仍保持熄灭状态，只有较强信号输入时，发光二极管才点亮发光。所以，LED1 和 LED2 能随着环境声音（如音乐、说话）信号的强弱起伏而闪烁发光。

（2）电路调试。

1）按原理图画出装配图，然后按装配图进行装配。

2）注意三极管的极性不能接错，元件排列需整齐、美观。

3）通电后先测 VT1 的集电极电压，使其在 0.2～0.4V，如果该电压太低，施加声音信号后，VT1 不能退出饱和状态，VT2 则不能导通；如果该电压超过 VT2 的死区电压，静态时 VT2 就导通，使 LED1 和 LED2 点亮发光。所以，对于灵敏度不同的电容话筒，以及 β 值不同的三极管，VT1 的集电极电阻 R_3 的大小要通过调试来确定。

4）离话筒约 0.5m 的距离，用普通声音（音量适中）讲话时，LED1、LED2 应随声音闪烁。如需大声说话时，发光二极管才闪烁发光，此时可适当减小 R_3 的阻值，也可更换 β 值更大的三极管。

任务二　共发射极放大器制作实例

扫一扫

2.2.1　放大的概念

为解释“放大”的概念，我们以常见的手持式扩音器为例来介绍，其基本结构如图 2-13 所示。

原始声音被话筒转换成微弱的电信号，它不足以直接推动负载（即喇叭）工作，因此，中间要添加一部分电路，用微弱信号去控制该电路，使其输出一个原样的较强电信号（只是电压、电流或功率变大，其他外观不变，称为不失真）。这样，较强的电信号就可以驱动负载来工作。这中间一部分电路实现的功能就是我们电路中所说的“放大”，这一电路就是放大电路。

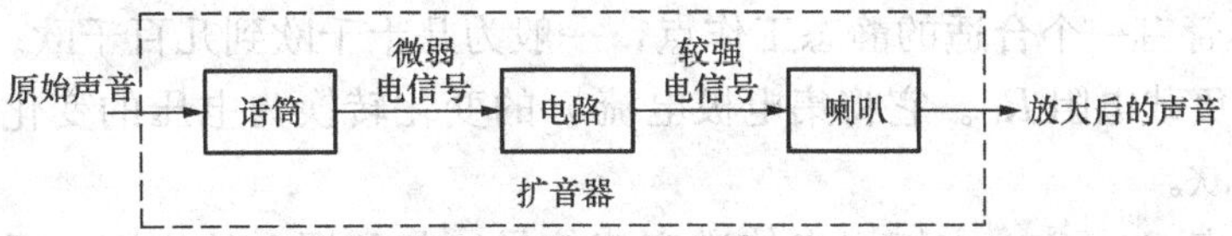

图 2-13　扩音器工作原理

现实应用中很多电信号都是微弱信号，如手机天线感应无线电产生的电信号，传感器采集出来的电信号等，因此，放大电路的用途非常广泛。

依前面所学，三极管的基极电流（很小）对集电极电流（较大）有控制作用，它是组成放大电路的核心器件。

2.2.2　三极管的三种连接方式

放大电路的核心器件三极管只有三个电极，而放大电路又是一个四端网络（即双口网络），所以组成放大电路时，就必须有一个电极作为输入信号和输出信号的公共端。根据公共端的不同，三极管有共发射极、共基极、共集电极三种不同的连接方式（对所放大的交流信号而言），或称三种组态，如图 2-14（以 NPN 管为例）所示。

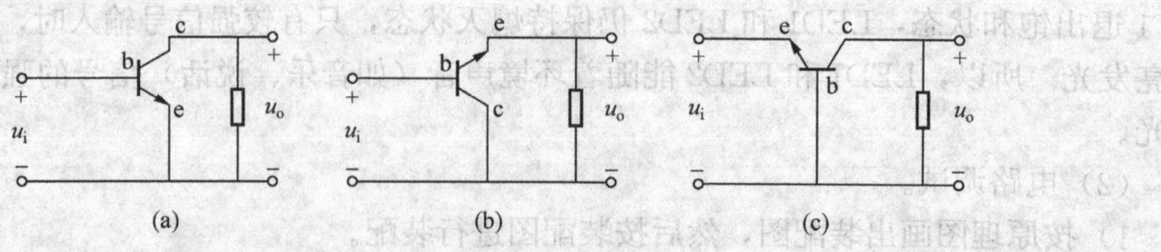

图 2-14　三极管的三种连接方法

(a) 共射极组态；(b) 共集电极组态；(c) 共基极组态

三极管有三种组态，则对应的放大电路也有三种组态，各种实际的放大电路都是这三种基本放大电路的变型或组合。下面我们主要以共发射极放大电路为例，说明放大电路的工作原理及分析方法。

2.2.3　基本共发射极放大电路的组成

在三种组态放大电路中，共发射极电路用得比较普遍。这里就以 NPN 共射极放大电路为例，讨论放大电路的组成。一个基本共发射极放大电路如图 2-15 所示，为保证放大电路能够不失真地放大交流信号，放大电路的组成应保证使三极管工作在放大区（发射结正偏，集电结反偏）、保证信号有效地传输，这是放大电路应遵循的基本原则。

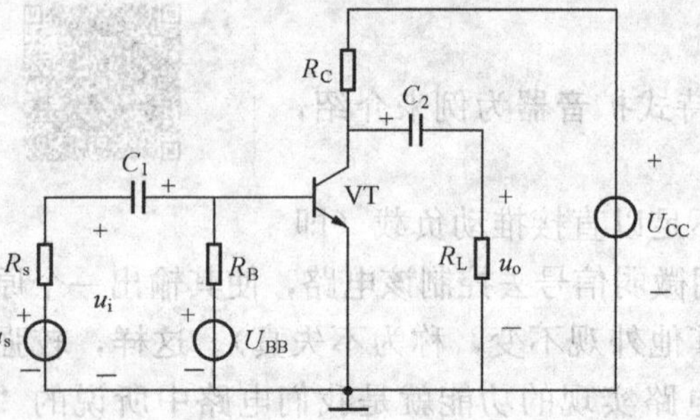

图 2-15　基本共发射极放大电路

(1) 晶体管 VT。它是放大器件，是放大电路的核心器件，用基极电流 i_B 控制集电极电流 i_C。

(2) 电源 U_{CC} 和 U_{BB}。它们共同作用使三极管的发射结正偏，集电结反偏，使三极管处在放大状态，同时它们也是放大电路的能量来源，提供电流 i_B 和 i_C。U_{CC} 一般在几伏到十几伏之间。

(3) 偏置电阻 R_B。它用来调节基极偏置电流 I_B，使晶体管有一个合适的静态工作点，一般为几十千欧到几百千欧。

(4) 集电极负载电阻 R_C。它将集电极电流 i_C 的变化转换为电压的变化，以实现电压放大，一般为几千欧。

(5) 耦合电容 C_1、C_2。它们用来传递交流信号，起到耦合的作用。同时，它们又使放大电路和信号源及负载间的直流相隔离，起隔直作用。为了减小传递信号的电压损失，C_1、C_2 应选得足够大，一般为几微法至几十微法，通常选用电解电容器，使用时应将其正极接至高电位处，负极接至低电位处。

实际共发射极放大电路常采用如图 2-16 所示的电路，直流电源 U_{CC} 在画图时，往往省略电源的电路符号，只标出电源电压的文字符号，标“+”号表示电源正极接于该处，负极接公共端。对于 PNP 型三极管，直流电源和电解电容 C_1、C_2 的极性均与上述 NPN 型三极管相反。

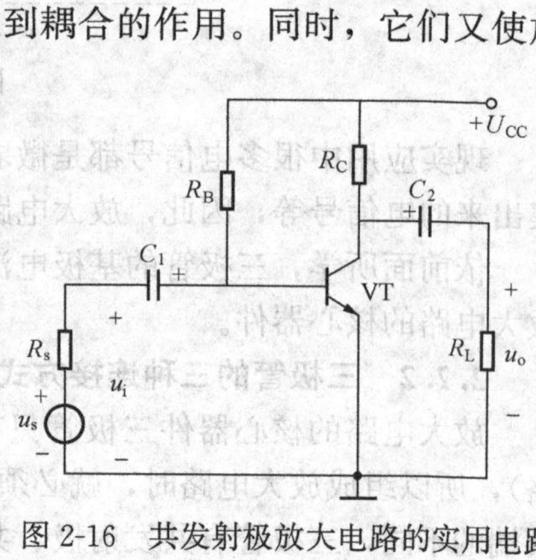

图 2-16　共发射极放大电路的实用电路

2.2.4　基本共发射极放大电路的工作原理

需放大的信号的电压 u_i通过 C_1转换为放大电路的输入电流，再与基极偏流叠加后加到晶体管的基极，通过晶体管的以小控大作用，基极电流 i_B的变化引起集电极电流 i_C的变化；i_C通过 R_C使电流的变化转换为电压的变化，即

$$U_{CE}=U_{CC}-i_C R_C$$

由上式可看出：当 i_C增大时，u_{CE}就减小，所以 u_{CE}的变化正好与 i_C相反，这就是 u_o与 u_i反相的原因。u_{CE}经过 C_2滤掉了直流成分，耦合到输出端的交流成分即为输出电压 u_o。若电路参数选取适当，u_o的幅度将比 u_i幅度大很多，亦即输入的微弱小信号 u_i被放大了，这就是放大电路的工作原理，电路中各点电压或电流的工作波形图如图 2-17 所示。

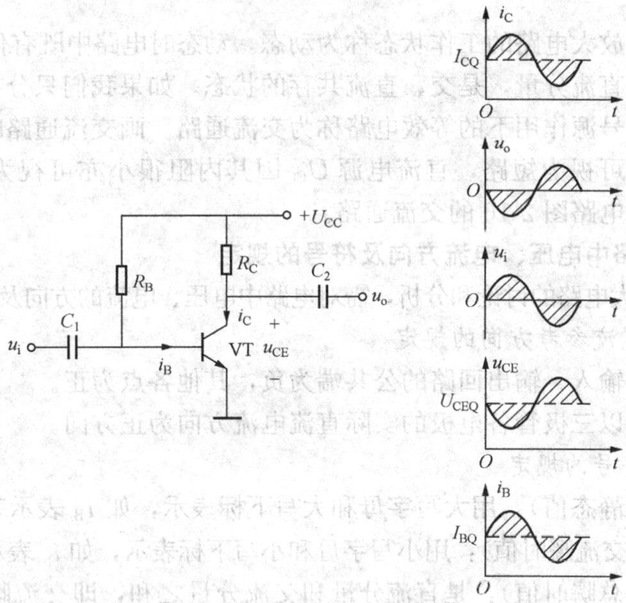

图 2-17　基本共发射极放大电路的工作原理

从上面放大电路的工作过程可概括放大电路的组成原则如下：

（1）外加电源的极性必须保证使三极管的发射结正偏，集电结反偏。

（2）输入电压 u_i要能引起三极管的基极电流 i_B作相应的变化。

（3）三极管集电极电流 i_C的变化要尽可能地转为电压的变化输出。

（4）放大电路工作时，直流电源 U_{CC}要为三极管提供合适的静态工作电流 I_{BQ}、I_{CQ}和电压 U_{CEQ}，即电路要有一个合适的静态工作点 Q。

2.2.5　直流通路与交流通路

在放大电路中，有直流电源及偏置电路产生的直流电压和电流，还有被放大的交流信号通过放大电路，因此放大电路中是交、直流并存的。在对一个放大电路进行定性、定量分析时，首先要确定三极管各电极的直流电压和电流，以判断三极管是否工作在放大区，这是放大电路放大交流信号的前提和基础；其次是分析放大电路对交流信号的放大性能，如放大倍数、输入电阻、输出电阻等。前者分析的对象是直流成分，应采用放大电路的直流通路进行分析，后者分析的对象是交流成分，应采用放大电路的交流通路进行分析。

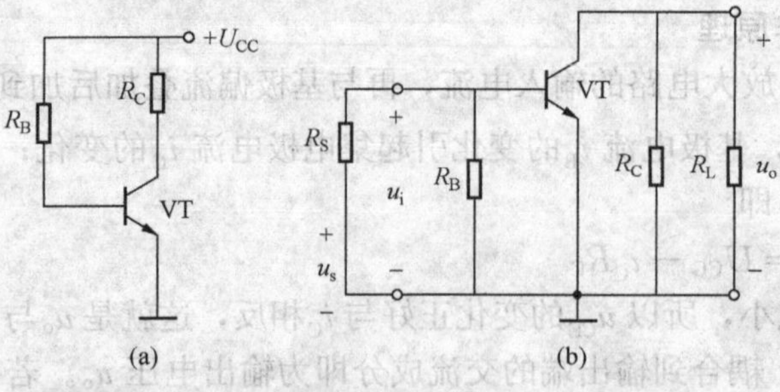

图 2-18　基本共射放大电路的交、直流通路
（a）直流通路；（b）交流通路

1. 直流通路

无信号输入（$u_i=0$）时，放大电路的工作状态称为静态。静态时，电路各处的电压、电流均为直流量。因此，对直流而言，放大电路中的电容可视为开路，电感可视为短路，据此所画出的等效电路称为放大电路的直流通路。图 2-18（a）所示的电路就是图 2-16 所示放大电路的直流通路。

2. 交流通路

有信号输入时，放大电路的工作状态称为动态。动态时电路中既有代表信号的交流分量，又有代表静态偏置的直流分量，是交、直流共存的状态。如果我们只分析交流分量，据此所画出的放大电路在信号源作用下的等效电路称为交流通路。画交流通路时，放大电路的耦合电容因其容抗较小，可视为短路，直流电源 U_{CC} 因其内阻很小亦可视为短路。图 2-18（b）所示的电路就是放大电路图 2-16 的交流通路。

2.2.6　放大电路中电压、电流方向及符号的规定

为方便我们对放大电路的讨论和分析，需对电路中电压、电流的方向及符号作如下规定。

1. 信号电压、电流参考方向的规定

（1）电压方向：输入、输出回路的公共端为负，其他各点为正。

（2）电流方向：以三极管各电极的实际直流电流方向为正方向。

2. 电压、电流符号的规定

（1）直流分量（静态值）：用大写字母和大写下标表示，如 I_B 表示基极的直流电流。

（2）交流分量（交流瞬时值）：用小写字母和小写下标表示，如 i_b 表示基极的交流电流。

（3）总变化量（总瞬时值）：是直流分量和交流分量之和，即交流瞬时值叠加在静态值上的脉动直流量。用小写字母和大写下标表示。如 i_B 表示基极电流总的瞬时值，其数值为 $i_B=I_B+i_b$。

（4）交流有效值（或幅值）：是交流分量的有效值（或幅值）。用大写字母和小写下标表示。如 I_b 表示基极的正弦交流电流的有效值，I_{bm}表示基极的正弦交流电流的幅值。

现将放大电路中三极管各电极电量的符号归纳于表 2-2 中。

表 2-2　　　　电压、电流符号的简要归纳

类别	符号	下标	示例
静态值	大写	大写	I_B、I_C、I_E、U_{BE}、U_{CE}
交流瞬时值	小写	小写	i_b、i_c、i_e、u_{be}、u_{ce}
总瞬时值	小写	大写	i_B、i_C、i_E、u_{BE}、u_{CE}
有效值	大写	小写	I_b、I_c、I_e、U_{be}、U_{ce}
幅值	大写	小写	I_{bm}、I_{cm}、I_{em}、U_{bem}、U_{cem}

2.2.7　放大电路工作状态的图解法分析

放大电路的分析包括两个方面的内容，即静态分析和动态分析，分析的过程一般是先静

态后动态。常用的分析方法有图解法和等效电路法两种。图解法是在三极管的特性曲线上，直接用作图的方法分析放大电路的工作情况。图解法既可分析放大电路的静态特性，也可分析放大电路的动态特性。

1. 静态工作点的确定

静态时，三极管各电极的电压、电流均为直流量，分别为 I_B、I_C、U_{BE}、U_{CE}。由于这组数值分别与三极管输入、输出特性曲线上固定不动的点“Q”的坐标值相对应，如图 2-19（b）所示，故称这组数值为静态工作点。为便于说明此电压、电流与 Q 点的对应，常将这组数值用 I_{BQ}、I_{CQ}、U_{BEQ}、U_{CEQ} 表示。

三极管电流、电压的关系可用其输入特性曲线和输出特性曲线表示。所以，我们可以在特性曲线上，直接用作图的方法来确定其静态工作点。

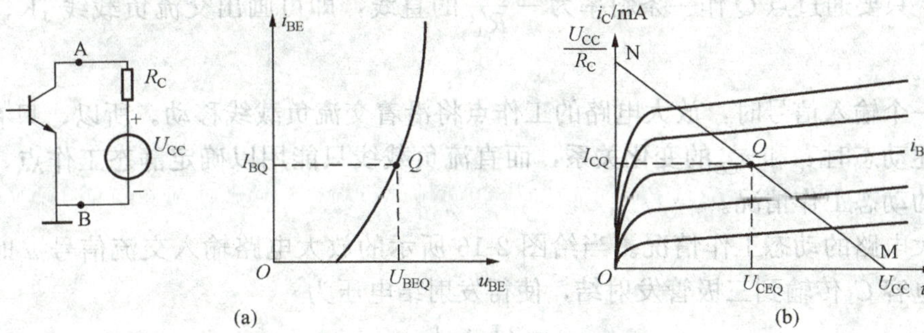

图 2-19　基本共射放大电路的直流通路与静态工作点

（a）直流通路；（b）静态工作点 Q

将图 2-18（a）所示直流通路的输出回路重画于图 2-19（a）中，由图中 A、B 两端向左看，$i_C \sim u_{CE}$ 关系由三极管的一条输出特性曲线 $i_C = f(i_B, u_{CE})|_{i_B=I_{BQ}}$ 决定，如图 2-19（b）所示。由图 A、B 两端向右看，$i_C \sim u_{CE}$ 关系由三极管外电路方程 $u_{CE}=U_{CC}-i_C R_C$ 决定。

外电路方程中 u_{CE} 与 i_C 为线性关系，可在 $i_C \sim u_{CE}$ 坐标系中用一条直线表示，称为直流负载线，它反映了直流电压、电流与负载电阻 R_C 的关系。直流负载可将两个特殊的点 M（令 $i_C=0$ 时，$u_{CE}=U_{CC}$）、N（令 $u_{CE}=0$ 时，$i_C=U_{CC}/R_C$）连接起来画出，如图 2-19（b）所示。直流负载线的斜率为 $-\dfrac{1}{R_C}$。

因为 i_C 和 u_{CE} 既要满足三极管的输出特性曲线所表示的关系，又要满足直流负载线所表示的关系，所以二者的交点就确定了放大电路的静态工作点 Q。

I_{BQ} 的值可由直流电路估算求得，也可以通过图解法在输入特性曲线中确定。

2. 电路参数对静态工作点的影响

电路参数 R_B、R_C、U_{CC} 的变化都将对静态工作点产生影响，但在实际调试过程中，常常通过改变 R_B 来改变静态工作点，下面主要讨论基极偏置电阻 R_B 对静态工作点的影响，如图 2-20 所示。由直流通路可知，当 R_C、U_{CC} 固定时，改变 R_B，此时仅对 I_{BQ} 有影响，而

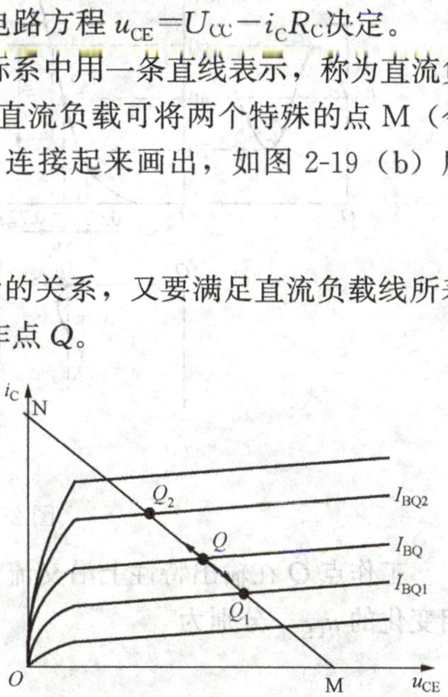

图 2-20　R_B 对静态工作点 Q 的影响

对直流负载线MN无影响。

（1）R_B减小，I_{BQ}增大，工作点沿直流负载线上移（I_{CQ}增大，U_{CEQ}减小）。

（2）R_B增大，I_{BQ}减小，工作点沿直流负载线下移（I_{CQ}减小，U_{CEQ}增大）。

3. 动态分析

（1）交流负载线。放大电路的动态特性是由交流通路决定的，交流通路外电路的伏安特性称为交流负载线。由图2-18（b）所示交流通路的三极管外电路为两个电阻R_C和R_L的并联，即$R'_L=R_C//R_L$。因此，交流负载线的斜率为$-\frac{1}{R'_L}$，由于$R'_L<R_C$，故一般情况下交流负载线比直流负载线要陡。

因为在交流信号为零的瞬时，放大电路处于静态，所以，交流负载线必然通过静态工作点Q。因此，只要通过点Q作一条斜率为$-\frac{1}{R'_L}$的直线，即可画出交流负载线JK，如图2-21（b）所示。

当外加一个输入信号时，放大电路的工作点将沿着交流负载线移动。所以，只有交流负载线才能描述动态时i_C和u_{CE}的变化关系，而直流负载线只能用以确定静态工作点，不能表示放大电路的动态工作情况。

（2）放大电路的动态工作情况。当给图2-16所示的放大电路输入交流信号u_i时，输入信号经耦合电容C_1传输到三极管发射结，使得发射结电压为

$$u_{BE}=U_{BEQ}+u_i \tag{2-5}$$

u_i变化，引起u_{BE}变化，如图2-21所示，导致工作点Q发生变化。工作点Q沿输入特性曲线移动，产生与u_{BE}同相变化的基极电流为

$$i_B=I_{BQ}+i_b \tag{2-6}$$

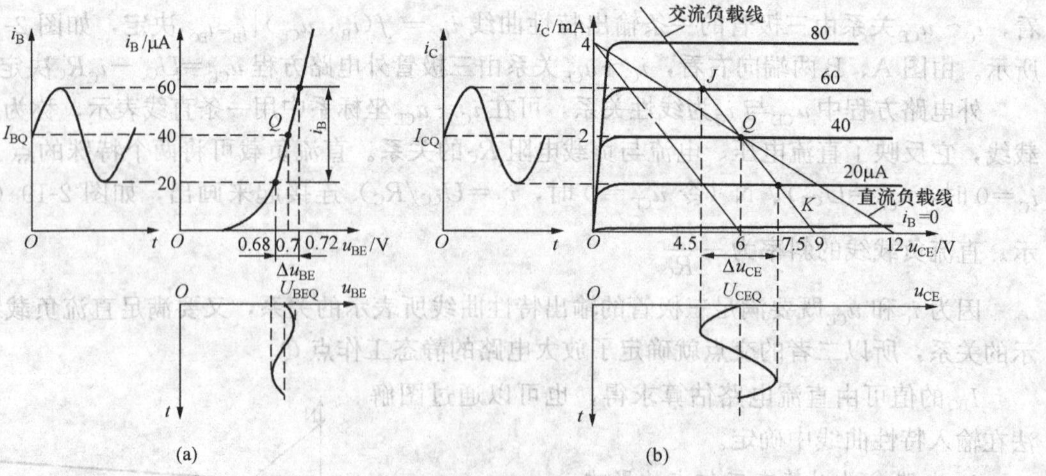

图2-21 放大电路的动态工作情况

工作点Q在输出特性上沿交流负载线移动，产生与u_{BE}、i_B同相变化的i_C，与u_{BE}、i_B反相变化的u_{CE}，分别为

$$i_C=\beta i_B=I_{CQ}+i_c \tag{2-7}$$

$$u_{CE}=U_{CEQ}+u_{ce} \tag{2-8}$$

如图 2-16 所示，u_{CE}经耦合电容 C_2输出交流成分 u_{ce}。

信号的放大过程可表示为

$$\underset{(交流)}{u_i} \xrightarrow{C_1} u_{BE} \xrightarrow{三极管} i_B \xrightarrow{三极管放大} \underset{(脉动直流)}{i_C} \xrightarrow{R_C} u_{CE} \xrightarrow{C_2} \underset{(交流)}{u_o(u_{ce})}$$

通过对上述放大过程的分析和对各波形的观察可以得到如下结论：

1）无信号输入时，放大电路工作于静态，三极管各电极的电流、电压为恒定的静态值 I_{BQ}、I_{CQ}、U_{BEQ}、U_{CEQ}。

2）有信号输入时，放大电路工作于动态，三极管各电极的电流、电压瞬时值为脉动直流，它们是在静态值的基础上，叠加了随输入信号变化的交流分量。

3）输出信号的变化规律与输入信号变化规律一致，但其幅度增大了，此即放大电路的放大作用。

4）对共射极放大电路，i_c、i_b与 u_i（u_{be}）的相位为同相，只有 u_o（u_{ce}）的相位与它们反相。

4. 非线性失真分析

所谓失真，是指输出信号的波形与输入信号的波形不成比例的现象。放大电路由于受三极管非线性的限制，当信号过大或工作点选择不合适时，输出电压波形将产生失真。由于是三极管非线性引起的失真，所以称为非线性失真。其主要表现为在输入特性的弯曲部分，输出特性间距不均匀，当输入信号又比较大时，使 i_b、u_{ce}和 i_c的正负半周不对称，即产生了非线性失真。

工作点不合适引起的失真有以下两种情况：

（1）截止失真。在图 2-22（a）中，静态工作点设置过低，在输入信号的负半周，工作点进入截止区，使 i_B、i_C等于零，从而引起 i_B、i_C和 u_{CE}的波形产生失真，这样的失真称为截止失真。对于 NPN 型三极管共射极放大电路，出现截止失真时，输出电压 u_{ce}的波形会出现顶部失真（可通过示波器观察）。

消除截止失真的办法是适当减小放大电路的基极偏置电阻 R_B，即增大 I_{BQ}，使静态工作点 Q 上移。

（2）饱和失真。在图 2-22（b）中，静态工作点设置过高，在输入信号正半周，工作点

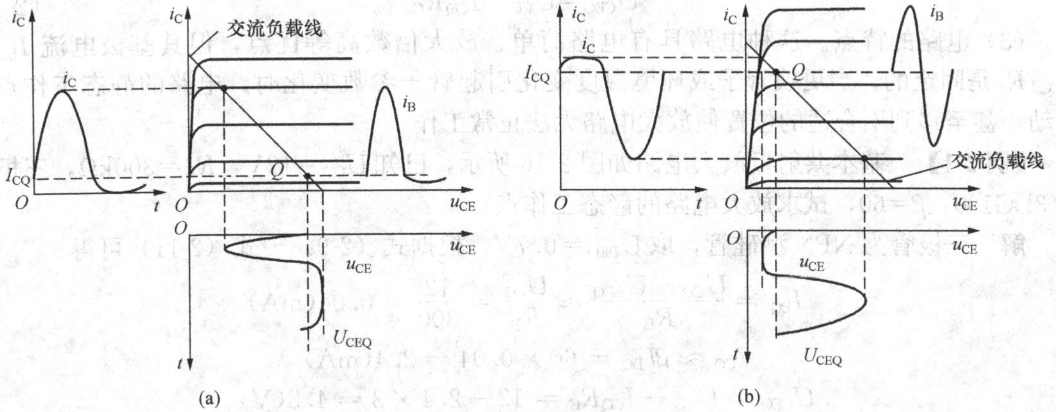

图 2-22 放大电路中的非线性失真

（a）截止失真；（b）饱和失真

进入饱和区，此时当 i_B 增大时，i_C 不再随之增大，因此将引起 i_C 和 u_{CE} 的波形产生失真，这样的失真称为饱和失真。对 NPN 型三极管共射极放大电路，出现饱和失真时，输出电压 u_{ce} 的波形会出现底部失真（可通过示波器观察）。

消除饱和失真的办法是适当增大放大电路的基极偏置电阻 R_B，即减小 I_{BQ}，使静态工作点 Q 下移。

通过上述分析可知，可以通过调整电路中的基极偏置电阻 R_B 来设置合适的静态工作点，使放大电路有幅值最大的不失真信号输出。但是要注意，即使有了合适的静态工作点，当 u_i 的幅度太大时，也容易出现双向失真（即饱和、截止失真）。

2.2.8 放大电路的偏置电路

放大电路的偏置电路的作用是为放大电路提供一个合适、稳定的静态工作点，这是放大电路能够正常工作的前提。直流偏置电路的构成方式很多，常用的有固定偏置式电路和分压式偏置电路两种。

1. 固定偏置式电路

（1）电路组成。图 2-16 所示基本放大电路是一个采用固定偏置方式的放大电路，其直流偏置电路，即直流通路如图 2-18（a）所示。$+U_{CC}$ 经电阻 R_B 为发射结提供正向偏压，经 R_C 为集电结提供反向偏压。

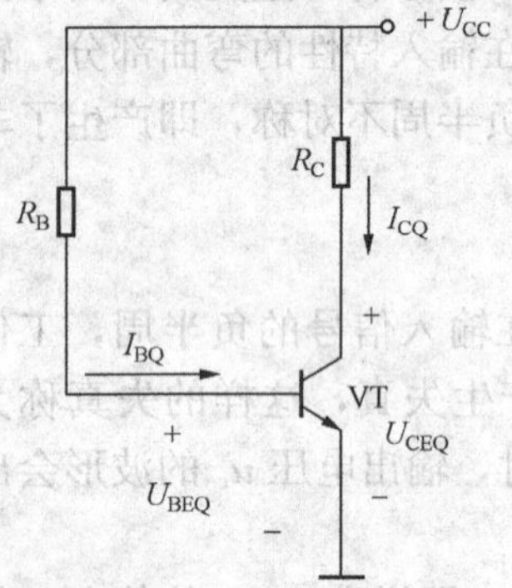

图 2-23　静态工作点的估算

（2）静态工作点的估算。根据图 2-23 可估算出放大电路静态工作点。由基极回路求得基极电流 I_{BQ} 为

$$I_{BQ}=\frac{U_{CC}-U_{BEQ}}{R_B} \tag{2-9}$$

由于三极管导通时，U_{BEQ} 的变化很小，可近似认为：

硅管 $U_{BEQ}=0.6\sim0.8$V，取 0.7V；锗管 $U_{BEQ}=0.1\sim0.3$V，取 0.2V。

当 $U_{CC}\gg U_{BEQ}$ 时，$I_{BQ}\approx U_{CC}/R_B$。

根据三极管的电流放大关系，可求得集电极电流 I_{CQ} 为

$$I_{CQ}\approx\beta I_{BQ} \tag{2-10}$$

再根据集电极回路可求出集电极—发射极电压 U_{CEQ} 为

$$U_{CEQ}=U_{CC}-I_{CQ}R_C \tag{2-11}$$

（3）电路的特点。这种电路具有电路简单、放大倍数高等优点，但其基极电流 $I_{BQ}\approx U_{CC}/R_B$ 是固定的，当更换管子或环境温度变化引起管子参数变化时，电路的静态工作点会移动，甚至移到不合适的位置使放大电路无法正常工作。

【例 2-1】　基本共射极放大电路如图 2-16 所示，已知 $U_{CC}=12$V，$R_B=300$kΩ，三极管为 3DG100，$\beta=60$，试求放大电路的静态工作点。

解　三极管为 NPN 型硅管，取 $U_{BEQ}=0.7$V，根据式（2-9）～式（2-11）可得

$$I_{BQ}=\frac{U_{CC}-U_{BEQ}}{R_B}\approx\frac{U_{CC}}{R_B}=\frac{12}{300}=0.04(\text{mA})$$

$$I_{CQ}\approx\beta I_{BQ}=60\times0.04=2.4(\text{mA})$$

$$U_{CEQ}=U_{CC}-I_{CQ}R_C=12-2.4\times3=4.8(\text{V})$$

2. 分压式偏置电路

由于三极管本身的特性，致使其参数易受外界温度变化的影响，进而导致静态工作点不

稳定，引起失真。固定式偏置放大电路并不能解决这一问题，因此出现了分压式偏置放大电路。它能够很好地稳定静态工作点，因此成为最常用的一种偏置方式。

（1）电路组成。分压式偏置放大电路如图 2-24 所示，其偏置电路（即直流通路）如图 2-25 所示。与固定偏置式电路不同的是，基极接有分压电阻 R_{B1} 和 R_{B2} 为基极提供稳定的偏置电位 U_{BQ}，故称这种电路为分压式偏置电路；同时在发射极和地之间接有电阻 R_E，R_E 的作用是产生电流负反馈来稳定静态工作点，所以，这种电路也称为电流负反馈式偏置电路。另外放大电路（见图 2-24）中的 C_E 为旁路电容，对交流信号相当于短路。

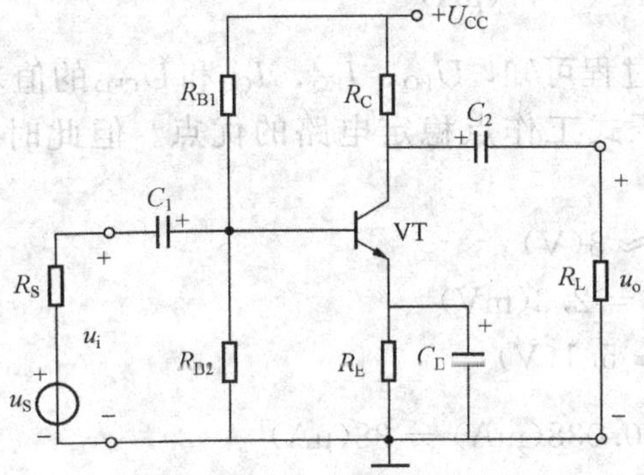

图 2-24　分压式偏置放大电路

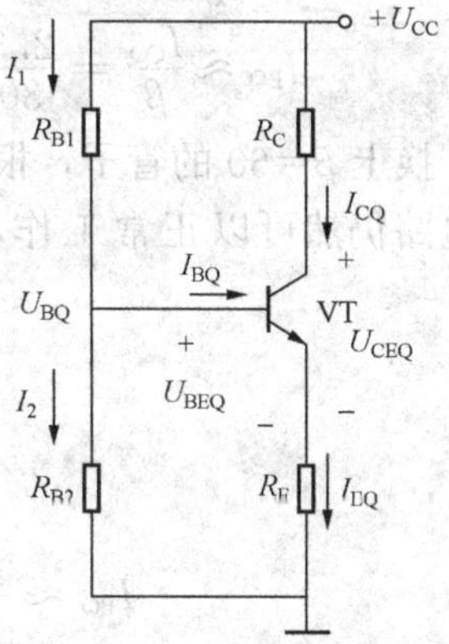

图 2-25　直流通路

（2）静态工作点的稳定。静态工作点的稳定过程可简单地表示为：$T\uparrow$ 或 $\beta\uparrow \rightarrow I_{CQ}\uparrow \rightarrow I_{EQ}\uparrow \rightarrow U_{EQ}\uparrow \xrightarrow{U_{BQ}\text{基本恒定}} U_{BEQ}(=U_{BQ}-U_{EQ})\downarrow \rightarrow I_{BQ}\downarrow \rightarrow I_{CQ}\downarrow$ 由此可见，这种电路是在固定基极电位 U_{BQ} 的条件下，利用发射极电流 I_{EQ} 随温度 T（或 β）的变化引起 U_{EQ} 的变化，进而影响 U_{BEQ} 和 I_{BQ} 的变化，使 I_{CQ} 趋于稳定的。

（3）静态工作点的估算。在如图 2-25 所示的直流通路中，由于 $I_1 \approx I_2 \gg I_{BQ}$，$U_{BQ}$ 基本固定不变，可得

$$U_{BQ} \approx \frac{R_{B2}}{R_{B1}+R_{B2}} \cdot U_{CC} \tag{2-12}$$

$$I_{CQ} \approx I_{EQ} = \frac{U_{BQ}-U_{BEQ}}{R_E} \tag{2-13}$$

$$I_{BQ} \approx \frac{I_{CQ}}{\beta} \tag{2-14}$$

$$U_{CEQ} = U_{CC} - I_{CQ} \cdot R_C - I_{EQ} \cdot R_E \approx U_{CC} - I_{CQ} \cdot (R_C + R_E) \tag{2-15}$$

【例 2-2】　在图 2-24 所示的分压式偏置放大电路中，已知 $U_{CC}=12\text{V}$，$R_{B1}=15\text{k}\Omega$，$R_{B2}=5\text{k}\Omega$，$R_c=2\text{k}\Omega$，$R_E=1\text{k}\Omega$，$\beta=30$。

（1）试估算放大电路的静态工作点；

（2）如果换上同型号 $\beta=60$ 的三极管，电路其他参数不变，则静态工作点有何变化？

解（1）估算此类偏置电路静态工作点的思路是：先算 I_{CQ}，再算 I_{BQ}，即

$$U_{BQ} \to I_{CQ}(I_{EQ}) \to \left| \begin{array}{l} \to U_{CEQ} \\ \to I_{BQ} \end{array} \right.$$

根据式（2-12）～式（2-15）可得

$$U_{BQ} \approx \frac{R_{B2}}{R_{B1}+R_{B2}} \cdot U_{CC} = \frac{5}{15+5} \times 12 = 3(\text{V})$$

$$I_{CQ} \approx I_{EQ} = \frac{U_{BQ}-U_{BEQ}}{R_E} = \frac{3-0.7}{1} = 2.3(\text{mA})$$

$$U_{CEQ} \approx U_{CC} - I_{CQ} \cdot (R_C + R_E) = 12 - 2.3 \times (2+1) = 5.1(\text{V})$$

$$I_{BQ} \approx \frac{I_{CQ}}{\beta} = \frac{2.3}{30} = 0.077(\text{mA}) = 77(\mu\text{A})$$

（2）换上 $\beta=60$ 的管子，根据以上估算过程可知，U_{BQ}、I_{EQ}、I_{CQ}和U_{CEQ}的值基本保持不变，电路仍然可以正常工作，这正是分压式工作点稳定电路的优点。但此时 I_{BQ} 将减小，即

$$U_{BQ} \approx 3(\text{V})$$

$$I_{CQ} \approx I_{EQ} = 2.3(\text{mV})$$

$$U_{CEQ} \approx 5.1(\text{V})$$

$$I_{BQ} \approx \frac{I_{CQ}}{\beta} = \frac{2.3}{60} = 0.038(\text{mA}) = 38(\mu\text{A})$$

2.2.9 放大电路的性能指标

放大电路性能指标是定量描述放大电路动态性能的动态参数，其主要的性能指标有放大倍数、输入电阻和输出电阻。

1. 放大倍数

放大倍数是衡量放大电路放大能力的指标，也称为增益。

（1）电压放大倍数 A_u：定义为输出电压与输入电压之比。

$$A_u = \frac{u_o}{u_i} \tag{2-16}$$

（2）电流放大倍数 A_i：定义为输出电流与输入电流之比。

$$A_i = \frac{i_o}{i_i} \tag{2-17}$$

在实际应用中，放大倍数常用分贝表示，定义为

$$A_u(\text{dB}) = 20\lg\frac{u_o}{u_i} = 20\lg A_u(\text{dB}) \tag{2-18}$$

$$A_i(\text{dB}) = 20\lg\frac{i_o}{i_i} = 20\lg A_i(\text{dB}) \tag{2-19}$$

2. 输入电阻

如图 2-26 所示，放大电路的输入电阻是从放大电路的输入端口看进去的等效电阻，定义为输入电压与输入电流之比，即

$$r_i = \frac{u_i}{i_i} \tag{2-20}$$

r_i是衡量放大电路作为负载对信号源或前级放大器影响程度的重要参数。通常希望 r_i越大越好，r_i越大，说明放大电路从信号源索取的电流越小，即对信号源影响越小。

3. 输出电阻 r_o

如图 2-26 所示，放大电路的输出电阻是从放大电路的输出端口看进去的等效电阻。放大电路对于负载 R_L 相当于一个信号源，该信号源的内阻就是放大电路的输出电阻 r_o。可用戴维南定理求得，也可用测试电路测试。定义为

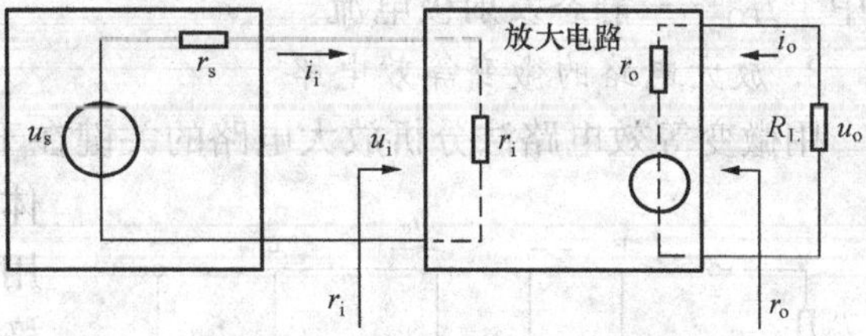

图 2-26 放大电路的方框图

$$r_o=\frac{u_o}{i_o} \tag{2-21}$$

输出电阻 r_o 是反映放大电路带负载能力的重要参数。通常希望 r_o 越小越好，r_o 越小，接入负载 R_L 后，输出电压 u_o 的变化就越小。

2.2.10 放大电路的微变等效电路分析法

微变等效电路法是将含有非线性器件三极管的放大电路，等效为线性电路的一种线性化的分析方法。用图解法分析放大电路，虽然比较直观，便于理解，但不易进行定量分析；要进行定量分析，一般采用微变等效电路法。

在合理设置静态工作点和输入交流信号的情况下，若信号为小信号，即只在工作点附近微小的范围内变化，则在这个小范围内，三极管的特性近似是线性的，其特性参数几乎是不变的常数，因此三极管可以用一个线性电路来等效代替。代替后，端口的电压、电流关系并不改变。这个等效的线性电路称为三极管的微变等效电路。虽然“等效”会增大一定的误差，但对于工程计算来说，这点误差是可以忽略不计的。

1. 三极管的微变等效电路

由于在三极管输入特性 Q 点附近，特性曲线基本上是一段直线，即 Δu_{BE} 与 Δi_B 成正比，所以，三极管输入回路的 b、e 之间，可用一个等效电阻 r_{be} 代替。即

$$r_{be}=\frac{\Delta u_{BE}}{\Delta i_B}=\frac{u_{be}}{i_b} \tag{2-22}$$

由于在三极管输出特性的放大区内，Q 点附近的特性曲线基本上是水平等间距的，即 i_C 的变化量与 u_{CE} 的变化无关，只取决于 i_B 的变化，即 $i_c=\beta i_b$，所以，三极管输出回路的 c、e 之间，可用一个大小为 βi_b 的受控电流源代替。实质上反映了三极管基极电流 i_b 对集电极电流 i_c 的控制作用。

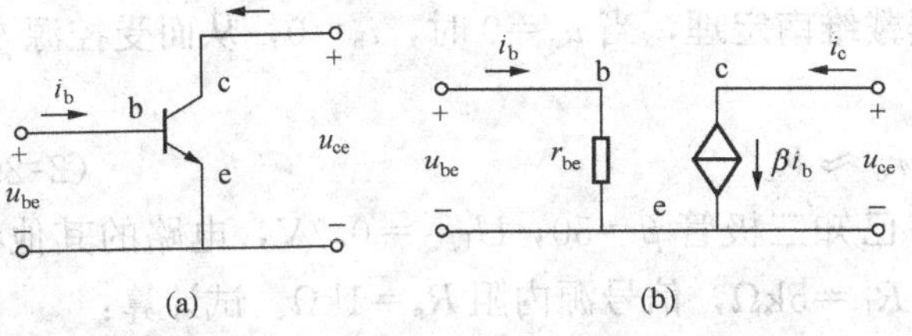

图 2-27 三极管的微变等效电路

综上所述，可画出如图 2-27（a）所示的三极管在交流小信号条件下的微变等效电路，如图 2-27（b）所示。

2. r_{be} 的近似计算公式

通过对三极管内部结构的分析，三极管的动态输入电阻 r_{be} 可用下列公式近似计算。

$$r_{be}=300\Omega+(1+\beta)\frac{26(\text{mV})}{I_{EQ}(\text{mA})} \tag{2-23}$$

式中　I_{EQ}——静态发射极电流。

3. 放大电路的微变等效电路

用微变等效电路法分析放大电路的关键在于正确地画出放大电路的微变等效电路。其具体方法是：先画出放大电路的交流通路，然后用三极管的微变等效电路代替交流通路中的三极管，并标明电压、电流的参考方向，如此便得到了放大电路的微变等效电路。据此，我们可画出如图 2-16 所示的基本共射极放大电路的微变等效电路，如图 2-28 所示。

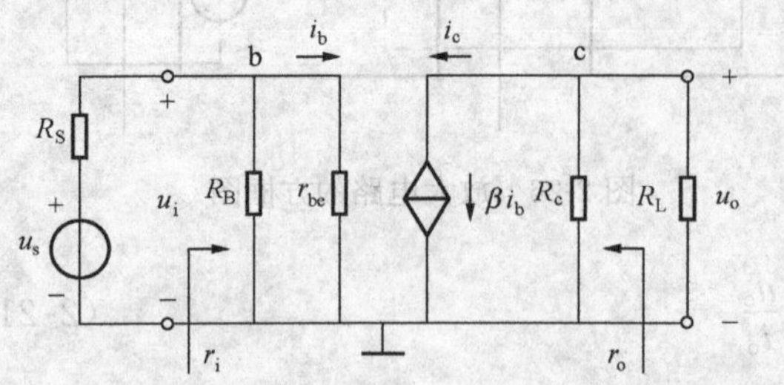

图 2-28　基本共射极放大电路及其微变等效电路

需要说明的是，微变等效电路法只适用于分析在交流小信号条件下的放大电路，主要分析放大电路的动态性能。若信号波动范围很大，则三极管就不能再等效为线性电路了。

下面以基本共射极放大电路为例，分析计算放大电路的性能指标。

4. 基本共射极放大电路性能指标的估算

（1）电压放大倍数 A_u。由图 2-28 所示的等效电路可得

$$u_o = -i_c R'_L = -\beta i_b R'_L \tag{2-24}$$

其中　$R'_L = R_c // R_L$

$$u_i = i_b r_{be} \tag{2-25}$$

将式（2-24）和式（2-25）代入定义式（2-16）可得

$$A_u = -\frac{\beta i_b R'_L}{i_b r_{be}} = -\frac{\beta R'_L}{r_{be}} \tag{2-26}$$

式中　“−”为输出电压与输入电压相位相反。

当放大电路空载，即不接负载 R_L 时，$R_L \to \infty$，$R'_L = R_c // R_L = R_C$，空载电压放大倍数 A'_u 为

$$A'_u = -\frac{\beta R_C}{r_{be}} \tag{2-27}$$

因为 $R_C > R'_L$，所以空载电压放大倍数 A'_u 大于有载电压放大倍数 A_u。

（2）输入电阻 r_i。由图 2-28 可直接看出

$$r_i = R_B // r_{be} \tag{2-28}$$

当 $R_B \gg r_{be}$ 时，$r_i = R_B // r_{be} \approx r_{be}$。

（3）输出电阻 r_o。在图 2-28 中，根据戴维南定理，当 $u_s = 0$ 时，$i_b = 0$，从而受控源 $\beta i_b = 0$，可直接得出

$$r_o \approx R_c \tag{2-29}$$

【例 2-3】　放大电路如图 2-16 所示，已知三极管 $\beta = 50$，$U_{BEQ} = 0.7V$，电路的其他参数为 $U_{CC} = 12V$，$R_B = 560k\Omega$，$R_C = 5k\Omega$，$R_L = 5k\Omega$，信号源内阻 $R_s = 1k\Omega$。试计算：

（1）静态工作点；

（2）放大电路的性能指标 A_u、r_i 和 r_o 值。

解（1）$I_{BQ} = \dfrac{U_{CC} - U_{BEQ}}{R_B} = \dfrac{12 - 0.7}{560} \approx 0.02(\text{mA}) = 20(\mu\text{A})$

$$I_{CQ} \approx \beta I_{BQ} = 50 \times 0.02 = 1(\text{mA})$$

$$U_{CEQ} = U_{CC} - I_{CQ}R_C = 12 - 1 \times 5 = 7(\text{V})$$

(2) $r_{be} = 300\Omega + (1+\beta)\dfrac{26(\text{mV})}{I_{EQ}(\text{mA})} = 300 + 51 \times \dfrac{26}{1} = 1626(\Omega) \approx 1.6(\text{k}\Omega)$

$$A_u = -\frac{\beta R'_L}{r_{be}} = -\frac{50 \times (5//5)}{1.6} \approx -78$$

$$r_i = R_B // r_{be} \approx r_{be} = 1.6\text{k}\Omega$$

$$r_o \approx R_c = 5\text{k}\Omega$$

总结前面的内容，可归纳出用等效电路法分析放大电路的基本步骤，基本步骤如下。

（1）确定放大电路的静态工作点。可采用近似估算法。

（2）求出静态工作点处的微变等效电路参数 β 和 r_{be}，β 一般为已知。

（3）画出放大电路的微变等效电路。可先画出三极管的微变等效电路，然后画出放大电路其余部分的交流通路。

（4）应用线性电路理论分析计算，估算放大电路的主要性能指标。

任务三　共集电极放大器制作实例

扫一扫

2.3.1　共集电极放大电路分析与制作

图 2-29（a）所示电路即是一个共集电极放大电路，由图 2-29（b）所示的交流通路可看出，交流信号从基极输入，从发射极输出，集电极是输入信号和输出信号的公共端，因而属共集组态。因输出信号从发射极引出，所以这种电路也称为射极输出器。

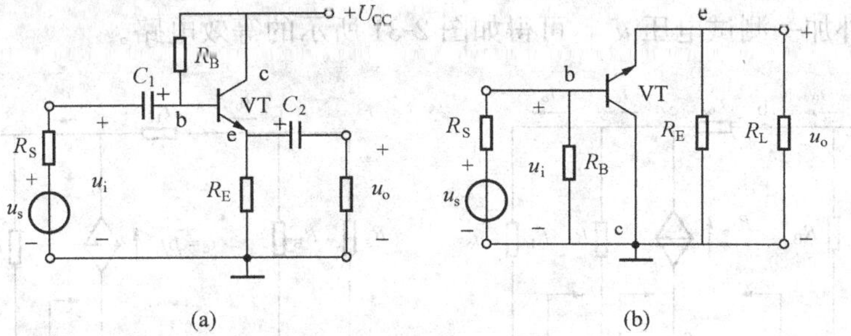

图 2-29　共集电极放大电路及其交流通路

（a）放大电路；（b）交流通路

1. 静态分析

由图 2-29（a）可知，该电路的直流偏置电路是带有发射极电阻 R_E 的固定偏置电路。由直流通路可得

$$I_{BQ} = \frac{U_{CC} - U_{BEQ}}{R_B + (1+\beta)R_E} \tag{2-30}$$

$$I_{CQ} \approx \beta I_{BQ} \tag{2-31}$$

$$U_{CEQ}=U_{CC}-I_{EQ}R_E\approx U_{cc}-I_{CQ}R_E \quad (2-32)$$

2. 动态分析

用三极管的微变等效电路代替如图 2-29（b）所示的交流通路中的三极管，可画出共集电极放大电路的微变等效电路，如图 2-30 所示。

（1）电压放大倍数 A_u。由图 2-30 可得

$$u_o=i_eR'_L=(1+\beta)i_bR'_L$$

$$u_i=i_br_{be}+u_o=i_br_{be}+(1+\beta)i_bR'_L$$

因此

$$A_u=\frac{u_o}{u_i}=\frac{(1+\beta)R'_L}{r_{be}+(1+\beta)R'_L} \quad (2-33)$$

其中 $R'_L=R_E//R_L$ 。

由式（2-33）可知 $A_u<1$，由于 $(1+\beta)R'_L\gg r_{be}$，所以 $A_u\approx 1$，即 $U_o\approx U_i$，且 U_o 和 U_i 同相，因此该放大电路又称为射极跟随器。

（2）输入电阻 r_i。由图 2-30 可得

$$r'_i=\frac{u_i}{i_b}=\frac{i_br_{be}+(1+\beta)i_bR'_L}{i_b}=r_{be}+(1+\beta)R'_L$$

$$r_i=R_B//r'_i=R_B//[r_{be}+(1+\beta)R'_L] \quad (2-34)$$

由式（2-34）可见，发射极回路中的电阻 R'_L 折算到基极回路需乘 $(1+\beta)$ 倍，因此输入电阻高，对信号源影响程度小，这是射极输出器的特点之一。

（3）输出电阻 r_o。根据放大电路输出电阻的定义，在图 2-30 中，令 $u_s=0$，并去掉负载 R_L，在输出端外加一测试电压 u_p，可得如图 2-31 所示的等效电路。

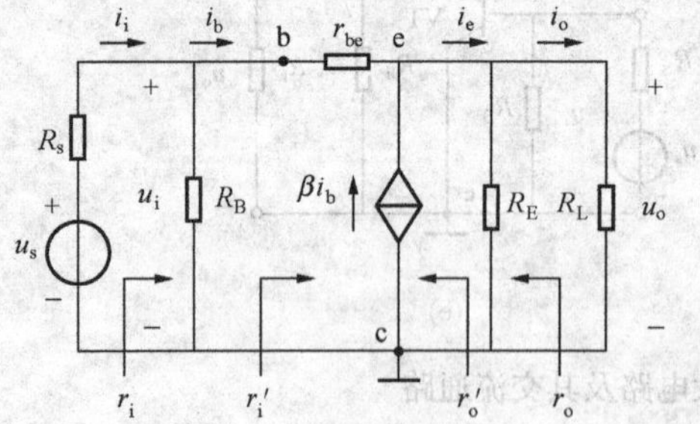

图 2-30 共集电极放大电路的微变等效电路

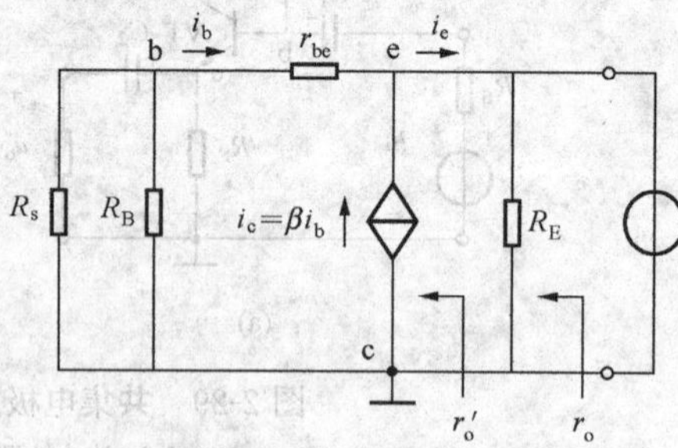

图 2-31 求 r_o 的微变等效电路

由图 2-31 可得

$$u_p=-i_b(r_{be}+R'_s)$$

式中 $R'_s=R_s//R_B$

$$r'_o=\frac{u_p}{-i_e}=\frac{-i_b(r_{be}+R'_s)}{-(1+\beta)i_b}=\frac{r_{be}+R'_s}{1+\beta}$$

$$r_o = R_E // r'_o = R_E // \frac{r_{be} + R'_s}{1+\beta} \approx \frac{r_{be}}{1+\beta} \tag{2-35}$$

由式（2-35）可知，基极回路的总电阻 $r_{be} + R'_s$ 折算到发射极回路，需除以 $(1+\beta)$，因此输出电阻 r_o 很小，带负载的能力比较强。

综上所述，射极输出器是一个具有高输入电阻、低输出电阻且电压增益近似为 1 的放大电路。所以在多极放大电路中常用来作输入级和输出级，也可作为缓冲级，用来隔离前后两级之间的相互影响。

【例 2-4】 放大电路如图 2-29（a）所示，已知硅三极管的 $\beta=100$，信号源内阻 $R_s=1\text{k}\Omega$，$R_B=240\text{k}\Omega$，$R_E=2\text{k}\Omega$，$R_L=2\text{k}\Omega$。试估算静态工作点，并计算电压放大倍数、输入和输出电阻。

解　估算静态工作点

$$I_{BQ} = \frac{U_{cc} - U_{BEQ}}{R_B + (1+\beta)R_E} = \frac{10-0.7}{240+101\times 2} \approx 0.02(\text{mA}) = 20(\mu\text{A})$$

$$I_{CQ} \approx \beta I_{BQ}$$

$$U_{CEQ} \approx U_{CC} - I_{CQ}R_E = 10 - 2\times 2 = 6(\text{V})$$

由式（2-23）可得

$$r_{be} = 300\Omega + (1+\beta)\frac{26}{I_{EQ}} = 300 + 101\times\frac{26}{2} = 1613(\Omega) \approx 1.6(\text{k}\Omega)$$

根据式（2-33）～式（2-35）计算 A_u、r_i、r_o

$$R'_L = R_L // R_E = \frac{2\times 2}{2+2} = 1(\text{k}\Omega)$$

$$A_u = \frac{(1+\beta)R'_L}{r_{be} + (1+\beta)R'_L} = \frac{101\times 1}{1.6+101\times 1} \approx 0.98$$

$$r_i = R_B // [r_{be} + (1+\beta)R'_L] = 240 // (1.6+101)\times 1 \approx 68(\text{k}\Omega)$$

$$R'_s = R_s // R_B \approx 1(\text{k}\Omega)$$

$$r_o = R_E // \frac{r_{be} + R'_s}{1+\beta} = 2 // \frac{1.6+1}{101} = 0.025(\text{k}\Omega) = 25(\Omega)$$

2.3.2　多级放大电路分析

在实际应用的电子设备中，要把信号放大到需要的幅度，单级放大电路的放大倍数往往不够，所以需要采用多级放大电路。多级放大电路的组成可用如图 2-32 所示的框图来表示。

图 2-32　多级放大电路的组成框图

一般来说，要求多级放大电路有较高的输入电阻，所以输入级常采用射极输出器等输入电阻高的放大电路。中间级应有较大的电压放大倍数，一般采用共射极放大电路。输出级应有一定的输出功率来推动负载工作，故采用功率放大电路。

2.3.2.1　多级放大电路的耦合方式

在多级放大电路中，级与级之间的信号传输称为耦合，级间的连接方式称为耦合方式。常用的耦合方式有三种，即阻容耦合、直接耦合和变压器耦合。

1. 阻容耦合

级与级之间通过电容连接的方式称为阻容耦合，阻容耦合放大电路如图 2-33 所示。对于阻容耦合方式，耦合电容起到隔直的作用，使各级的静态工作点彼此独立、互不影响。这给放大电路的分析、设计和调试带来了很大的方便。其次，只要耦合电容选得足够大，可使前级输出信号在一定的频率范围内几乎无衰减地传输到下一级。所以阻容耦合方式在分立元件放大电路中得到广泛的应用。

但是，阻容耦合方式也存在很大的局限性，它不适用于传输缓慢变化的信号，因为耦合电容的容抗很大，会使信号的衰减很大。对于直流信号的传输，它更是无能为力了。集成器件中，制作大容量电容是很困难的，因此这种耦合方式在集成电路中无法采用。

2. 直接耦合

为避免耦合电容对缓慢变化的信号产生的衰减，将两级之间直接用导线连接起来，这种连接方式称为直接耦合，直接耦合放大电路如图 2-34 所示。

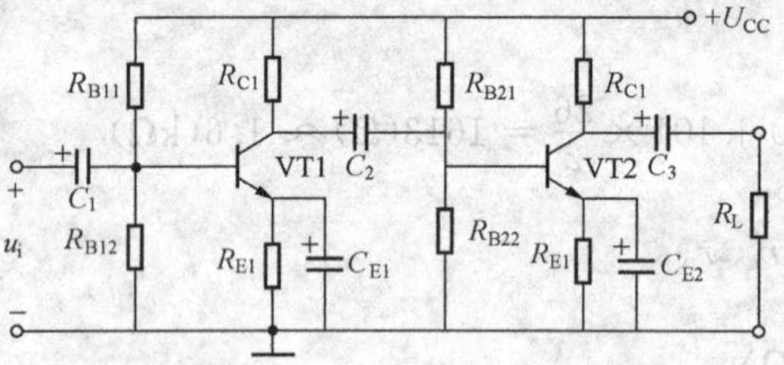

图 2-33　阻容耦合放大电路

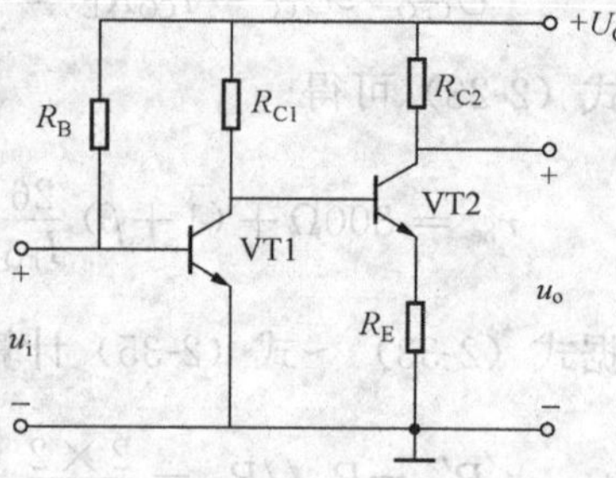

图 2-34　直接耦合放大电路

这种耦合方式由于没有耦合电容，既可以放大交流信号，也可以放大缓慢变化的信号及直流信号。更重要的是，直接耦合方式便于集成，所以集成电路多采用这种耦合方式。

直接耦合放大电路存在着两个特殊问题。一是前后级之间存在着直流通路，导致各级静态工作点相互影响、不能独立。二是静态工作点的变化所引起的输出电压变化的问题，即当温度发生变化时，前级静态工作点的变化被后级放大并传输，产生所谓的零点漂移问题。

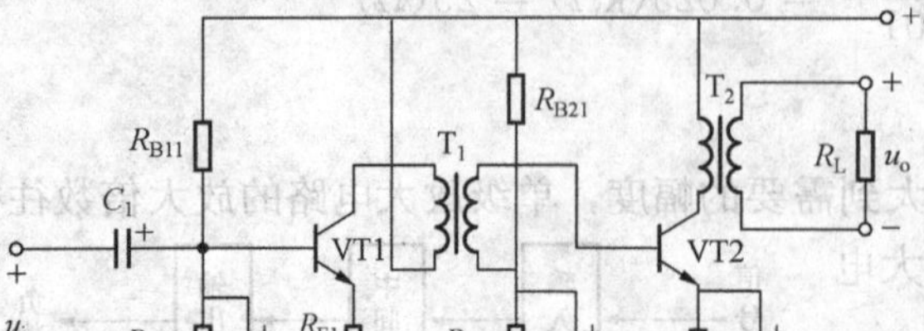

图 2-35　变压器耦合放大电路

3. 变压器耦合

级与级之间通过变压器连接的方式称为变压器耦合，变压器耦合放大电路如图 2-35 所示。这种耦合电路的特点是：级间无直流通路，各级静态工作点相互独立；变压器具有阻抗变换作用，因而放大电路可获得最佳负载。由于变压器体积大而重，不能集成，频率特性也较差，目前，它在放大电路中的应用受到一定限制。

2.3.2.2 多级放大电路的性能指标

1. 电压的放大倍数

根据电压放大倍数的定义式，很容易推出一个 n 级放大电路的电压放大倍数为

$$A_u = A_{u1} \cdot A_{u2} \cdots A_{un} \tag{2-36}$$

即多级放大电路的电压放大倍数等于各级电压放大倍数的乘积。

每一级电压放大倍数的估算之前已讲过。但是，在计算每一级电压放大倍数时，必须考虑前、后级之间的相互影响，即后级的输入电阻为前一级的负载。

2. 输入电阻和输出电阻

多级放大电路的输入电阻就是输入级的输入电阻；多级放大电路的输出电阻就是输出级的输出电阻。在具体计算输入电阻和输出电阻时，当输入级为共集电极放大电路时，还要考虑当第二级的输入电阻作为负载时对输入电阻的影响；当输出级为共集电极放大电路时，还要考虑前级对输出电阻的影响。

小　结

本项目主要介绍了放大电路的基本原理和基本分析方法，其内容是学习本书随后内容的基础，本项目内容主要包括：

(1) 放大电路是由核心器件（三极管或场效应管）、偏置电源、偏置电阻及耦合电容等组成的。放大电路正常工作时具有交、直流并存的特点，即电路中各处的电流和电压既有直流分量，又有交流分量。在分析计算时，通过画交、直流通路，将交、直流分开，静态工作点通过直流电路分析估算，交流性能参数通过交流通路分析估算。

(2) 放大电路的基本分析方法有两种：图解法和微变等效电路法。

图解法可以直观、形象地表示出静态工作点的位置与非线性失真的关系，估算出最大不失真输出幅度，分析电路参数对静态工作点的影响。

微变等效电路法只能用于分析放大电路的动态情况，分析估算 A_u、r_i、r_o等性能指标，不能用于确定静态工作点。

(3) 三极管是一种温度敏感器件，当温度变化时，三极管的各种参数将随之发生变化，使放大电路的工作点不稳定，甚至不能正常工作。因此常采用分压式偏置电路，实际上是采用负反馈原理来稳定静态工作点。

(4) 基本放大电路有三种接法（组态），即共射极接法、共集电极接法和共基极接法。

(5) 多级放大电路的耦合方式有三种：阻容耦合、直接耦合和变压器耦合。多级放大电路的电压放大倍数 A_u等于各级电压放大倍数的乘积，输入电阻 r_i为第一级的输入电阻，输出电阻 r_o为末级的输出电阻。估算时应注意耦合后后级与前级之间的相互影响。

练习题

2.1　试判断图 2-36 中各电路能否对交流信号实现正常放大。若不能，简单说明理由。

2.2　试画出图 2-37 中各电路的直流通路和交流通路。

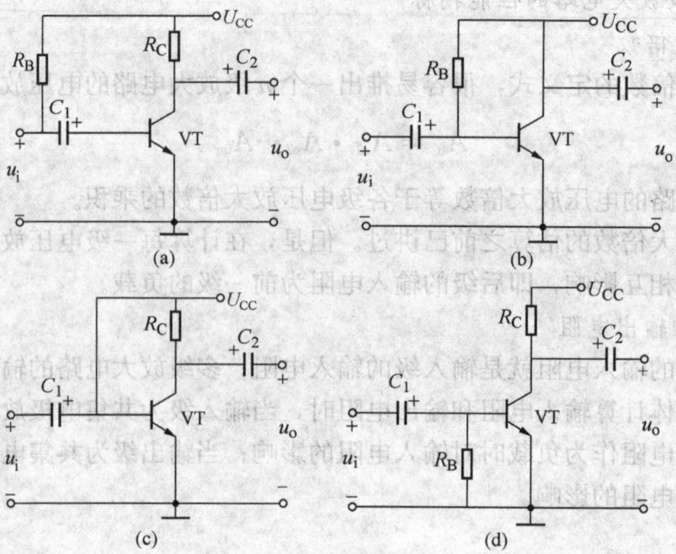

图 2-36　题 2.1 图

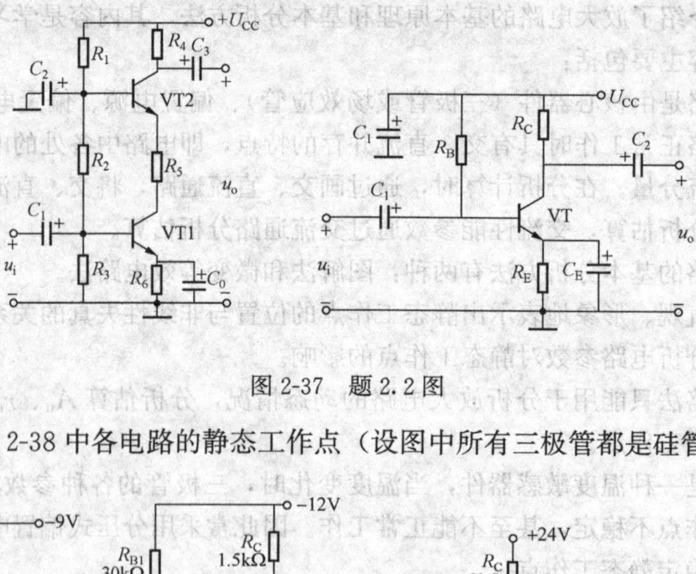

图 2-37　题 2.2 图

2.3　试求图 2-38 中各电路的静态工作点（设图中所有三极管都是硅管，$U_{BE}=0.7V$）。

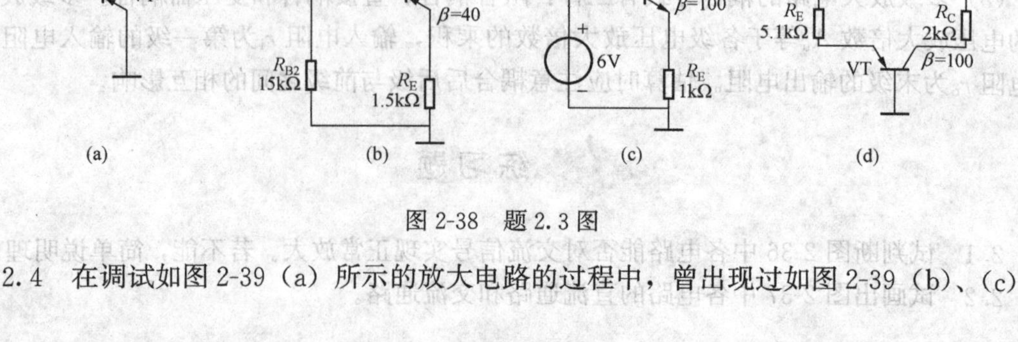

图 2-38　题 2.3 图

2.4　在调试如图 2-39（a）所示的放大电路的过程中，曾出现过如图 2-39（b）、（c）所示的两种不正常的输出波形。如果输入的是正弦波，试判断这两种情况分别是何种失真？应如何调整电路参数才能消除失真。

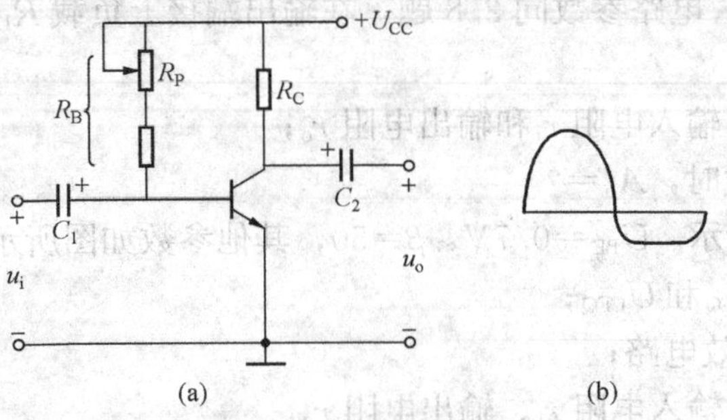

图 2-39　题 2.4 图

2.5　在如图 2-39 所示电路中，当 $R_B=300k\Omega$，$R_C=3k\Omega$，$\beta=60$，$U_{CC}=12V$ 时，确定该电路的静态工作点。当调节 R_B 时，可改变静态工作点。

(1) 如果要求 $I_{CQ}=2mA$，则 R_B 应为多大？

(2) 如果要求 $U_{CEQ}=4V$，则 R_B 应为多大？

2.6　在如图 2-39 所示电路中，设 $R_B=240k\Omega$，$R_C=3k\Omega$，$\beta=80$，$U_{BE}=0.7V$，接上负载 $R_L=3k\Omega$，$U_{CC}=9V$。

(1) 将输入信号 u_i 的幅值逐渐增大，在示波器上观察输出波形时，首先将出现哪一种失真？

(2) 如果 R_B 调整合适，输出端最大不失真电压的有效值是多少？

2.7　基本共射极放大电路如图 2-40 所示，$R_B=280k\Omega$，$R_C=2.4k\Omega$，$\beta=50$，$U_{CC}=12V$，三极管为 3DG100A，$R_L=2.4k\Omega$。

(1) 估算静态工作点 I_{BQ}，I_{CQ} 和 U_{CEQ}；

(2) 画出放大电路的微变等效电路；

(3) 估算电压放大倍数 A_u、输入电阻 r_i 和输出电阻 r_o；

(4) 如果换上一只 $\beta=100$ 的同类型管子，静态工作点 Q 将如何变化？

2.8　分压式共射极放大电路如图 2-41 所示，$U_{BE}=0.7V$，$\beta=50$，$R_{B1}=30k\Omega$，$R_{B2}=10k\Omega$，$R_C=2k\Omega$，$R_E=1k\Omega$，$U_{CC}=12V$。

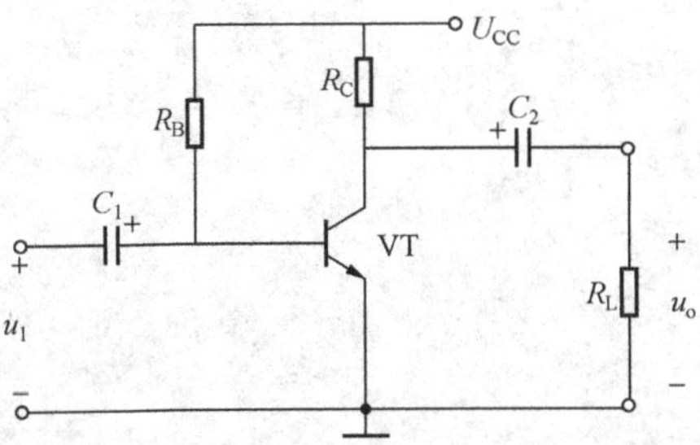

图 2-40　题 2.7 图

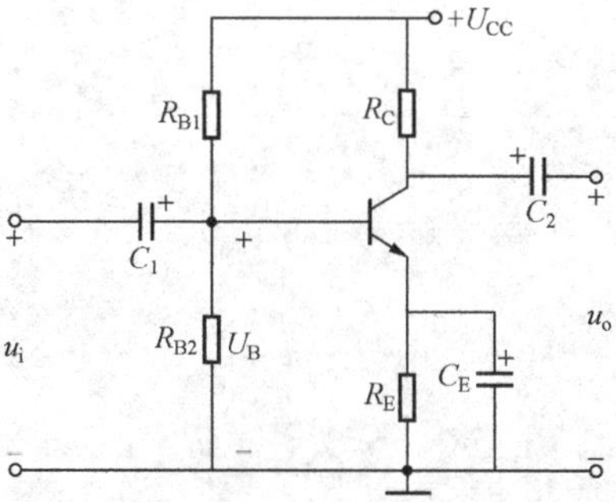

图 2-41　题 2.8 图

(1) 估算静态工作点 I_{BQ}、I_{CQ} 和 U_{CEQ}；

（2）如果换上一只$\beta=100$的同类型管子，静态工作点将如何变化；

（3）如果将三极管换成PNP型管，电路将如何改动？

2.9　在图2-41所示电路中，电路参数同2.8题，在输出端接上负载$R_L=3\text{k}\Omega$时。

（1）画出微变等效电路；

（2）估算电压放大倍数A_u、输入电阻r_i和输出电阻r_o；

（3）若负载R_L断开即为空载时，$A_u=$？

2.10　放大电路如图2-42所示，$U_{BE}=0.7\text{V}$，$\beta=50$，其他参数如图所示。

（1）估算静态工作点I_{BQ}、I_{CQ}和U_{CEQ}；

（2）画出放大电路的微变等效电路；

（3）估算电压放大倍数A_u、输入电阻r_i、输出电阻r_o。

2.11　射极输出器电路如图2-43所示，三极管$\beta=40$，$r_{be}=1\text{k}\Omega$，其他参数如图所示。

（1）估算静态工作点（I_{BQ}、I_{CQ}、U_{CEQ}）；

（2）画出放大电路的微变等效电路；

（3）估算电路的A_u、r_i、r_o。

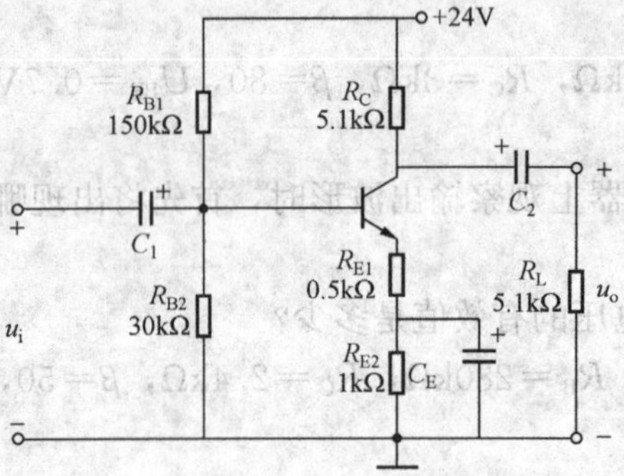

图2-42　题2.10图

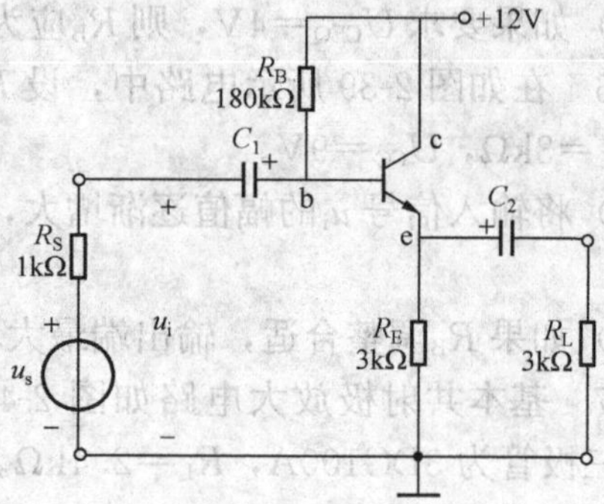

图2-43　题2.11图

项目三

函数信号发生器制作实例

在生产实践中，广泛应用着各种类型的波形产生电路，它们不需要输入信号，就能够产生稳定的、随时间周期性变化的输出波形，也称为振荡电路。根据其输出波形的不同，可分为正弦波振荡电路和非正弦波（矩形波、三角波、锯齿波等）振荡电路。

项目要求：

(1) 利用集成运算放大器制作比例运算电路。

(2) 利用集成运算放大器制作加法、减法运算电路。

(3) 利用集成运算放大器制作一个电压比较器。

(4) 制作一个 *RC* 正弦波振荡器。

任务一　认识集成运算放大器

3.1.1　反馈放大电路

所谓反馈，就是将放大电路输出信号（电流或电压）的一部分或全部，通过反馈网络回送到输入端，与原输入信号（电流或电压）共同控制电路输出的过程。因此，在反馈放大电路中，电路的输出不仅取决于输入，还取决于反馈信号，反馈信号可以使电路根据输出的情况自动调节输出，以达到改善放大电路的性能的目的。

扫一扫

反馈放大电路的组成框图如图 3-1 所示，A 代表没有反馈的基本放大电路，F 代表反馈网络，符号⊗代表信号的比较环节。图中用 x 表示信号，它既可以表示电压，也可以表示电流。x_i、x_o 和 x_f 分别表示输入信号、输出信号和反馈信号，x_i 和 x_f 在输入端比较（叠加）后得到净输入信号 x_{id}。

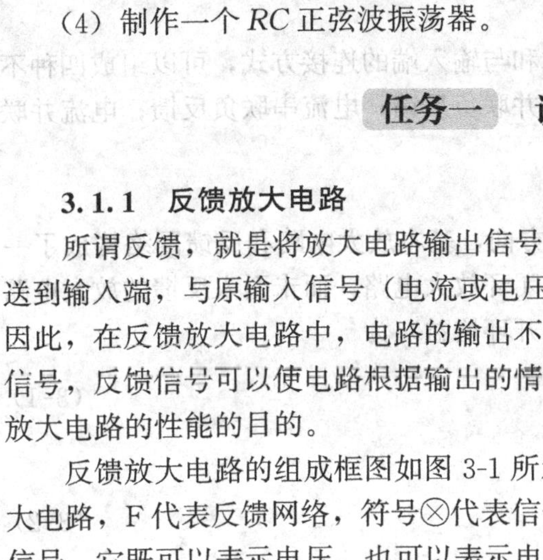

图 3-1　反馈放大电路的组成

1. 反馈的分类

在反馈放大电路中，不同类型的反馈具有不同的规律性，对电路性能的影响也各不相同，因此必须对反馈进行分类，这样才能在实际工作中正确地处理和利用反馈。

反馈电路通常由阻容元件构成，既与输入端相连，又与输出端相连。按反馈的正负极性来划分可分为：正反馈和负反馈；按反馈信号交、直流成分来划分可分为：交流反馈和直流反馈；按反馈信号与输出信号之间的关系来分可分为：电压反馈和电流反馈；按反馈信号与输入回路的关系来划分可分为：并联反馈与串联反馈。

（1）正反馈与负反馈。若反馈信号削弱了净输入信号，使输出量比没有引入反馈时变小，这种反馈称为负反馈。若反馈信号增强了净输入信号，使输出量比没有引入反馈时变大，这种反馈称为正反馈。正反馈多用于振荡电路和脉冲电路，而负反馈多用于改善放大电路的性能。

（2）交流反馈与直流反馈。在放大电路中存在直流分量和交流分量，若反馈信号是交流量，则称为交流反馈，它影响电路的交流性能；若反馈信号是直流量，则称为直流反馈，它影响电路的直流性能，如静态工作点。若反馈信号中既有交流量又有直流量，则反馈对电路的交流性能和直流性能都有影响。

（3）电压反馈与电流反馈。若反馈信号与输出电压成正比，是电压反馈；若反馈信号与输出电流信号成正比，则是电流反馈。也就是看反馈信号是对输出电压采样（反馈电路与输出电压端相连接），还是对输出电流采样。

（4）串联反馈和并联反馈。反馈信号与输入信号有两种叠加方式，串联和并联。若反馈信号与输入信号串联在输入回路中，则称为串联反馈，此时反馈信号与输入信号接在不同的输入端，净输入信号是以电压的形式出现的；若反馈信号与输入信号并联在输入回路中，则称为并联反馈，此时反馈信号与输入信号接在相同的输入端，净输入信号是以电流的形式出现的。

综上所述，根据反馈网络在输出端的取样方式和与输入端的连接方式，可以组成四种不同类型的负反馈放大电路：电压串联负反馈；电压并联负反馈；电流串联负反馈；电流并联负反馈。

2. 反馈的一般表达式

如图 3-1 所示，引入反馈后，按照信号的传输方向，基本放大电路和反馈网络构成了一个闭合环路，所以有时把引入了反馈的放大电路叫闭环放大电路，而未引入反馈的放大电路叫开环放大电路。开环放大电路的放大倍数（又称开环增益）为

$$A=\frac{x_o}{x_{id}} \tag{3-1}$$

反馈网络的反馈系数为

$$F=\frac{X_f}{X_O} \tag{3-2}$$

引入反馈后的闭环放大倍数（又称闭环增益）为

$$A_f=\frac{x_o}{x_i} \tag{3-3}$$

因为 $x_i=x_{di}+x_f=x_{id}+Fx_o=X_{id}+FAx_{id}$，所以

$$A_f=\frac{x_o}{x_i}=\frac{Ax_{id}}{x_{id}+FAx_{id}}=\frac{A}{1+AF} \tag{3-4}$$

式（3-4）是反馈放大电路的闭环放大倍数、开环放大倍数、反馈系数之间的基本关系式。其中 $|1+AF|$ 的大小反映了反馈的强弱，称为反馈深度。

（1）若 $|1+AF|>1$，则 $|A_f|<|A|$，说明加入反馈后闭环放大倍数变小了，这类反馈属于负反馈。

（2）若 $|1+AF|<1$，则 $|A_f|>|A|$，即加入反馈后使闭环放大倍数增大了，这类反馈属于正反馈，它会使放大电路性能不稳定，因此在放大电路中一般很少用。

（3）若 $|1+AF|=0$，则 $|A_f|\to\infty$，即在没有信号输入时，也会有输出信号，这种现象称为自激振荡。

3. 负反馈对放大电路性能的影响

在放大电路中引入负反馈虽然使电路的放大倍数下降，但由于它可以改善放大电路的工作性能，所以应用十分广泛。负反馈对电路性能的影响主要表现在以下几个方面。

（1）降低放大倍数。由图 3-1 所示的反馈框图和式（3-4）容易得出，引入负反馈后，其闭环电路的放大倍数为 $A_f=\dfrac{A}{1+AF}$，因为 $|1+AF|>1$，所以引入负反馈后放大倍数降低。

（2）提高放大电路的稳定性。根据前面的分析可知，电压负反馈可以稳定输出电压，电流负反馈可以稳定输出电流。这样在放大电路输入信号一定的情况下，其输出电压（或电流）受电路参数变化、电源电压波动和负载电阻改变的影响较小。放大倍数的稳定性通常用它的相对变化量来表示。无负反馈时放大倍数的相对变化量为 $\dfrac{dA}{A}$，有负反馈时的相对变化量为 $\dfrac{dA_f}{A_f}$，由式（3-4）求 A_f 对 A 的导数，可得

$$\frac{dA_f}{dA}=\frac{d\left(\dfrac{A}{1+AF}\right)}{dA}=\frac{1}{1+AF}-\frac{AF}{(1+AF)^2}=\frac{1}{(1+AF)^2}=\frac{A_f}{A}\times\frac{1}{1+AF}$$

整理得

$$\frac{dA_f}{A_f}=\frac{1}{1+AF}\cdot\frac{dA}{A} \tag{3-5}$$

式（3-5）表明，引入负反馈后，闭环放大倍数的相对变化量是未引入负反馈时开环放大倍数相对变化量的 1/（1+AF）。也就是说，引入负反馈后，虽然放大倍数下降到了 A 的 1/（1+AF），但其稳定性却提高到原来的（1+AF）倍。

（3）减小非线性失真。由于三极管是一种非线性器件，放大电路在工作中往往会产生非线性失真，如图 3-2 所示，开环放大器产生了非线性失真。输入为正、负对称的正弦波，输出为正半周大、负半周小的失真波形。加入负反馈后，输出端的失真波形反馈到输入端，与输入波形叠加后，净输入信号成为正半周小、负半周大的波形。此波形经放大后，使得输出端正、负半周波形的差异减小，从而减小了输出波形的非线性失真。

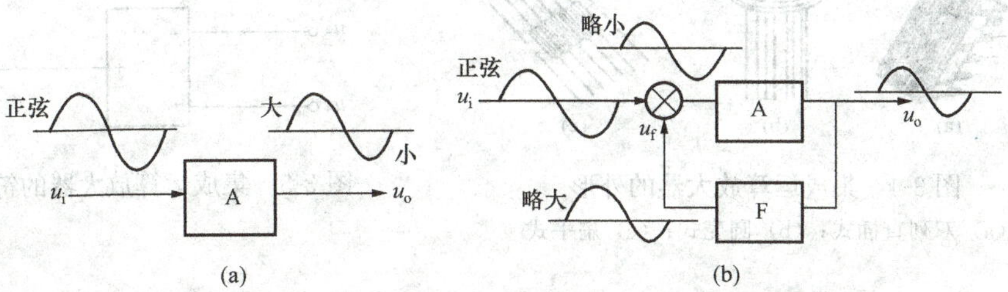

图 3-2　负反馈减小非线性失真示意图

（a）无负反馈；（b）有负反馈

需要指出的是，负反馈只能减小本级放大电路自身产生的非线性失真，而不能减小输入信号的非线性失真。

4. 改变输入电阻和输出电阻

引入负反馈后，放大电路的输入、输出电阻将受到影响。反馈类型不同，对输入、输出电阻的影响也不同。串联负反馈使输入电阻增大；并联负反馈使输入电阻减小；电压负反馈使输出电阻减小；电流负反馈使输出电阻增大。

另外，负反馈还可以改善放大电路的频率特性，如扩展通频带等。

3.1.2 集成运算放大器

集成运算放大器是集成电路的一种。所谓集成电路是把整个电路的各个元件以及相互之间的连接线同时制造在一块半导体芯片上，实现了材料、元件和电路的统一。因为集成运算放大器最初被用于在模拟计算机中对信号进行加、减、乘、除、积分、微分等数学运算，故名运算放大器，简称运放，目前已被广泛应用于自动控制、精密测量、通信及信号处理等电子技术的各个领域。

1. 集成运算放大器的组成

集成运算放大器是一种具有高放大倍数的直接耦合放大器，一般由输入级、中间级、输出级和偏置电路组成，如图 3-3 所示。

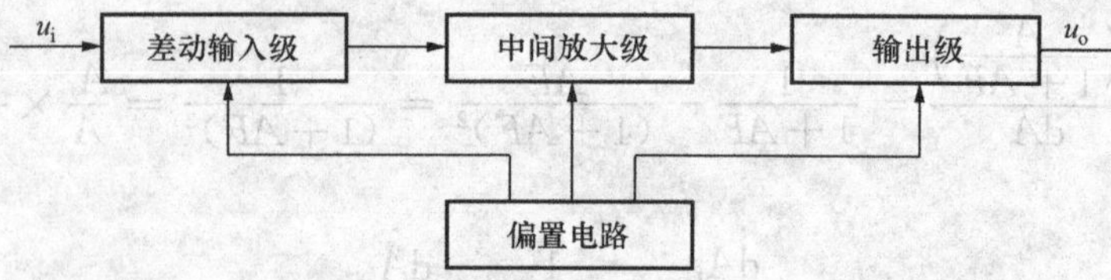

图 3-3 运算放大器组成框图

输入级是放大电路的第一放大级，它是提高运算放大器质量的关键部分，要求输入电阻高，能抑制零点漂移并具有尽可能高的共模抑制比。输入级都采用差动放大电路。

中间级要进行电压放大，要求放大倍数高，一般由共发射极放大电路组成。

输出级与负载相连接，要求输出电阻低，带负载能力强，能输出足够大的电流和电压。

偏置电路的作用是为各级放大电路设置稳定合适的静态工作点。

集成运放的外形有：双列直插式、圆壳式和扁平式等，如图 3-4 所示。

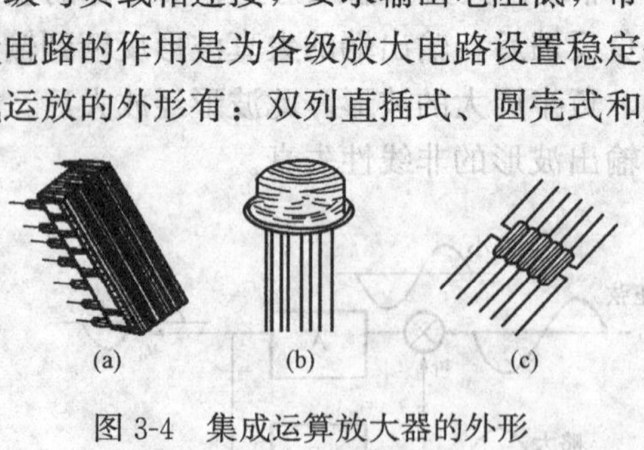

图 3-4 集成运算放大器的外形

（a）双列直插式；（b）圆壳式；（c）扁平式

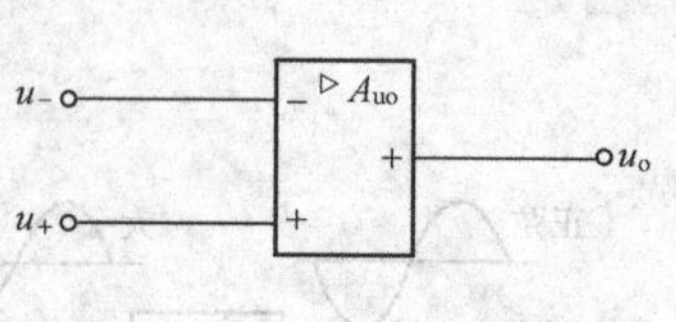

图 3-5 集成运算放大器的符号

集成运算放大器的图形符号如图 3-5 所示，“u_-”为反相输入端，由此端输入信号，则输出信号和输入信号是反相的。“u_+”为同相输入端，由此端输入信号，则输出信号和输入信号是同相的，“u_o”为输出端。

2. 集成运算放大器的主要参数

（1）开环电压放大倍数 A_{uo}。指运放在无外加反馈情况下的电压放大倍数。它体现了运放的放大能力，其值越大越好。A_{uo}一般为10^4～10^7，即80～140dB。

（2）差模输入电阻r_{id}。使运放在差模信号输入时的开环（无反馈）输入电阻，一般为几十千欧到几十兆欧。

（3）共模抑制比K_{CMR}。对于通用型的集成运放，其值一般为65～130dB。

（4）最大输出电压U_{om}。能使输出电压和输入电压保持不失真关系的最大输出电压，称为运算放大器的最大输出电压。

3. 理想运算放大器的特性

为了便于对集成运放进行分析，通常将集成运放看成一个理想的运算放大器。所谓理想的运算放大器就是将集成运放的各项技术指标理想化，即

（1）开环电压放大倍数$A_{uo}\to\infty$。

（2）差模输入电阻$r_{id}\to\infty$。

（3）共模抑制比$K_{CMR}\to\infty$。

（4）输出电阻$r_o\to 0$。

理想运算放大器的符号如图3-6所示。

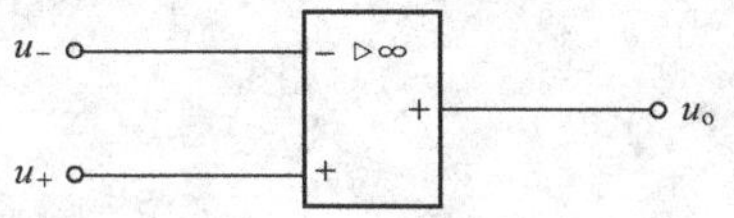

图3-6　理想运放的符号

当运算放大器工作在线性区时，运算放大器是一个线性元件，满足

$$u_o = A_{uo}(u_+ - u_-) \tag{3-6}$$

由于理想运算放大器的$A_{uo}\to\infty$。而输出电压是一个有限的电压，所以

$$u_+ - u_- = \frac{u_o}{A_{uo}} \approx 0$$

即

$$u_+ \approx u_- \tag{3-7}$$

式（3-7）说明同相输入端和反相输入端之间相当于短路。事实上不是真正的短路，故称为虚假短路，简称“虚短”。

由于运算放大器的差模输入电阻$r_{id}\to\infty$，可认为两个输入端的输入电流为零。即

$$i_+ = i_- \approx 0 \tag{3-8}$$

式（3-8）说明两输入端之间相当于断路，事实上不是真正的断路，故称为虚假断路，简称为“虚断”。

“虚短”和“虚断”是两个很重要的概念，利用它们可以大大简化由运放组成的线性电路的分析过程。

当集成运放的工作范围超出线性区时，输出电压和输入电压之间不再满足式$u_o = A_{uo}(u_+ - u_-)$。此时，输出电压达到饱和值，只有两种可能，即$u_o = +U_{om}$或$u_o = -U_{om}$。

$$\begin{cases} u_+ > u_- \text{时}, u_o = +U_{om} \\ u_+ < u_- \text{时}, u_o = -U_{om} \end{cases} \tag{3-9}$$

集成运放的基本应用分为线性应用和非线性应用两类。当集成运放引入负反馈时，集成运放工作在线性区，可构成各种运算电路；当集成运放处于开环状态或引入正反馈时，运放工作在非线性区，可构成各种电压比较器和矩形波发生器等。

3.1.3　典型集成运算放大器μA741

由图3-7可以看出，μA741有7个端点需要与外电路相连，通过7个管脚引出，各引脚的用途是：

2 脚为反相输入端，输入信号由此引脚输入，输出信号与输入信号是反相的；

3 脚为同相输入端，输入信号由此引脚输入，输出信号与输入信号是同相的；

6 脚为输出端；

4 脚为负极性电源端，可接－3～－18V 电源；

7 脚为正极性电源端，可接＋3～＋18V 电源；

1 脚和 5 脚为外接调零电位器的两个端子；

8 脚为空脚。

由于集成运放的输入失调电压和输入失调电流的影响，当运算放大器组成的线性电路输入信号为零时，输出往往不等于零。为了提高电路的运算精度，要求对失调电压和失调电流造成的误差进行补偿，这就是运算放大器的调零。下面以 μA741 为例进行说明，如图 3-8 所示为常用的调零电路。

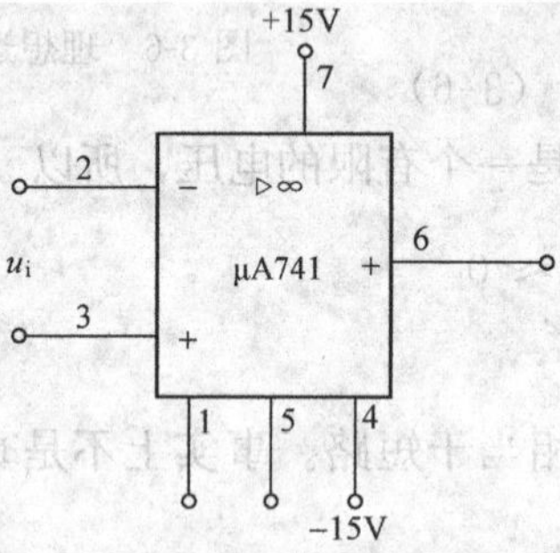

图 3-7 μA741 的管脚排列图

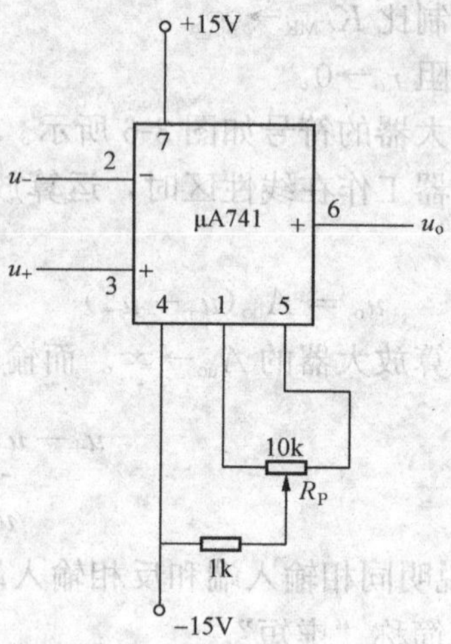

图 3-8 μA741 的调零电路

任务二 集成运放信号运算放大电路制作实例

扫一扫

3.2.1 集成运放比例运算电路

1. 反相比例运算电路

图 3-9 所示为反相比例运算电路。输入信号 u_i 经过电阻 R_1 接到集成运放的反相输入端，而同相输入端经过电阻 R_2 接"地"。输出电压 u_o 经电阻 R_F 接回到反相输入端，即电路引入了负反馈。在实际电路中，为了保证运放的两个输入端处于平衡的工作状态，应使 $R_2 = R_1 // R_F$。

图 3-9 中，在同相输入端，由于输入电流为零，R_2 上没有压降，因此 $u_+ = 0$。因理想情况下 $u_+ = u_-$，所以 $u_- = 0$。

反相输入端的电位等于零电位，但实际上反相输入端没有接"地"，这种现象称为"虚地"。

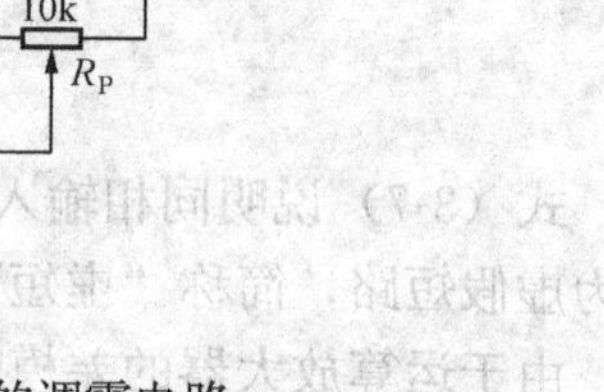

图 3-9 反相比例运算电路

由于从反相输入端流入集成运放的电流为零，所以 $i_1 = i_F$ ，而

$$\begin{cases} i_1 = \dfrac{u_i - u_-}{R_1} \\ i_F = \dfrac{u_- - u_o}{R_f} \\ \dfrac{u_i - u_-}{R_1} = \dfrac{u_- - u_o}{R_f} \\ u_o = -\dfrac{R_F}{R_1} u_i \end{cases} \tag{3-10}$$

闭环电压放大倍数为

$$A_{uf} = -\frac{R_F}{R_1} \tag{3-11}$$

由式（3－11）可知，输出电压 u_o 与输入电压 u_i 呈比例关系，且相位相反（用负号表示），其放大倍数 A_{uf} 仅与外接电阻 R_F 和 R_1 有关，而与运算放大器本身无关。如果保证电阻阻值有较高的精度，则运算的精度和稳定性也较好。

当 $R_1 = R_F$ 时，$A_{uf} = -1$，u_o 和 u_i 数值相等，相位相反，称为反相器或反号器。

2. 同相比例运算电路

图 3-10 所示为同相比例运算电路。输入信号 u_i 经过电阻 R_2 接到集成运放的同相输入端，而反相输入端经过电阻 R_1 和 R_F 接回到反相输入端，即电路引入了负反馈。其中 $R_2 = R_1 // R_F$ 。

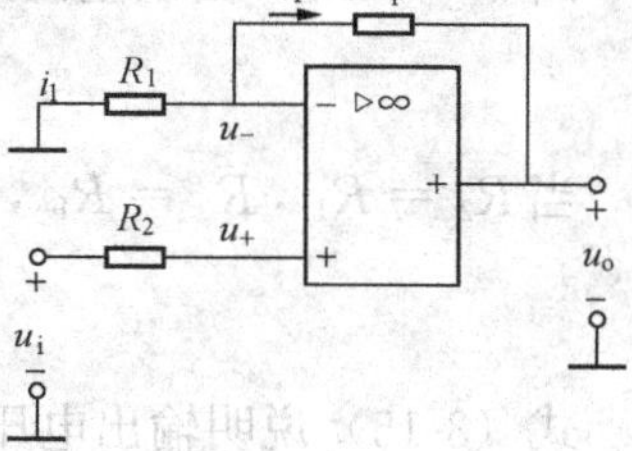

图 3-10　同相比例运算电路

在同相输入端，由于输入电流为零，R_2 上没有压降，因此 $u_+ = u_i$ ，即 $u_- = u_+ = u_i$ 。而 $i_1 = i_F$ ，其中

$$i_1 = -\frac{u_-}{R_1}$$

$$i_F = \frac{u_- - u_o}{R_f}$$

可得

$$u_o = \left(1 + \frac{R_F}{R_1}\right) u_i \tag{3-12}$$

闭环电压放大倍数为

$$A_{uf} = 1 + \frac{R_F}{R_1} \tag{3-13}$$

式（3－13）表明，同相比例运算电路的放大倍数也只与外接元件有关，而与运算放大器本身无关。且 $A_{uf} \geqslant 1$，u_o 和 u_i 相位相同。

若 $R_1 \to \infty$，或 $R_F = 0$，则 $u_o = u_i$ ，称为电压跟随器，如图 3 11 所示。

3.2.2　减法运算电路

如图 3-12 所示，u_{i1} 、u_{i2} 分别经 R_1 和 R_2 加到运算放大器的两个输入端。为保持两输入端平衡，取 $R_1 // R_F = R_2 // R_3$ 。由于运放两个输入端的输入电流为零，所以

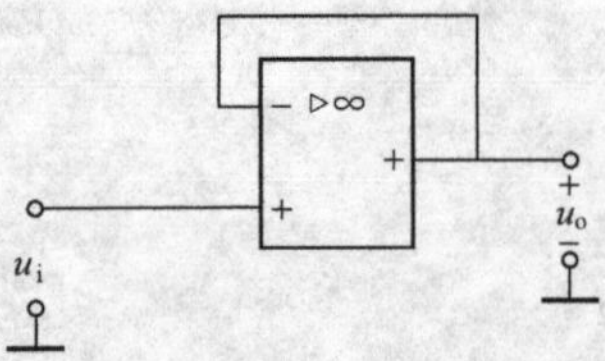

图 3-11　电压跟随器

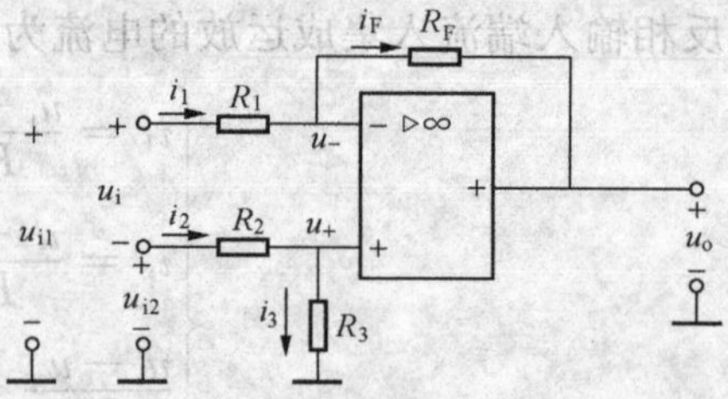

图 3-12　减法运算电路

$$i_1 = i_F \text{，} i_2 = i_3$$

$$i_1 = \frac{u_{i1} - u_-}{R_1} = \frac{u_- - u_o}{R_F} = i_F$$

得
$$u_- = \frac{R_F u_{i1} + R_1 u_o}{R_1 + R_F}$$

$$i_2 = \frac{u_{i2} - u_+}{R_2} = \frac{u_+}{R_3} = i_3$$

得
$$u_+ = \frac{u_{i2} R_3}{R_2 + R_3}$$

因 $u_- = u_+$，由以上两式可得

$$u_o = \left(1 + \frac{R_F}{R_1}\right)\frac{R_3}{R_2 + R_3}u_{i2} - \frac{R_F}{R_1}u_{i1} \tag{3-14}$$

当 $R_2 = R_1$，$R_3 = R_F$，则式（3-14）为

$$u_o = \frac{R_F}{R_1}(u_{i2} - u_{i1}) \tag{3-15}$$

式（3-15）说明输出电压 u_o 和两个输入电压 u_{i2}、u_{i1} 的差值呈比例关系。

当 $R_1 = R_2 = R_3 = R_F$ 时，有

$$u_o = u_{i2} - u_{i1} \tag{3-16}$$

由式（3-16）可见，该电路可实现减法运算。

3.2.3　反相加法运算电路

如图 3-13 所示，u_{i1}、u_{i2}、u_{i3} 分别经 R_1、R_2 和 R_3 加到运算放大器的反相输入端，同相输入端的平衡电阻 $R_4 = R_1 // R_2 // R_3 // R_F$。该电路也存在“虚地”。

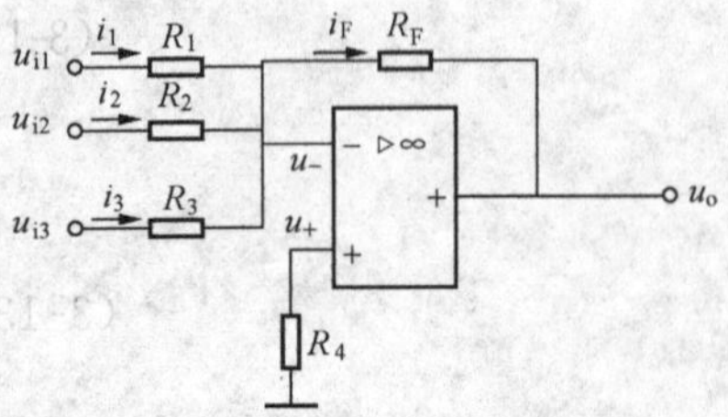

图 3-13　反相加法运算电路

因　$i_1 + i_2 + i_3 = i_F$

$$i_1 = \frac{u_{i1}}{R_1}$$

$$i_2 = \frac{u_{i2}}{R_2}$$

$$i_3 = \frac{u_{i3}}{R_3}$$

$$i_F = -\frac{u_o}{R_F}$$

所以
$$-\frac{u_o}{R_F} = \frac{u_{i1}}{R_1} + \frac{u_{i2}}{R_2} + \frac{u_{i3}}{R_3}$$

得
$$u_o = -\frac{R_F}{R_1}u_{i1} - \frac{R_F}{R_2}u_{i2} - \frac{R_F}{R_3}u_{i3} \tag{3-17}$$

从而实现了反相加法运算。

任务三　集成运放电压比较器制作实例

当集成运放处于开环和正反馈状态时，运放工作在非线性区，可构成电压比较器。电压比较器是一种模拟信号的处理电路，它是用来对输入信号进行幅度鉴别和比较的电路。图 3-14（a）所示是电压比较器，参考电压 u_R 加在同相输入端，输入信号 u_i 加在反相输入端。由运放工作在非线性区的特点可知，当 $u_i > u_R$ 时，$u_o = -u_{om}$；当 $u_i < u_R$ 时，$u_o = +u_{om}$。图 3-14（b）是其传输特性。

扫一扫

在传输特性上，通常将输出电压由一种状态转换到另一种状态时对应的输入电压称为门限电压或称为阈值电压。

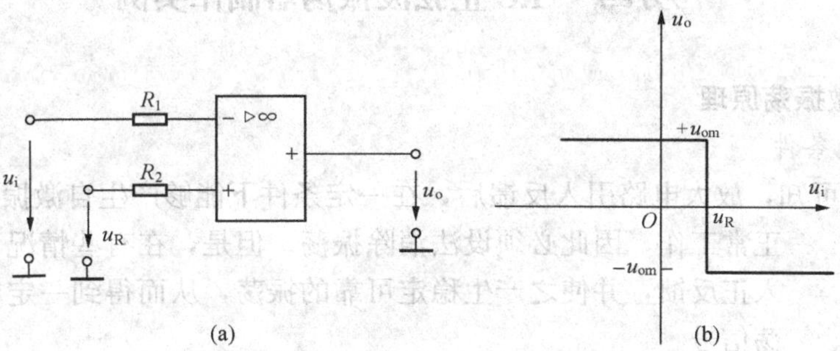

图 3-14　电压比较器及传输特性

（a）电压比较器；（b）传输特性

当参考电压 $u_R = 0$ 时，该电路称为过零变压器，其传输特性如图 3-15（a）所示。当 u_i 为正弦波电压时，则 u_o 为矩形波电压，实现了波形的转换，如图 3-15（b）所示。

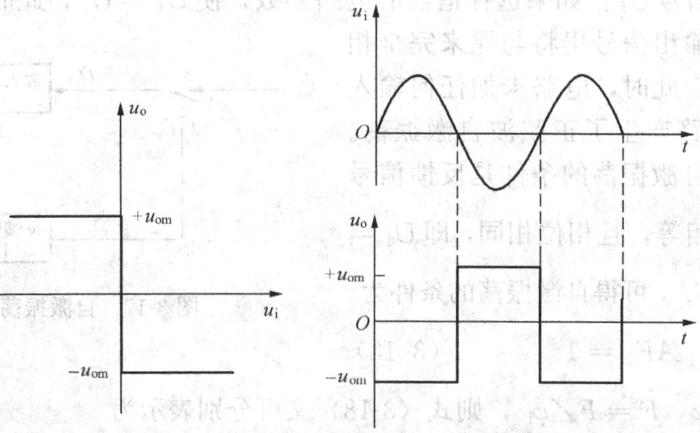

图 3-15　过零比较器传输特性和波形转换

（a）传输特性；（b）波形转换

图 3-16 所示是具有限幅的过零比较器的电路。接入稳压管后它将输出电压钳位在某个特定值，以满足与比较器输出端连接的数字电路对逻辑电平的要求。忽略稳压管的正向导通压降，此时比较器输出的高低电平分别是 $+U_Z$ 和 $-U_Z$。

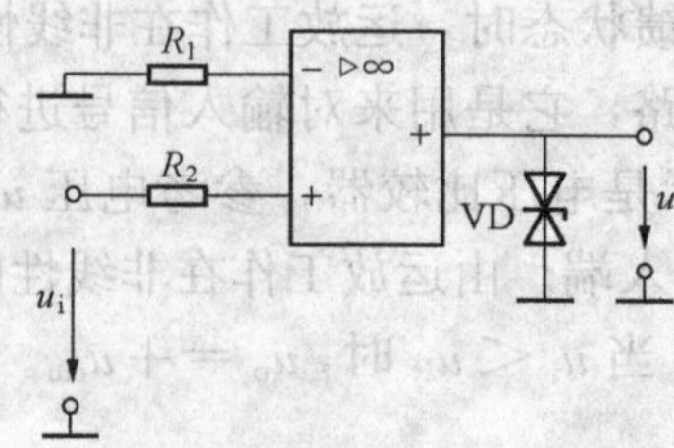

图 3-16　具有限幅的过零比较器

任务四　RC 正弦波振荡器制作实例

3.4.1　自激振荡原理

1. 振荡产生条件

由前面内容可知，放大电路引入反馈后，在一定条件下能够产生自激振荡，使电路不能正常工作，因此必须设法消除振荡。但是，在有些情况下必须有意地引入正反馈，并使之产生稳定可靠的振荡，从而得到一定频率和幅度的振荡信号。

扫一扫

可见，自激振荡电路的基本结构是引入正反馈的反馈网络和放大电路的组合。现在，利用图 3-17 讨论正弦波振荡产生的条件。

在图 3-17 中，当开关置于 1 端时，在放大电路的输入端加上一个正弦电压信号 $\dot{U}_i$，经放大电路放大之后得到输出信号 $\dot{U}_o$。这个信号经过反馈网络后，在 2 端将得到反馈电压信号 $\dot{U}_f$。如果选择适当的电路参数，使 $\dot{U}_f = \dot{U}_i$，此时如果将开关置于 2 端，放大电路的输出信号仍将与原来完全相同，没有改变。而此时，电路未加任何输入信号，即放大电路产生了正弦波自激振荡。由此可知，产生自激振荡的条件是反馈信号与输入信号大小相等，且相位相同，即 $\dot{U}_f = \dot{U}_i$，而 $\dot{U}_f = \dot{A}\dot{F}\dot{U}_i$，可得自激振荡的条件为

$$|\dot{A}\dot{F}| = 1 \qquad (3\text{-}18)$$

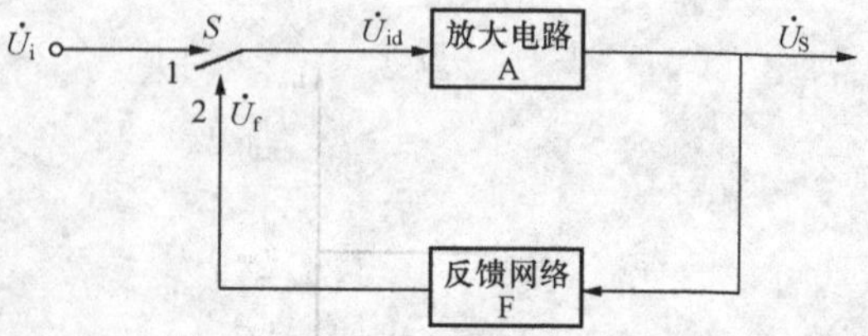

图 3-17　自激振荡产生原理

设 $\dot{A} = A\angle\varphi_A$，$\dot{F} = F\angle\varphi_F$，则式（3-18）又可分别表示为

$$|\dot{A}\dot{F}| = AF = 1 \qquad (3\text{-}19)$$

称为幅度平衡条件。

$$\varphi_A + \varphi_F = 2n\pi (n = 0,1,2,3\cdots) \tag{3-20}$$

称为相位平衡条件。

2. 正弦波振荡的形成过程和电路组成

式（3-19）所示的幅度平衡条件，是对振荡已进入稳态而言，它只能维持振荡，而不能起振。若要使电路能够自动起振，开始必须满足起振条件

$$|\dot{A}\dot{F}| > 1 \tag{3-21}$$

这样，在接通电源的瞬间，电路受到扰动产生微弱的噪声电压和扰动电压，这个微弱的信号经过放大器放大、正反馈，再放大、再反馈……如此反复循环，使输出信号幅度很快增大，产生振荡信号。

振荡信号的频谱分布很宽，为了得到一定频率的正弦波信号，还需要增加一个选频网络，将其中满足相位条件的信号选出，抑制其他频率的信号。

振荡电路在起振以后，信号幅度会不断地增大，如果不采取措施，达到一定程度后波形就会失真。所以振荡电路还应具有稳幅措施，使电路起振后，信号幅度达到一定值时满足幅度平衡条件 $|\dot{A}\dot{F}| = 1$，才能建立起稳定的正弦波振荡，使波形不失真地维持下去。

综上所述，正弦波产生电路应包含以下基本组成部分：

(1) 放大电路。

(2) 正反馈网络。

(3) 选频网络。

(4) 稳幅环节。

3.4.2 RC 桥式正弦波振荡电路

根据组成选频网络元件的不同，正弦波振荡电路可分为 RC 正弦波振荡电路、LC 正弦波振荡电路和石英晶体振荡电路。

RC 正弦波振荡电路结构简单，性能可靠，用来产生几兆赫兹以下的低频信号，RC 串并联网络振荡电路是使用最为广泛的振荡电路之一，它的选频网络是由 R、C 元件组成的串并联网络。RC 正弦波振荡电路又称为 RC 桥式正弦波振荡电路。

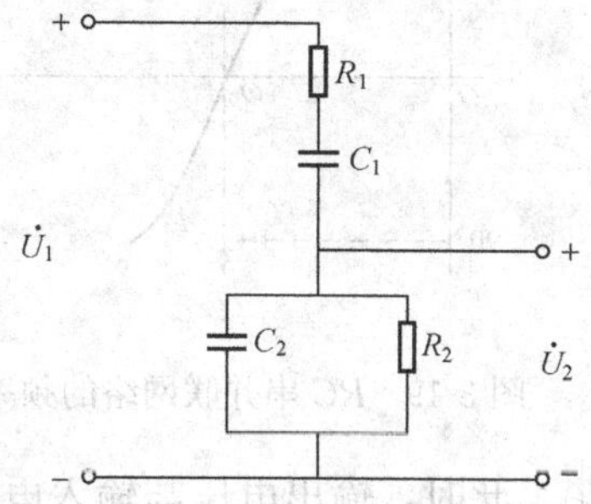

图 3-18　RC 串并联电路

1. RC 串并联网络的选频特性

图 3-18 所示为 RC 串并联选频网络，设 R_1、C_1 的串联阻抗为 Z_1，R_2 和 C_2 的并联阻抗为 Z_2，那么

$$Z_1 = R_1 + \frac{1}{j\omega C_1}$$

$$Z_2 = \frac{R_2}{1 + j\omega C_2 R_2}$$

输出电压 $\dot{U}_2$ 与输入电压 $\dot{U}_1$ 之比为 RC 串并联网络传输系数，用 $\dot{F}$ 表示，则

$$\dot{F} = \frac{\dot{U}_2}{\dot{U}_1} = \frac{Z_2}{Z_1 + Z_2} = \frac{\dfrac{R_2}{1 + j\omega C_2 R_2}}{R_1 + \dfrac{1}{j\omega C_1} + \dfrac{R_2}{1 + j\omega C_2 R_2}} = \frac{1}{\left(1 + \dfrac{R_1}{R_2} + \dfrac{C_2}{C_1}\right) + j\left(\omega R_1 C_2 - \dfrac{1}{\omega R_2 C_1}\right)} \tag{3-22}$$

在实际电路中取 $C_1=C_2=C$，$R_1=R_2=R$，则式（3-22）可简化为

$$\dot{F}=\frac{1}{3+\mathrm{j}\left(\omega RC-\dfrac{1}{\omega RC}\right)} \tag{3-23}$$

其模值为

$$F=|\dot{F}|=\frac{1}{\sqrt{3^2+\left(\omega RC-\dfrac{1}{\omega RC}\right)^2}} \tag{3-24}$$

其相角为

$$\varphi_F=-\arctan\frac{\omega RC-\dfrac{1}{\omega RC}}{3} \tag{3-25}$$

根据式（3-24）和式（3-25）可作出 RC 串并联网络频率特性，如图 3-19 所示。

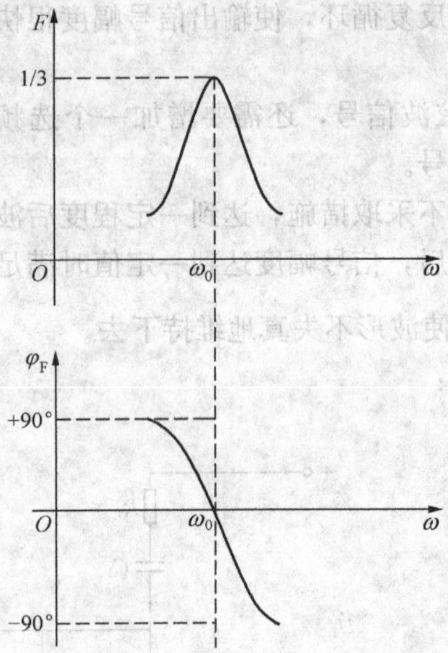

图 3-19　RC 串并联网络的频率特性

此时如令 $\omega_0=2\pi f_0=\dfrac{1}{RC}$，即 $f_0=\dfrac{1}{2\pi RC}$，则

$$F=\frac{1}{\sqrt{3^2+\left(\dfrac{\omega}{\omega_0}-\dfrac{\omega_0}{\omega}\right)^2}}$$

$$\varphi_F=-\arctan\frac{\dfrac{\omega}{\omega_0}-\dfrac{\omega_0}{\omega}}{3}$$

当 $\omega\neq\omega_0$ 时，$F<1/3$，且 $\varphi_F\neq0$，此时输出电压的相位滞后或超前于输入电压。当 $\omega=\omega_0$ 时，$\dot{F}$ 的幅值为最大，其值为：$F=1/3$，而 F 的相位角为零，即 $\varphi_F=0$。此时，输出电压与输入电压同相位。

由以上分析可知：RC 串并联网络只有当信号频率 $f=f_0=1/2\pi RC$ 时，$\dot{U}_2$ 的幅值达到最大，是 $\dot{U}_1$ 幅值的 1/3，同时 $\dot{U}_2$ 与 $\dot{U}_1$ 同相，即相位移为零。所以，RC 串并联网络具有选频特性。

2. RC 桥式正弦波振荡电路

图 3-20 所示为 RC 桥式正弦波振荡电路，图中集成运放组成一个同相放大器，故 $\varphi_A=0$。RC 串并联网络构成选频和反馈网络。同相放大器的输出电压 u_o 作为 RC 串并联网络的输入电压，而将 RC 串并联网络的输出电压作为放大器的输入电压。由 RC 串并联网络的选频特性可知，当 $\omega=\omega_0$ 时，其相位移 $\varphi_F=0$，所以，此时电路的总相移为

$$\varphi_{AF}=\varphi_A+\varphi_F=\pm2n\pi$$

满足振荡电路相位平衡条件，而对于其他频率的信号，RC 串并联网络的相位移不为零，不满足相位平衡条件。

由此可以得出，RC 桥式正弦波振荡电路的振荡频率为

$$f_0=\frac{1}{2\pi RC} \tag{3-26}$$

为了使电路能够振荡，还应满足起振条件 $|\dot{A}\dot{F}|>1$。由于 RC 串并联网络在 $f=f_0$ 时的传输系数 $F=1/3$。因此要求放大电路的电压放大倍数 $A_u>3$，由于放大电路是由集成运放构成的同相比例运算器，其电压放大倍数为

$$A_u = 1+\frac{R_f}{R_1}$$

故 $A_u=1+\frac{R_f}{R_1}>3$，即 $R_f>2R_1$，这就是该电路起振条件的具体表示式。

为了得到稳定的不失真输出波形，在图 3-21 中，由二极管 VD1、VD2 和电阻 R_2 构成的限幅电路，串接在负反馈支路中，实现了自动稳幅的作用。

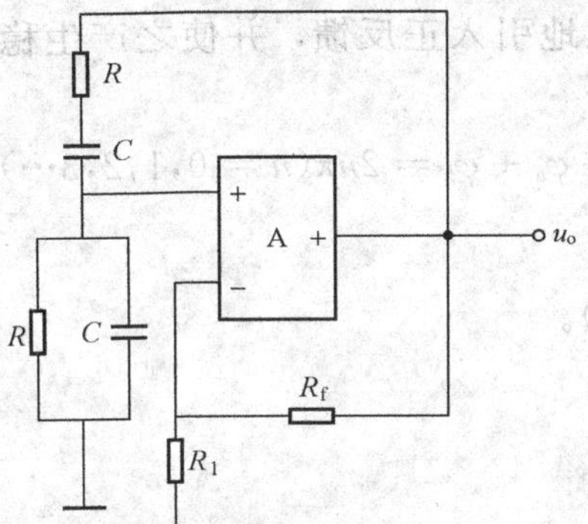

图 3-20　RC 串并联网络正弦波振荡电路

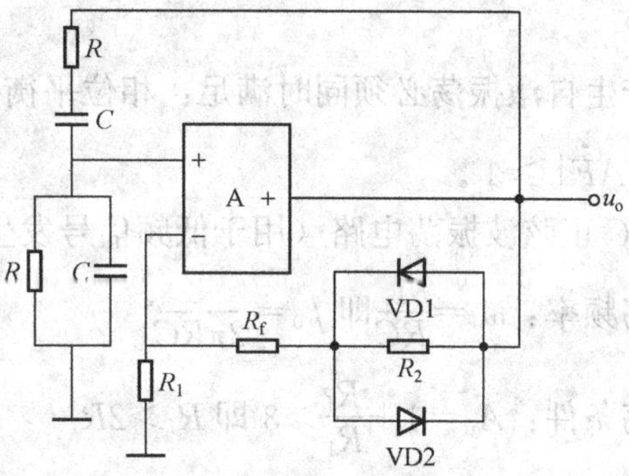

图 3-21　二极管稳幅电路的 RC 桥式正弦波振荡电路

不论电路振荡在正半周或负半周，两只二极管总有一只处于正向导通状态。当振荡较小时，流过二极管的电流较小，此时，二极管等效电阻 R_D 较大；当振荡增大时，二极管等效电阻 R_D 减小。这样 $R_f'=R_2//R_D$ 随之而改变，降低了放大电路的放大倍数，从而达到了稳幅的目的。

RC 振荡电路除了串并联网络振荡电路外，还有移相式和双 T 网络等 RC 正弦波振荡电路。它们都具有结构简单、经济方便的优点，但缺点是振荡频率不够高，通常只作为低频振荡器用，工作频率一般在 1MHz 以下。要产生更高频率的正弦信号，可采用 LC 正弦波振荡电路。

实用 RC 桥式正弦波振荡电路如图 3-22 所示。

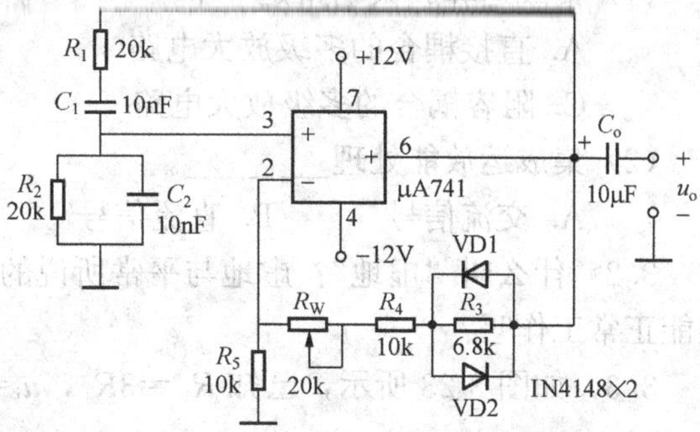

图 3-22　实用 RC 桥式正弦波振荡电路

小　结

1. 理想集成运放具有输入电阻大、放大倍数高、输出电阻小、稳定性高等特点。
2. 集成运放的应用可分为线性应用和非线性应用。在线性应用中，运放存在着“虚短”

和“虚断”的特点；在非线性应用中，当同相端的电压大于反相端的电压时，输出为正饱和值，否则输出为负饱和值。

3. 集成运放的线性应用有三种基本电路：同相输入式、反相输入式和双相输入式，它们各有特点。

4. 集成运放可以构成比例、加法、减法等数学运算电路。

5. 集成运放的非线性应用可以构成电压比较器等。

6. 波形产生电路可分为正弦波振荡电路和非正弦波振荡电路。

7. 正弦波产生电路的电路结构、振荡条件。

（1）正弦波振荡电路由放大电路、选频网络、正反馈网络、稳幅环节组成；

（2）正弦波振荡电路的工作原理是通过有意地引入正反馈，并使之产生稳定可靠的振荡。

要产生自激振荡必须同时满足：相位平衡条件 $\varphi_a+\varphi_f=2n\pi(n=0,1,2,3\cdots)$ 和振幅平衡条件 $|\dot{A}\dot{F}|\geqslant 1$。

8. RC 正弦波振荡电路（用于低频信号发生器）。

振荡频率：$\omega_0=\dfrac{1}{RC}$ 即 $f_0=\dfrac{1}{2\pi RC}$

振荡条件：$A_u=1+\dfrac{R_f}{R_1}>3$ 即 $R_f>2R_1$

自动稳幅措施：R_f 串接二极管。

练习题

3.1 选择题

（1）集成运算放大电路是一个________。

A. 直接耦合的多级放大电路　　B. 单级放大电路

C. 阻容耦合的多级放大电路　　D. 变压器耦合的多级放大电路

（2）集成运放能处理________。

A. 交流信号　　B. 直流信号　　C. 直流和交流信号

3.2 什么叫“虚地”？虚地与平常所说的接地有何区别？若将虚地点接地，运算放大器还能正常工作吗？

3.3 如图 3-23 所示，已知 $R_F=3R_1$，$u_i=-2V$，求输出电压 u_o。

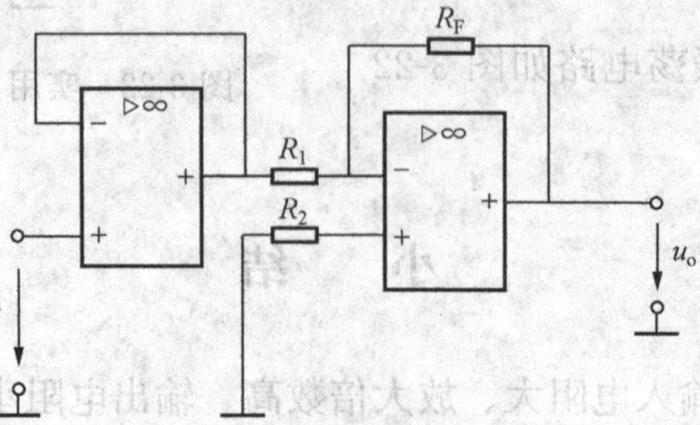

图 3-23 题 3.3 图

3.4　在如图 3-24 所示的电路中，求 u_o 和各输入电压之间的运算关系。

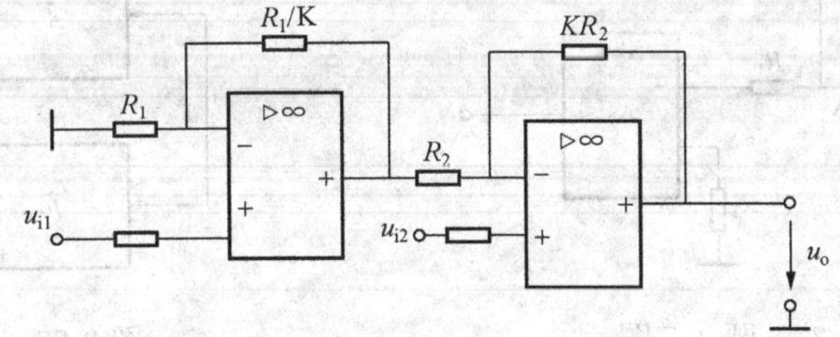

图 3-24　题 3.4 图

3.5　如图 3-25 所示是应用运算放大器测量电阻的原理电路，输出端接有满量程 5V，500μA 的电压表，当电压表指示 5V 时，试计算被测电阻 R_F 的阻值。

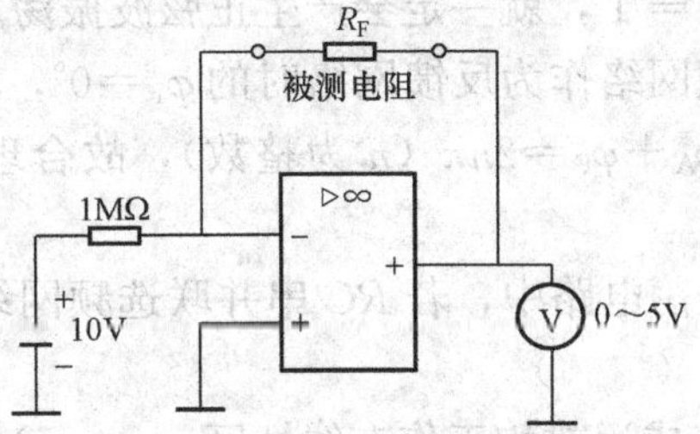

图 3-25　题 3.5 图

3.6　如图 3-26 所示为集成运放组成的放大电路，已知图中 $R_1 = 2R_2$ 。试写出 u'_o 和 u_o 与 u_1 、u_2 的关系式。

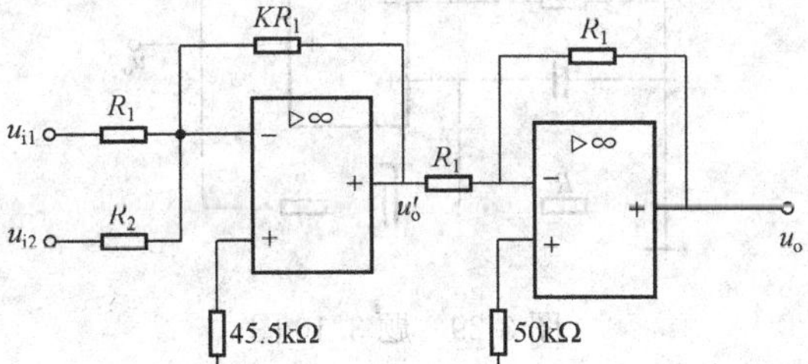

图 3-26　题 3.6 图

3.7　集成运放应用电路如图 3-27 所示，已知 $u_i = 5\sin\omega t$ V。

(1) 指出 A_1 和 A_2 各构成何种单元电路。

(2) 写出 u_A 的表达式，画出 u_o 的波形。

3.8　用理想集成运放器件实现下列运算，并要求静态对称（要求画出电路并计算各电阻的阻值）：

(1) $u_o = 0.2u_i$（$R_F = 20\text{k}\Omega$）。

(2) $u_o = -3u_i$（$R_F = 90\text{k}\Omega$）。

3.9　判断下列说法是否正确，用“√”或“×”表示判断结果。

(1) 在如图 3-28 所示方框图中，若 $\varphi_F = 180°$，则只有当 $\varphi_A = \pm 180°$ 时，电路才能产生正弦波振荡。（　　）

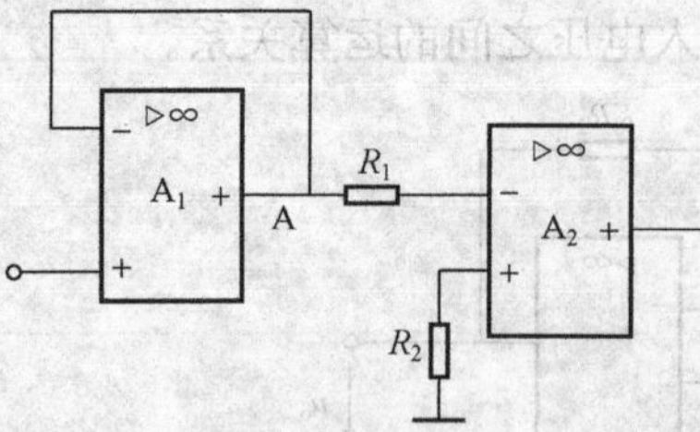

图 3-27　题 3.7 图

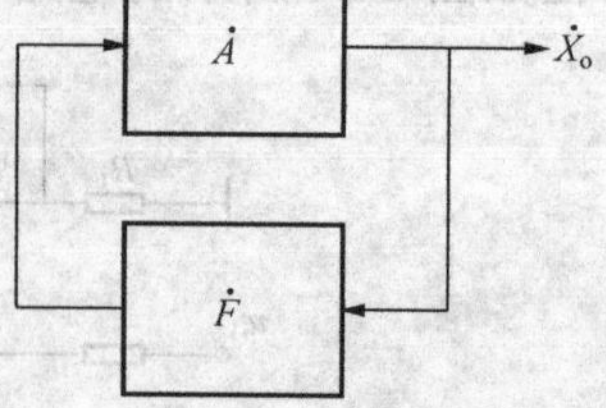

图 3-28　题 3.9 图

（2）只要电路引入了正反馈，就一定会产生正弦波振荡。（　　）

（3）负反馈放大电路不可能产生自激振荡。（　　）

（4）电路只要满足 $|\dot{A}\dot{F}|=1$，就一定会产生正弦波振荡。（　　）

（5）因为 RC 串并联选频网络作为反馈网络时的 $\varphi_F=0°$，单管共集放大电路的 $\varphi_A=0°$，满足正弦波振荡的相位条件 $\varphi_A+\varphi_F=2n\pi$（$n$ 为整数），故合理连接它们可以构成正弦波振荡电路。（　　）

（6）在 RC 桥式正弦波振荡电路中，若 RC 串并联选频网络中的电阻均为 R，电容均为 C，则其振荡频率 $f_0=1/RC$。（　　）

（7）凡是振荡电路中的集成运放均工作在线性区。（　　）

3.10　电路如图 3-29 所示。

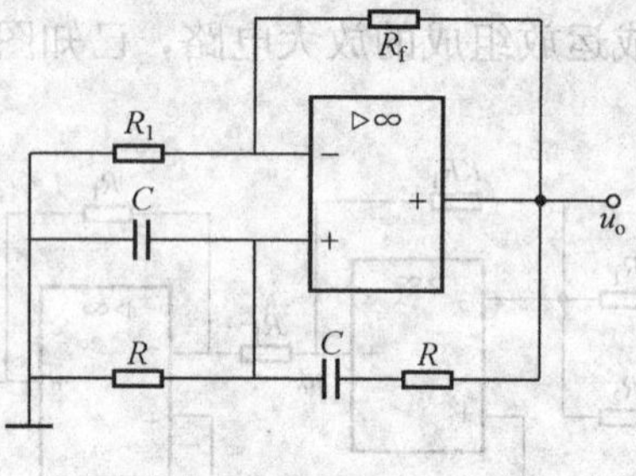

图 3-29　题 3.10 图

（1）为使电路产生正弦波振荡，标出集成运放的“+”和“−”，并说明电路是哪种正弦波振荡电路。

（2）若 R_1 短路，则电路将产生什么现象？

（3）若 R_1 断路，则电路将产生什么现象？

（4）若 R_F 短路，则电路将产生什么现象？

（5）若 R_F 断路，则电路将产生什么现象？

项目四

扩音器制作实例

电子设备的电路一般结构是由电源、输入级、中间级和输出级等部分组成，我们已经讨论过输入级和中间级，而输出级要带一定的负载，负载的形式多种多样，如扬声器、电动机、显像管的偏转线圈、记录仪等。要使这些负载动作，就要求输出级向负载提供足够大的信号功率，即要求输出级向负载提供足够大的输出电压和输出电流。前面各项目制作的放大电路均属于小信号处理电路，它以放大（或产生）电压信号为主。要输出一定的功率，带动相应的负载，这就需要专门的功率放大电路。

项目要求如下：

（1）利用 OCL 功率放大电路，制作扩音器。

（2）利用 OTL 功率放大电路，制作扩音器。

（3）利用集成功率放大电路，制作扩音器。

任务一　OCL 功率放大器制作实例

4.1.1　功率放大电路的基本知识

1. 功率放大电路的特点

功率放大电路与电压放大电路没有本质的区别。它们都是利用放大器件的控制作用，把直流电源供给的功率按输入信号的变化规律转换给负载，只是功率放大电路的主要任务是使负载得到尽可能大的不失真信号功率。功率放大电路在电子设备中往往处于最后一级，对它的工作状态、分析方法以及要求有以下几个特点：

扫一扫

（1）由于功率放大电路要向负载提供一定的功率，因而输出信号的电压和电流幅度较大。

（2）由于输出信号幅值较大，三极管工作在大信号状态，工作状态接近于饱和状态或截止状态，导致输出信号在一定程度上会有失真现象，因此功率放大电路在设计和调试过程中，必须把非线性失真限制在允许的范围内。

（3）电路末级的三极管都采用功率管，它的极限参数 I_{CM}、$U_{(BR)CEO}$、P_{CM} 等应满足实际电路正常工作时的要求，并要留有一定的余地。

（4）由于功率管的管耗较大，在使用时一般要加散热器，以降低结温，确保三极管安全地工作。

（5）电路性能指标以分析功率为主，包括输出功率 P_O、三极管消耗功率 P_V、电源提供功率 P_E 和效率 η，以及三极管型号的选择等。

（6）由于工作在大信号状态下，输出功率大，消耗在功率管的功率也大，因此，必须考虑转换效率和管耗问题。

2. 功率放大电路的分类

（1）按晶体管的工作状态分类。按晶体管的工作状态不同，功率放大电路可分为甲类、乙类和甲乙类。

甲类：甲类功率放大电路在输入信号的整个周期内都有 i_C 流过功率管。显然，甲类功放的静态工作点位置适中，管子在整个周期内导通，导通角为 360°，如图 4-1（a）所示。甲类功率放大电路不论有无信号，始终有较大的静态工作电流 I_{CQ}，因此输出信号非线性失真较小，但要消耗一定的电源功率，能量转换效率较低。

乙类：乙类功率放大电路只在输入信号的半个周期内有 i_C 流过功率管。显然，乙类功率放大电路的静态工作点位于截止区（零偏值），管子在半个周期内导通，导通角为 180°，如图 4-1（b）所示。乙类功率放大电路基本上无静态电流，转换效率高，但输出信号非线性失真严重，存在交越失真现象。

甲乙类：甲乙类功率放大电路是介于甲类和乙类之间的工作状态，在大半个周期内有 i_C 流过功率管。其静态工作点较低，管子在大半个周期内导通，导通角在 180°～360°，如图 4-1（c）所示。甲乙类功率放大电路改善了乙类功率放大电路的交越失真问题，转换效率较高，目前使用广泛，特别是它便于集成化，因此在集成功率放大电路中也得到了广泛应用。

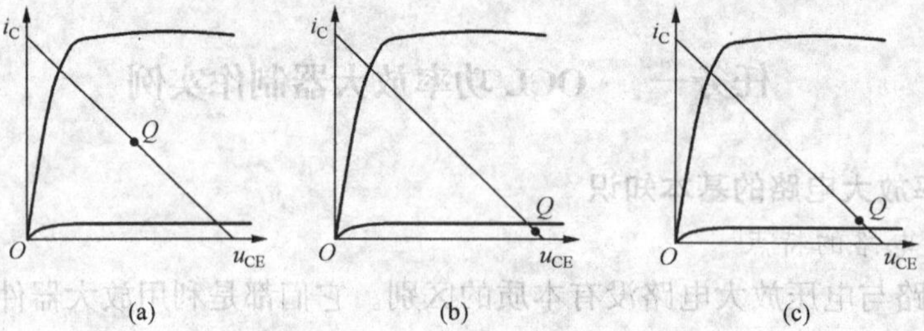

图 4-1 功率放大器的分类

(a) 甲类；(b) 乙类；(c) 甲乙类

（2）按输入信号频率分类。按输入信号频率不同，功率放大电路分为：低频功率放大器和高频功率放大器。

3. 功率管的散热问题

在功率放大电路中，功率管中流过的信号电流较大，管子又存在一定的压降，因此功率管的管耗较大。其中大部分被处于较高反偏电压的集电结承受而转化为热量，使集电结温度升高。对于硅材料器件，一般规定最大工作结温 T_{jm} 约 120℃，锗材料的 T_{jm} 约为 90℃。半导体器件的可靠性很大程度上与 PN 结的温度有关，过高的结温容易加速元件老化的速度，甚至损坏器件。而器件的耗散功率决定了 PN 结的温度。如果采用散热措施，在相同的输出功率条件下，结温得以下降，就可以提高管子所允许承受的最大管耗。使功率放大电路有较大功率输出而不至于损坏管子。

图 4-2 所示为几种常用的散热器形状，有时手册规定的管耗是在加散热片的情况下给出的。功率管所加散热器的面积要求，可参考产品手册上所规定的尺寸。

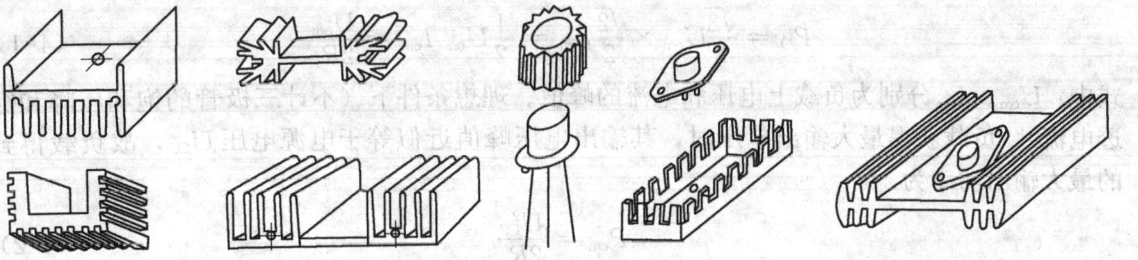

图 4-2 常用的散热器形状

4.1.2 OCL 功率放大器的基本电路及工作原理

我们已经讨论过，射极输出器有输入电阻高、输出电阻低、带负载能力强等特点，它很适宜作功率放大电路，但单管射极输出器静态功耗大。为了解决这个问题，实际中大多采用双电源互补对称推挽电路。

1. OCL 功放电路基本结构

图 4-3 是乙类双电源互补对称功率放大电路，又称无输出电容的功率放大电路，简称 OCL（output capacitorless）。VT1 为 NPN 管，VT2 为 PNP 管，要求两管特性参数一致，称为互补管。将两管的基极相连，作为输入端。将两管的发射极相连，作为输出端。两管的集电极分别接正、负电源。两管都无偏置电路，以便其工作在乙类状态。从电路上看，每个管子都接成射极跟随器以增强带负载能力。

2. 工作原理

（1）静态分析。由于电路无偏置电压，故两管的静态参数 I_{BQ}、I_{CQ}、I_{EQ} 均为零，即管子工作在截止区，电路属于乙类工作状态。发射极电位为零，负载上无电流，u_o为 0。

（2）动态分析。设输入信号为正弦电压 u_i，如图 4-4（c）所示。

在 u_i的正半周时，$u_i>0$，等效电路如图 4-4（a）所示。VT1 的发射结正偏导通，VT2 的发射结反偏截止。信号从 VT1 的发射极输出，在负载 R_L上获得正半周信号电压，$u_o \approx u_i$；

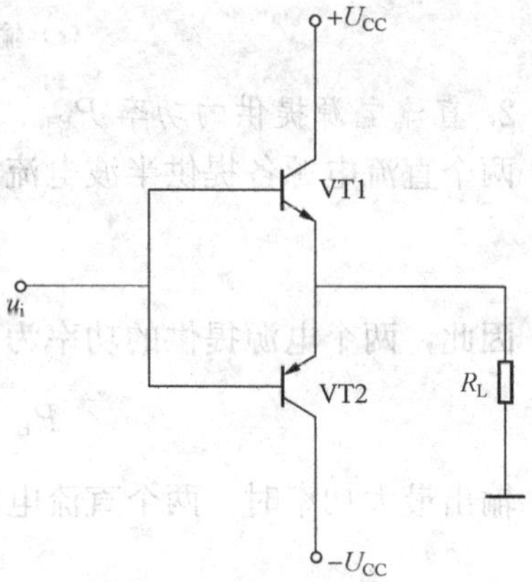

图 4-3 乙类双电源互补对称功率放大电路

在 u_i的负半周时，$u_i<0$，等效电路如图 4-4（b）所示。VT1 的发射结反偏截止。VT2 的发射结正偏导通，信号从 VT2 的发射极输出，在负载 R_L上获得负半周信号电压，$u_o \approx u_i$。

如果忽略三极管的饱和压降及开启电压，在负载 R_L上获得了几乎完整的正弦波信号 u_o，如图 4-4（d）所示。这种电路的结构对称，且两管在信号的两个半周内轮流导通，它们交替工作，一个“推”，一个“挽”，互相补充，故称为互补对称推挽电路。

4.1.3 性能指标计算

以下参数分析均以输入信号是正弦波为前提，且忽略失真。

1. 输出功率 P_O

由以上的分析可知，在输出电压的波形中，根据输出功率的定义，输出功率为

$$P_O=\frac{\sqrt{2}}{2}U_{om}\times\frac{\sqrt{2}}{2}I_{om}=\frac{1}{2}U_{om}\,I_{om}=\frac{U_{om}^2}{2R_L} \tag{4-1}$$

式中：U_{om}、I_{om}分别为负载上电压和电流的峰值。理想条件下（不计三极管的饱和压降和穿透电流），负载获得最大输出电压时，其输出电压峰值近似等于电源电压U_{CC}，故负载得到的最大输出功率为

$$P_{om}=\frac{U_{CC}^2}{2R_L} \tag{4-2}$$

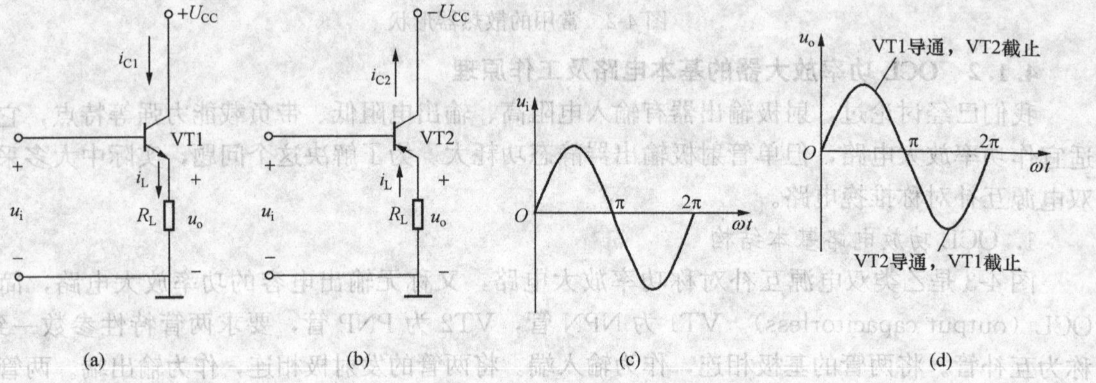

图 4-4　OCL 功率放大器的工作原理

(a) $u_i>0$ 时的电路；(b) $u_i<0$ 时的电路；

(c) 输入信号；(d) 输出信号（理想情况）

2. 直流电源提供的功率 P_E

两个直流电源各提供半波电流，其峰值为 $I_{om}=U_{om}/R_L$。故电源提供的平均电流值为

$$I_{E(AV)}=\frac{I_{om}}{\pi}=\frac{U_{om}}{\pi R_L}$$

因此，两个电源提供的功率为

$$P_E=\frac{2}{\pi}I_{om}U_{CC}=\frac{2}{\pi R_L}U_{om}U_{CC} \tag{4-3}$$

输出最大功率时，两个直流电源也提供最大功率为

$$P_{Em}=\frac{2}{\pi R_L}U_{CC}^2 \tag{4-4}$$

3. 效率 η

输出功率与直流电源提供功率之比为功率放大器的效率。理想条件下，输出最大功率时的效率也是最大效率，即

$$\eta_m=\frac{P_{om}}{P_{Em}}=\frac{\pi}{4}\approx 78.5\% \tag{4-5}$$

实际上，由于功率管 VT1、VT2 的饱和压降不为零使 $U_{om}<U_{CC}$，所以电路的最大效率低于这个数值。

4. 管耗 P_V

直流电源提供的功率与输出功率之差就是损耗在两个三极管上的功率，则有

$$P_V=P_E-P_O=\frac{2}{\pi R_L}U_{om}U_{CC}-\frac{U_{om}^2}{2R_L} \tag{4-6}$$

由分析可知，当$U_{om}=2U_{CC}/\pi$时，三极管总管耗最大，它并不是在最大输出功率时发生的，其值为

$$P_{Vm}=\frac{2U^2_{CC}}{2\pi^2R_L}=\frac{4}{\pi^2}P_{om}\approx 0.4\ P_{om}$$

单管的最大管耗为

$$P_{V1}=P_{V2}=\frac{1}{2}P_{Vm}=0.2P_{om} \tag{4-7}$$

这里应注意的是，管耗最大时，电路的效率并不是78.5%，读者可自行分析效率最高时的管耗。

5. 功率管的选择

功率管的极限参数有P_{CM}、I_{CM}和$U_{(BR)CEO}$，应满足下列条件：

（1）功率管集电极的最大允许功耗。功率管的最大功耗应大于单管的最大功耗，即

$$P_{CM}\geqslant\frac{1}{2}\ P_{Vm}=0.2P_{om} \tag{4-8}$$

（2）功率管的最大耐压为

$$U_{(BR)CEO}\geqslant 2U_{CC} \tag{4-9}$$

这是由于一只管子饱和导通时，另一只管子承受的最大反向电压约为$2U_{CC}$。

（3）功率管的最大集电极电流为

$$I_{CM}\geqslant\frac{U_{CC}}{R_L} \tag{4-10}$$

【例4-1】 电路如图4-3所示的乙类双电源互补对称功率放大电路的$U_{CC}=20V$，$R_L=8\Omega$，设输入信号为正弦波，求对功率管参数的要求。

解 （1）最大输出功率为

$$P_{om}=\frac{1}{2}\frac{U_{CC}^2}{R_L}=25(W)$$

所以 $P_{CM}\geqslant 0.2P_{om}=0.2\times 25W=5\ (W)$

（2）$U_{(BR)CEO}\geqslant 2U_{CC}=40\ (V)$。

（3）$I_{CM}\geqslant\frac{U_{CC}}{R_L}=\frac{20}{8}\ (A)=2.5\ (A)$。

实际选择功率管时，极限参数均应有一定的余量，一般应提高50%以上。在本例中，考虑到热稳定性，P_{CM}取2倍的余量为10W。考虑到热击穿，$U_{(BR)CEO}$取2倍的余量为80V，取标准耐压值100V。考虑到在I_{CM}时，β值有较大的下降，取2倍的余量为5A。请读者查阅电子器件手册，选择合适的功率三极管。

4.1.4 交越失真及消除

在乙类互补对称功率放大电路中，因没有设置偏置电压，静态时U_{BE}和I_C均为零。由于晶体管有一死区电压，对硅管而言，在信号电压$|u_i|<0.5V$时管子不导通，输出电压u_o仍为零。因此在输入信号过零附近的正、负半波交接附近，VT1、VT2都截止，负载R_L上无输出信号，输出波形出现一段失真，如图4-5所示。这种信号正、负半波交接的零点附近出现的失真称为交越失真。

为了使$|u_i|<0.5V$时仍有输出信号，从而消除交越失真，必须设置基极偏置电压，

如图 4-6 所示。它利用两只二极管上的直流压降作为两只三极管基极间的直流偏压，其值约为两管（VT1、VT2）死区电压之和。图中 VT3 为前置推动级，VT1、VT2 组成互补输出级。静态时，VT3 工作于甲类状态，其静态电流 I_{C3} 在二极管 VD1、VD2 上产生的直流压降恰好能为 VT1、VT2 提供一个适当的正偏电压，使 VT1、VT2 两管处于微导通的甲乙类工作状态，使工作点都进入放大区。由于电路对称，静态时，$u_o=0$。有信号时，因为电路工作于甲乙类，即使 u_i 很小，由于 I_{C3} 恒定，VD1 和 VD2 的交流等效电阻保持很小，仍可保证 VT1 和 VT2 的正负半周输入信号基本对称，且进行不失真的线性放大，达到消除交越失真的目的。

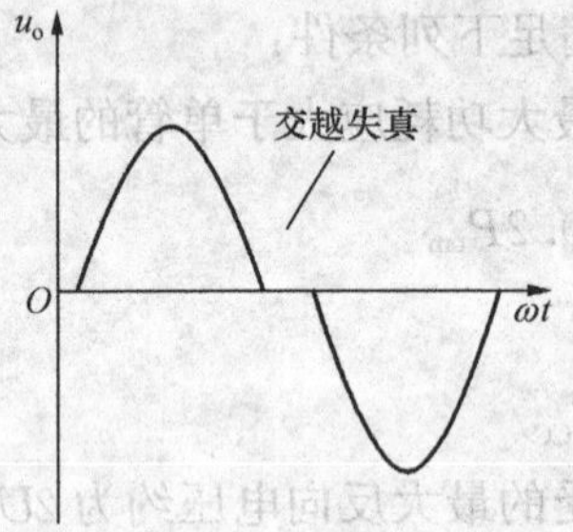

图 4-5　交越失真现象

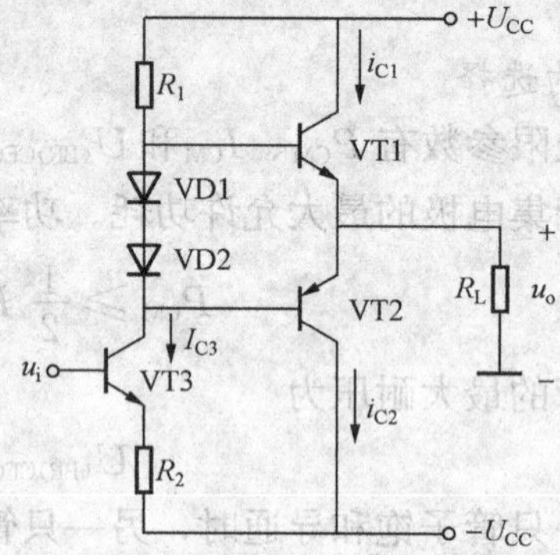

图 4-6　利用二极管偏置的功放

在实际应用时，通常在二极管 VD1、VD2 上再串联一个可变电阻，以达到调整 VT1、VT2 两管发射极偏压的目的。由于 I_{CQ} 的存在，甲乙类功放电路的效率较乙类推挽功放电路低一些。

电路中两个三极管导通的时间大于半个周期，而小于整个周期，这种工作状态介于甲类和乙类之间，称为甲乙类工作状态。因三极管静态电流很小，接近于乙类状态，故定量分析时，仍可近似地应用式（4-1）～式（4-10）。

任务二　OTL 功率放大器制作实例

在图 4-3 所示的电路中，由于静态时两管的发射极是零电位，所以负载可直接接到该处而不必采用电容耦合，故也称为 OCL 电路。OCL 电路具有低频响应好，输出功率大，电路便于集成等优点，但需要两个独立的电源，这样使用起来有时会感到不便。如果采用单电源供电，只要在输入、输出端接入隔直电容即可，这个电路通常称为无输出变压器的电路，简称 OTL（output transformerless）电路。

4.2.1　单电源互补对称功率放大电路

1. 基本电路

OTL 功放电路如图 4-7 所示，图中 VT3 为前置放大级，VT1、VT2 组成互补对称输出级，VD1、VD2、R_P 保证电路工作于甲乙类状态，C_L 为大电容。静态时调节 R_P 可使三极管发射极 A 点的电位等于 $U_{CC}/2$，于是电容 C_L 上的电压也等于 $U_{CC}/2$。

2. 工作原理

当有信号 u_i 输入时，在 u_i 的正半周，由于 VT3 的倒相作用，VT2 导通，VT1 截止，已

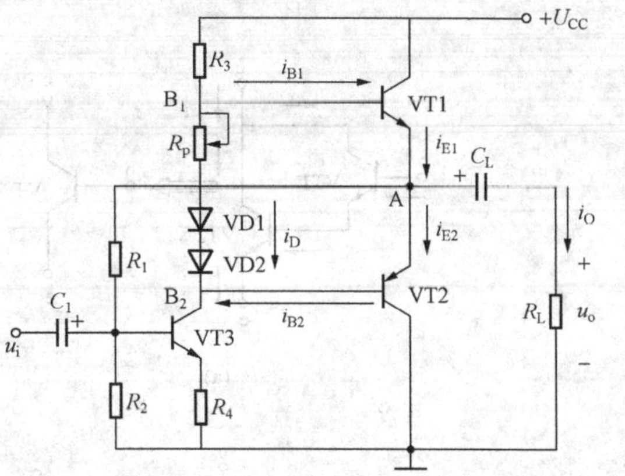

图 4-7　OTL 功放电路

充电的电容 C_L 代替负电源向 VT2 供电，并通过负载 R_L 放电；在 u_i 的负半周，由于 VT3 的倒相作用，VT1 导通，VT2 截止，有电流流过负载 R_L，同时向 C_L 充电。只要使时间常数 R_LC_L 远大于信号周期 T（$R_LC_L \geqslant 5f_{min}$），就可以认为在信号变化过程中，电容两端电压基本保持不变。

与双电源互补对称电路相比，单电源互补对称电路的优点是少用了一个电源，故使用较为方便，缺点是由于电容 C_L 在低频时的容抗可能比 R_L 大，所以 OTL 电路的低频响应能力较差。从基本工作原理上看，两个电路基本相同，只不过在单电源互补对称电路中每个管子工作电压不是 U_{CC}，而是 $U_{CC}/2$，输出电压最大值也只能达到 $U_{CC}/2$。所以前面导出的最大输出功率、管耗和最大管耗的估算公式，要加以修正才能使用。修正时，只要以 $U_{CC}/2$ 代入原式中的 U_{CC} 即可。

4.2.2　实用的甲乙类单电源互补对称功率放大电路

1. 复合管

复合管是指将两只或两只以上的半导体三极管按一定的方式连接在一起组成一只 β 值较大的半导体三极管。

图 4-8 所示是由两个三极管 VT1 和 VT2 联结成的 NPN 和 PNP 两大类复合管。

等效三极管 VT 的管型总是和 VT1 同类型，复合管的等效电流放大系数 β 约等于两只组成三极管的电流放大系数 β_1、β_2 的乘积，即 $\beta \approx \beta_1\beta_2$。其中 VT1 只需小功率管即可。如果 I_C 相当大，VT2 要采用大功率晶体管。因此在需要同样的输出电流时，复合管所需的输入电流明显减小，这样可以大大减轻推动级中小功率三极管的负担。

2. 实用单电源互补对称电路

图 4-9 所示是实用单电源互补对称电路，图中 VT5 构成前置放大级，它给输出级提供足够大的信号电压和信号电流，以驱动功率级工作。

电路中采用了复合管，VT1、VT3 复合管等效为一个 NPN 型管；VT2、VT4 复合管等效为一个 PNP 型管，其中 VT3、VT4 是采用同类型的大功率管来组成复合准互补对称电路。由于采用复合功率管，可使 VT1、VT2 管的基极信号电流大大减小。

RP1 引入了交直流电压并联负反馈，适当调整电位器 RP1，可改变 VT5 的静态集电极电流，从而改变 U_{B1}、U_{B2}，使 K 点对地的电压 $U_K = U_{CC}/2$（K 点称为中点）。RP1 还具有稳定 K 点电位的负反馈作用。如果由于某种原因使 K 点电位升高，通过 RP1 和 R_1 分压，就可使 VT5 基极电位升高，I_{c5} 增加，VT1、VT2 基极电位下降，使 K 点电位下降。显然，RP1 还起到交流负反馈作用，可改善放大器的动态性能。

二极管 VD1、VD2 给 VT1～VT4 提供了一个合适的静态偏压，以消除交越失真，同时它们还具有温度补偿作用，使 VT1～VT4 的静态电流不随温度而变。

C_2、R_3 组成“自举电路”，它的作用是提高互补对称电路的正向输出电压幅度。R_6 和 R_8 上的直流电压为 VT3、VT4 提供正向电压，并使 VT1 和 VT2 的穿透电流分流。

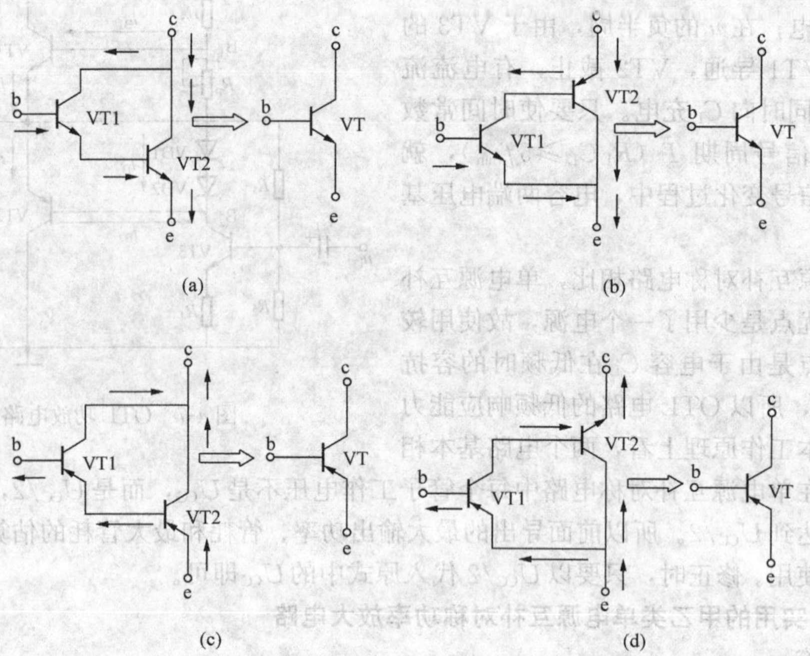

图 4-8　复合管和等效三极管

（a）NPN 与 NPN 复合成 NPN；（b）NPN 与 PNP 复合成 NPN；

（c）PNP 与 PNP 复合成 PNP；（d）PNP 与 NPN 复合成 PNP

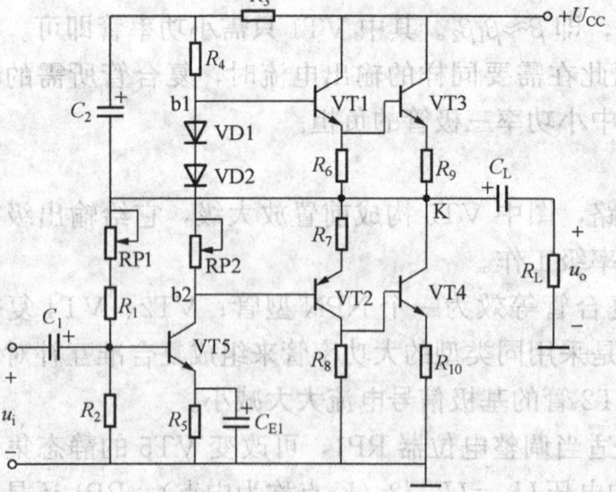

图 4-9　实用单电源互补对称电路

R_9 和 R_{10} 是为了稳定输出电流，使电路更加稳定，另外当负载短路时，R_9、R_{10} 还具有一定的限流保护作用。

3. OTL 电路调试方法

由于图 4-9 所示电路中的互补对称电路与前置级是直接耦合的，前后级之间存在着相互联系和影响，因此不能分级调整，增加了调试的难度。一般先将电位器 RP2 调到最小位置，后调节 RP1 使 K 点电压值为 $U_{cc}/2$。再调节 RP2，使 VT1，VT2 工作在甲乙类状态，确定合适的静态集电极电流 I_{C1} 和 I_{C2} 值。最后加交流信号后调节 RP2，直到输出波形刚好没有交越失真为止。由于两级间的工作点互相牵制，故调节静态电流 I_{C1} 和 I_{C2} 将影响中心点（K）电位，调中心点电位又影响静态电流，因此需反复耐心地调到满意为止。

当然，在调试中，千万不能将 RP2 断开，否则 b1 点电位升高，b2 点电位变低，将使 VT1、VT2 电流变大而导致功放管损坏。

任务三 集成功率放大器制作实例

集成功率放大器（integrated circuit power amplifier）具有输出功率大、外围连接元件少、使用方便等优点，目前使用越来越广泛。它的品种很多，现举例介绍用两种常用的集成功率放大器 LM386 和 TDA2030A 制作的扩音器。

4.3.1 LM386 集成功率放大器

LM386 是近年来应用很广的一种通用型集成功率放大电路。它的主要特点是频带宽，典型值可达 300kHz，低功耗，额定输出功率为 660mW，电源电压适用范围为 4～12V。它可以用于收音机、对讲机、方波发生器、光控继电器等。

1. LM386 外形及管脚排列

LM386 外形及管脚排列如图 4-10 所示，采用双列直插塑封结构。其中 1 脚和 8 脚为增益设定端。当 1 脚、8 脚断开时，电路增益为 20 倍；若在 1 脚、8 脚之间接入旁路电容，则增益可升至 200 倍；若在 1 脚、8 脚之间接入 R（可调）C 串联网络，其增益可在 20～200 之间任意调整。电路其余各脚作用可参照集成运算放大器的相应管脚来确定。

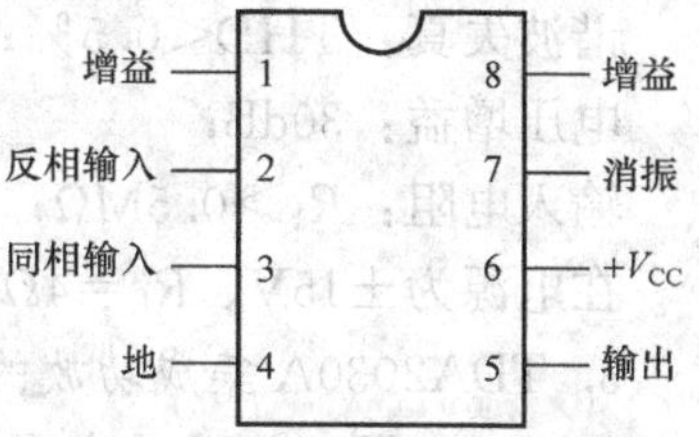

图 4-10 LM386 外形图

2. LM386 性能指标

LM386 接成单电源 OTL 功放电路，按照负反馈理论可得闭环增益 $A_{uf}=20$，输入电阻 $R_i=50k\Omega$；静态功耗，当 $V_{CC}=6V$ 时，$I_E=4mA$，LM386 在 6V 电源电压下可驱动 4Ω 负载，9V 电源下可驱动 8Ω 负载，16V 电源（LM386N 型）可驱动 16Ω 负载。

3. LM386 组成的 OTL 功放电路

电路如图 4-11 所示，R_P用以调节增益，C_5为电源退耦（防止电源内阻使电源和交流信号相互影响），R_1、C_3组成消振电路。

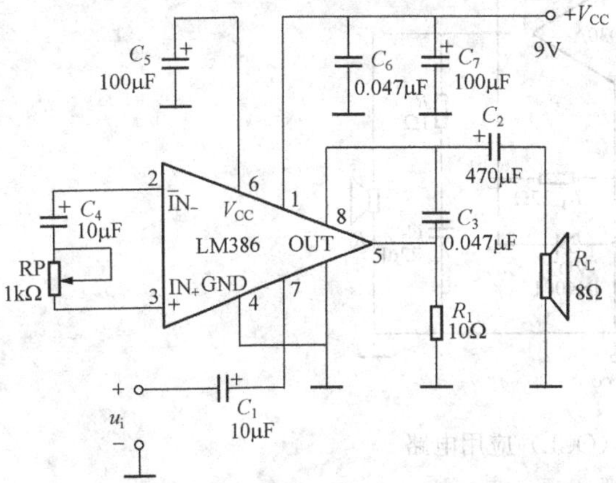

图 4-11 LM386 组成的 OTL 功放电路

4.3.2 TDA2030A 音频集成功率放大器

TDA2030A 是目前性能价格比比较高的一种集成功率放大器，与性能类似的其他功放相比，它的引脚和外部元件都较少。

TDA2030A 的电气性能稳定，能适应长时间连续工作，集成块内部的放大电路和集成运放相似，但在内部集成了过载保护和热切断保护电路，在输出过载或输出短路及管芯温度超过额定值时均能立即切断输出电路，起保护作用，不致损坏功放电路。其金属外壳与负电源引脚相连，所以在单电源使用时，金属外壳可直接固定在散热片上并与地线（金属机箱）相接，无需绝缘，使用起来很方便。

1. TDA2030A 外形及管脚排列

其外形和管脚排列如图 4-12 所示，与性能类似的其他产品相比，它的引脚数量最少，需使用的外部元件也很少。

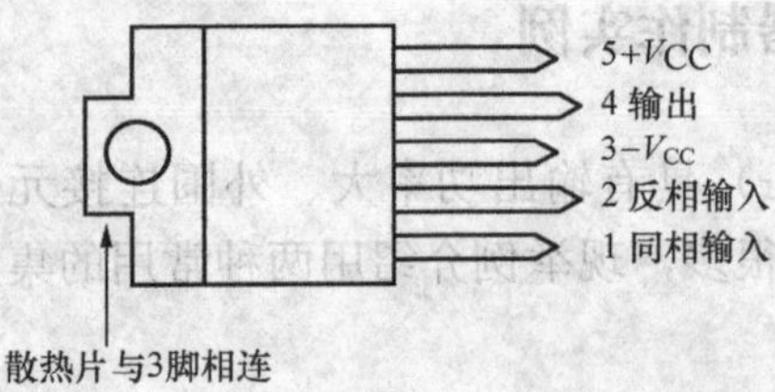

图 4-12　TDA2030A 外形及管脚排列

2. TDA2030A 性能指标

TDA2030A 适用于收录机和有源音箱中，作音频功率放大器使用，也可作其他电子设备的中功率放大器。因其内部采用的是直接耦合方式，亦可以作直流放大器。其主要性能参数如下：

电源电压 V_{CC}：±3～±18V；

输出峰值电流：3.5A；

频响 BW：0～140kHz；

静态电流：<60mA（测试条件：$V_{CC}=\pm18V$）；

谐波失真：THD<0.5%；

电压增益：30dB；

输入电阻：$R_1>0.5M\Omega$；

在电源为±15V、$R_L=4\Omega$ 时输出功率为 14W。

3. TDA2030A 集成功放的典型应用

(1) 双电源（OCL）应用电路。图 4-13 所示电路是双电源时 TDA2030A 基极的典型应用电路。信号 u_i 由同相端输入，R_1、R_2、C_2 构成交流电压串联负反馈电路，因此闭环电压放大倍数为

$$A_{uf}=1+\frac{R_1}{R_2}=33$$

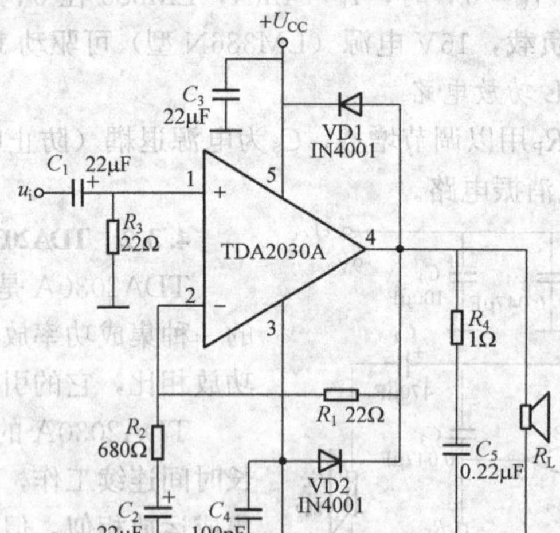

图 4-13　双电源（OCL）应用电路

为了保持两输入端直流电阻平衡，使输入级偏置电流相等，选择 $R_3=R_1$。R_4、C_5 为高频校正网络，用于消除自激振荡。VD1、VD2 起保护作用，用来泄放 R_L 产生的自感应电压，将输出端的最大电压钳位在（$U_{CC}+0.7V$）和（$-U_{CC}-0.7V$）上，C_3、C_4 为退耦电容，用于减少电源内阻对交流信号的影响。C_1、C_2 为隔直、耦合电容。

(2) 单电源（OTL）应用电路。对仅有一组电源的中、小型录音机的音响系统，可采

用单电源连接方式，如图 4-14 所示。由于采用单电源，故正输入端必须用 R_1、R_2 组成分压电路，K 点电位为 $U_{CC}/2$，通过 R_3 向输入级提供直流偏置电压。在静态时，正、负输入端和输出端电压皆为 $U_{CC}/2$。其他元件的作用与双电源电路相同。

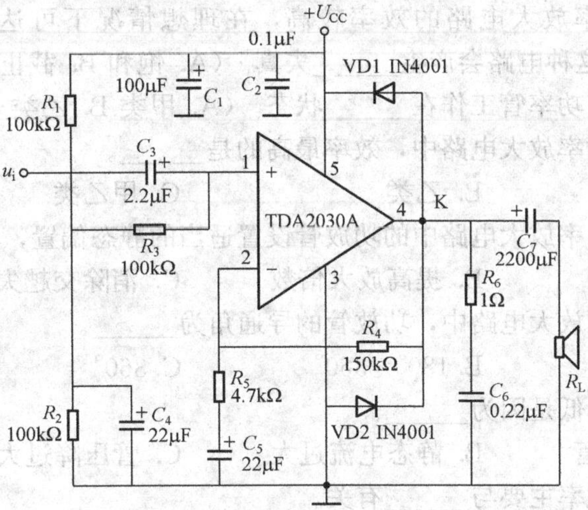

图 4-14　单电源（OTL）应用电路

小　结

1. 功率放大电路的任务是向负载提供符合要求的交流功率，因此主要考虑的是失真度要小，输出功率要大，三极管的损耗要小，效率要高。功率放大电路的主要技术指标有输出功率、管耗、效率、非线性失真等。

2. 提高功率放大电路输出功率的途径是提高直流电源电压，因此应选用耐压高、允许工作电流大、耗散功率大的功率管。

3. 互补对称功率放大电路（OCL、OTL）是由两个管型相反的射极输出器组合而成的，功率三极管工作在大信号状态；为了解决功率三极管的互补对称问题，利用互补复合可获得较大电流增益和较为对称的输出特性，保证功放输出级在同一信号下，两输出管交替工作。其电路组成也可采用复合管的互补功率放大电路。

4. 集成功率放大器是当前功率放大器的发展方向，其应用日益广泛，使用时应注意查阅器件手册，按手册提供的典型应用电路连接外围元件。

5. 功率管的散热和保护十分重要，关系到功放电路能否输出足够的功率并且不损坏功放管等问题。

练习题

4.1　选择题

（1）电压放大电路主要研究的指标是______、______、______；功率放大电路主要研究的指标是______、______、______、______。

A. 电压放大倍数　B. 输入电阻　C. 输出电阻　D. 输出功率　E. 电源提供的功率

F. 效率　G. 管耗

（2）功率放大电路按三极管静态工作点的位置不同可分为____类、____类、____类。

A. 甲　B. 乙　C. 甲乙　D. A　E. B　F. AB

（3）乙类互补功率放大电路的效率较高，在理想情况下可达______。（A. 78.5% B. 75% C. 72.5%）但这种电路会产生______失真。（A. 饱和 B. 截止 C. 交越 D. 饱和截止）为了消除这种失真应使功率管工作在______状态。（A. 甲类 B. 乙类 C. 甲乙类）

（4）在下列三种功率放大电路中，效率最高的是______。

A. 甲类　　B. 乙类　　C. 甲乙类

（5）给乙类推挽功率放大电路中的功放管设置适当的静态偏置，其目的是______。

A. 消除饱和失真　　B. 提高放大倍数　　C. 消除交越失真

（6）在甲乙类功率放大电路中，功放管的导通角为______。

A. 180°　　B. 180°～360°　　C. 360°

（7）甲类功放效率低是因为______。

A. 只有一个功放管　　B. 静态电流过大　　C. 管压降过大

（8）功放电路的效率主要与______有关。

A. 电源供给的直流功率　B. 电路输出信号最大功率　C. 电路的工作状态

（9）OTL 互补对称功放电路是指______电路。

A. 无输出变压器的功放　B. 无输出变压器且无输出电容功放　C. 有输出电容功放

4.2　功率放大电路如图 4-15 所示，已知电源电压 $U_{CC}=6V$，负载 $R_L=4\Omega$。

（1）说明电路名称及工作方式；

（2）求理想情况下负载获得的最大不失真输出功率；

（3）若 $U_{CES}=2$ V，求电路的最大不失真功率；

（4）选择功放管的参数 I_{CM}，P_{CM} 和 $U_{(BR)CEO}$。

4.3　OCL 电路如图 4-16 所示，已知电源 $U_{CC}=12V$，喇叭阻抗 $R_L=8\Omega$。

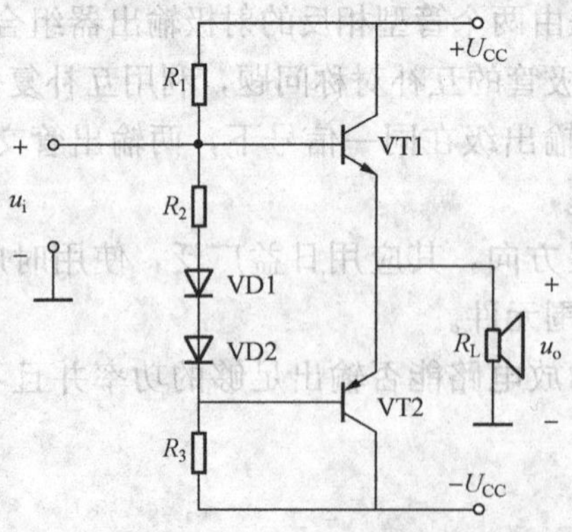

图 4-15　题 4.2 图

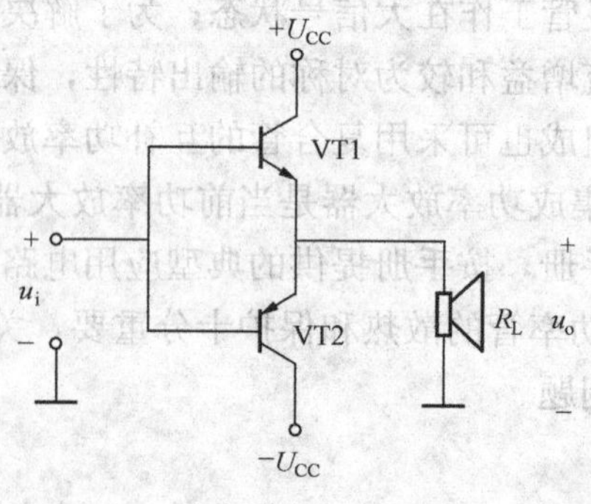

图 4-16　题 4.3 图

（1）说明电路的工作方式及 VT1、VT2 的作用；

（2）求理想情况下的最大不失真输出功率；

（3）若三极管的饱和管压降 $U_{CES}=2$ V，输入信号幅度足够大，求电路的最大不失真输出率及效率。

(4) 若输入信号电压 $u_i=6\sin\omega t$ (V)，则负载实际获得的输出功率为多少？

(5) 对功放管有何要求？

4.4 在如图 4-15 电路中，VT1、VT2 的特性完全对称。试回答：

(1) 静态时，流过负载的电流和输出电压应当是多少？调整哪个电阻能满足这一要求？

(2) 动态时，若输出波形产生负半周削顶失真，应调整哪个电阻？如何调节？

(3) 设 $U_{CC}=12V$，$R_1=R_3=200\Omega$，三极管的 $U_{BE}=0.8V$，$\beta=50$，$P_{CM}=10W$，$I_{CM}=2A$；静态时 $u_o=0$，若 R_2，VD1，VD2 中任何一个开路，VT1、VT2 管能否安全工作？为什么？

4.5 OTL 功率放大电路如图 4-17 所示，$U_{CC}=24V$，$R_L=8\Omega$，输入信号有效值 $U_i=8V$，求：

(1) 电路的输出功率；

(2) 电源的供给功率；

(3) 电路的效率及每只管子的管耗。

4.6 在图 4-18 所示的电路中，$R_L=4\Omega$，要求最大不失真输出功率为 8W。

(1) 说明电路的名称及电容 C_O 的作用。

(2) 求理想情况下，电源电压应取多大？

(3) 对功率管有何要求？

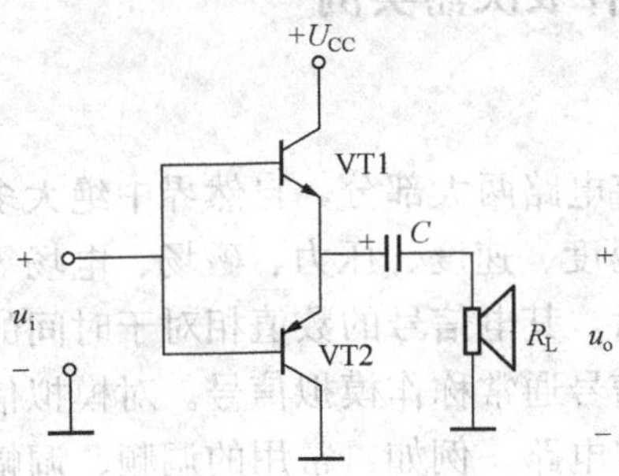

图 4-17 题 4.5 图

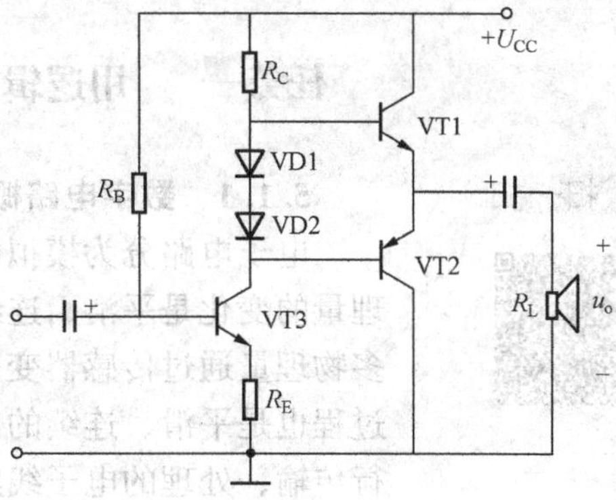

图 4-18 题 4.6 图

项目五

三人表决器制作实例

三人表决器，是一种代表投票的表决装置，表决时满足少数服从多数的表决原则。当表决某项提案时，与会的有关人员只要按动各自表决器上的“赞成”或“反对”按钮，显示器上即显示出表决结果。

项目要求：

用逻辑门电路和中规模集成组合逻辑电路制作三人表决器，在使用三人表决器对某项提案进行表决时，三个人分别用手指拨动开关 SW1、SW2、SW3 来表示自己的意愿，如果同意，各人就把自己的拨动开关拨到高电平（上方），不同意就把自己的拨动开关拨到低电平（下方），决议通过需要两人以上同意。表决结果用 LED 灯（高电平亮）显示出来，如果决议通过，那么 LED 灯亮；如果不通过，那么 LED 灯灭。

任务一　用逻辑门电路制作表决器实例

扫一扫

5.1.1　数字电路概述

电子电路分为模拟电路和数字电路两大部分，自然界中绝大多数物理量的变化是平滑、连续的，如温度、速度、压力、磁场、电场等。许多物理量通过传感器变成电信号后，其电信号的数值相对于时间的变化过程也是平滑、连续的，这种电信号通常称作模拟信号。对模拟信号进行传输、处理的电子线路称作模拟电路。例如，常用的调频、调幅收音机，目前通用的电视信号发射系统和电视机，指针式万用表等电子设备都是由模拟电路组成的。

数字信号的数值相对于时间的变化过程是跳变的、间断性的。对数字信号进行传输、处理的电子线路称作数字电路。常用的数字显示万用表、数字显示温度计、数字显示电子表等都是由数字电路组成的。

1. 数字技术的特点

在日常生活中的电子仪器及相关技术中，我们经常看到，过去曾用模拟电路实现的功能，如今越来越多地被数字技术所替代，模拟技术向数字技术转移的主要原因在于数字技术具有下述优点：

（1）数字系统容易设计。这是因为数字系统所使用的电路是开关电路，开关电路中电压或电流的精确值并不重要，重要的是其变化的范围（高电平或低电平）。

（2）信息存储方便。信息存储由特定的器件和电路实现，这种电路能存储数字信息并根据需要长期保存。大规模存储技术能在相对较小的物理空间上存储几十亿位信息。相反，模拟电路的存储能力是相当有限的。

(3) 整个系统的准确度及精度容易保持一致。信号一旦被数字化，在处理过程中其包含的信息就不会降低精度。而在模拟系统中，电压和电流信号由于受到信号处理电路中元器件参数的改变、温度及湿度的影响会产生失真。

(4) 数字电路抗干扰能力强。在数字系统中，因为电压的准确值并不重要，所以只要噪声信号不至于影响高低电平的区分，则电压寄生波动（噪声）的影响就可以忽略不计。

(5) 大多数数字电路能制造在集成电路芯片上。事实上，模拟电路也受益于快速发展的集成电路工艺，但是模拟电路相对复杂一些，所有器件无法经济地集成在一起（如大容量电容、精密电阻、电感、变压器等），这样就阻碍了模拟系统的集成化，使其无法达到与数字电路同样的集成度。

虽然数字技术的优势明显，但采用数字技术时必须面对下述两大问题：一是自然界中大多数物理量是模拟量；二是信号的数字化过程需要时间。应用系统中被检测、处理、控制的输入、输出信号经常是模拟信号，如温度、压力、速度、液位、流速等。当涉及模拟输入、输出时，为了利用数字技术的优点，必须首先把实际中的模拟信号转换为数字形式，进行数字信息处理，最后再把数字信号转换为模拟形式输出。由于必须在信息的模拟形式与数字形式之间进行转换，因此也增加了系统的复杂性和费用。所需要的数据越精确，处理过程花费的时间就越长。

2. 数字电路的发展

数字技术的发展历程一般以数字逻辑器件的发展为标志。数字逻辑器件经历了从半导体分立元件到集成电路的发展过程，数字集成电路可分为小规模（SSI）、中规模（MSI）、大规模（LSI）和超大规模（VLSI）集成电路等。集成度是指一个芯片中所含等效门电路（或晶体管）的个数。随着集成电路生产工艺的进步，数字逻辑器件的集成度越来越高，目前所生产的高密度超大规模集成电路（GLSI）的一个芯片内所含等效门电路的个数已超过一百万。

数字逻辑器件有标准逻辑器件和专用集成电路（ASIC）两种类型，标准逻辑器件包括TTL、CMOS、ECL系列，其中TTL、CMOS系列是过去30多年中构成数字电路的主要元器件，但随着专用集成电路中可编程逻辑器件的发展，新的系统设计正愈来愈多地采用可编程逻辑器件来实现。因此，可编程逻辑器件代表了数字技术的发展方向。

随着现代电子技术和信息技术的飞速发展，数字电路已从简单的电路集成走向数字逻辑系统集成，即把整个数字逻辑系统制作在一个芯片上（SOC）。电路集成与系统集成都属于硬件集成技术。硬件集成技术飞速发展的同时，系统设计软件技术也发展得很快。硬件集成技术与系统设计软件技术的迅猛发展，向实现彻底的、真正的电子系统设计自动化的目标靠得更近。

3. 数字电路的应用

数字电路的应用范围十分广泛，它不仅应用于雷达、电视、通信、遥测遥控等方面，而且在近代的测量仪表中也被日益普遍地采用。在数字电路的基础上发展起来的电子数字计算机，标志着技术发展进入了一个新的阶段，它不仅成了近代自动控制系统中一个不可缺少的组成部分，而且几乎渗透到了国民经济和人民生活的一切领域之中，并在许多方面引起了根本性的变革。因此，电子技术水准是现代化的重要标志。当前电子计算机和构成它的半导体大规模集成电路的科学技术水平、生产规模和应用程度，已成为衡量一个国家电子工业水平的重要标志。

4. 数字电路的研究对象、分析工具及描述方法

数字电路是以二值数字逻辑为基础的，电路的输入、输出信号为离散数字信号，电路中的电子元器件工作在开关状态。数字电路响应输入的方式叫做电路逻辑，每种数字电路都服从一定的逻辑规律。由于这一原因，数字电路又叫做逻辑电路。

在数字电路中，人们关心的是输入、输出信号之间的逻辑关系，输入信号通常称为输入逻辑变量，输出信号通常称为输出逻辑变量，输入逻辑变量与输出逻辑变量之间的因果关系通常用逻辑函数来描述。

分析数字电路的数学工具是逻辑代数，描述数字电路逻辑功能的常用方法有真值表、逻辑表达式、波形图、逻辑电路图等，随着可编程逻辑器件的广泛应用，硬件描述语言（HDL）已成为数字系统设计的主要描述方式，目前较为流行的硬件语言有 VHDL、VerilogHDL 等。

5.1.2 数制与编码

5.1.2.1 数制

1. 基数、位权的基本概念

进位制：表示数时，仅用一位数码往往不够，因此必须用进位计数的方法组成多位数码。多位数码每一位的构成以及从低位到高位的进位规则称为进位计数制，简称进位制或数制。

所谓基数，就是进位计数制的每位数上可能有的数码的个数。例如，十进制数每位上的数码，有 0、1、2、…、9 十个数码，所以基数为 10；而二进制数、八进制数和十六进制数的基数分别是 2、8 和 16。

位权（位的权数）：在某一进位制的数中，每一位的大小都对应着该位上的数码乘上一个固定的数，这个固定的数就是这一位的权数。权数是一个幂。如十进制数 4567 从低位到高位的位权分别为 10^0、10^1、10^2、10^3。它是一个最高位为千位的数，可以表示为：$4567=4\times10^3+5\times10^2+6\times10^1+7\times10^0$。如十进制数的 234.15 可表示为：$234.15=2\times10^2+3\times10^1+4\times10^0+1\times10^{-1}+5\times10^{-2}$。从以上示例中可以看出，位权表示法的特点是：数值项＝某位上的数字×基数的若干次幂；而幂次的大小由该数字所在的位置决定。

数制的进位遵循逢 N 进一的规则，其中 N 是指数制中所需要的数字字符的总个数，就是上面介绍的基数。十进制数是表示逢十进一的。如十进制数“250.23”可以表示为

$$(250.23)_{10}=2\times10^2+5\times10^1+0\times10^0+2\times10^{-1}+3\times10^{-2}$$

位权表示法的原则是数字的总个数等于基数；每个数字都要乘以基数的幂次，而该幂次是由每个数所在的位置所决定的。排列方式是以小数点为界，整数位自右向左分别为 0 次方、1 次方、2 次方等，小数位自左向右分别为负 1 次方、负 2 次方、负 3 次方等。

2. 计算机中常用的制式

虽然数据的制式可以有很多种，但在计算机通信中通常遇到的仍是以上提到的几种，即二进制数、八进制数、十进制数和十六进制数。既然有不同的数制，那么在计算机程序中给出一个数时就必须指明它属于哪一种数制。不同数制中的数可以用下标或后缀来标识，这将在下面具体介绍。

(1) 十进制数（Decimal）。十进制数是我们平常用的数制类型，其基数是 10，也就是它有 10 个数字符号，即 0、1、2、3、4、5、6、7、8、9。其中最大数码是基数减 1，即 $10-1=9$；最小数码是 0。十进制数的标志为：D，如 $(1178)_D$，表示这个数是十进制数时，

也可表示为 $(1178)_{10}$。

(2) 二进制数（Binary）。二进制数是计算机运算所采用的数制，其基数是 2，也就是说它只有两个数字符号，即 0 和 1。如果在给定的数中，除 0 和 1 外还有其他数，例如 1013，那它就绝不会是一个二进制数了。二进制数的标志为：B，如 $(1101)_B$，表示这个数是二进制数时，也可表示为 $(1100)_2$。

(3) 八进制数（Octal）。八进制数虽然比较少用，但在一些场合中还是需要用到的，如一些注册表项中。八进制数的基数是 8，也即它有 8 个数字符号，即 0、1、2、3、4、5、6、7。对比十进制数可以看出，它比十进制数少了两个数“8”和“9”，这样当一个数中出现“8”和（或）“9”时，如 20459，那它就绝对不是八进制数了。八进制数的最大数码也是基数减 1，即 8－1=7，最小数码也是 0。

八进制数的标志为：O 或 Q（注意它特别一些，可以有两种标志），如 $(4603)_O$、$(4603)_Q$，表示这个数是八进制数时，也可表示为 $(4603)_8$。

(4) 十六进制数（Hexadecilnal）。十六进制数用得也比较少，通常也是在注册表中遇到。它的基数是 16，即它有 16 个数字符号，除了十进制数中的 10 个数可用外，还使用了 6 个英文字母，这 16 个数字和字母依次是 0、1、2、3、4、5、6、7、8、9、A、B、C、D、E、F。其中 A 至 F 分别代表十进制数的 10 至 15。对比八进制数和十进制数可知，它全面包括了这两个制式的数字，如果数据中出现了字母之类的符号，如 45AB，则它一定不会是八进制数或十进制数，而是十六进制数了。它的最大的数码也是基数减 1，即 16－1＝15（为 F）；最小数码也是 0。十六进制数的标志为：H，如 $(4603)_H$，表示这个数是十六进制数时，也可表示为 $(4603)_{16}$。

从以上不同制式的数的表示方式可以看到，在给出一个数时，需指明它是什么数制类型的数。例如：$(1010)_2$、$(1010)_8$、$(1010)_{10}$、$(1010)_{16}$ 所代表的数值就不同。除了用下标表示外，还可用后缀字母来表示数制。例如 $(2A4E)_H$、$(FEED)_H$、$(BAD)_H$（最后的字母 H 表示是十六进制数）与 $(2A4E)_{16}$、$(FEED)_{16}$、$(BAD)_{16}$ 的意义相同。

十进制数的特点是逢十进一。例如：$(1010)_{10}=1\times10^3+0\times10^2+1\times10^1+0\times10^0$。二进制数的特点是逢二进一。例如：$(1010)_2=1\times2^3+0\times2^2+1\times2^1+0\times2^0=(10)_{10}$。八进制数的特点是逢八进一。例如：$(1010)_8=1\times8^3+0\times8^2+1\times8^1+0\times8^0=(520)_{10}$。十六进制数的特点是逢十六进一。例如：$(BAD)_{16}=11\times16^2+10\times16^1+13\times16^0=(2989)_{10}$。

十进制、二进制、十六进制数的对应关系见表 5-1。

表 5-1　　　数制之间的关系

十进制	二进制	十六进制	十进制	二进制	十六进制
0	000	0	8	1000	8
1	001	1	9	1001	9
2	010	2	10	1010	A
3	011	3	11	1011	B
4	100	4	12	1100	C
5	101	5	13	1101	D
6	110	6	14	1110	E
7	111	7	15	1111	F

5.1.2.2 数制的转换

数制转换是数制领域中非常重要的一项知识点和技能，所以我们一定要掌握这几种数制之间的相互转换方法。

数制转换基本规则如下：

1. 非十进制数转换成十进制数

非十进制数（指的是二进制数、八进制数和十六进制数）转换成十进制数的方法是将非十进制数按位权展开求和。

【例 5-1】 将二进制数 $(1011.101)_B$转换为十进制数。

解 将二进制数按权展开如下：

$$(1011.101)_2=1\times2^3+0\times2^2+1\times2^1+1\times2^0+1\times2^{-1}+0\times2^{-2}+1\times2^{-3}=(11.625)_{10}$$

其他进制数转换为十进制的方法与上例类似。

【例 5-2】 将十六进制数 $(FA59)_{16}$转换为十进制数。

解 $(FA59)_{16}=15\times16^3+10\times16^2+5\times16^1+9\times16^0=(64089)_{10}$

2. 十进制数转换成非十进制数

十进制数转换成非十进制数的方法是：将整数部分和小数部分分别进行转换，然后再将它们合并起来。

整数之间的转换用“除基取余法”；小数之间的转换用“乘基取整法”。这里的“基”就是上面所指的“基数”。

(1) 十进制数整数转换成非十进制数整数，采用逐次除以基数取余数（“除基取余”）的方法。

1）将给定的十进制数除以基数，余数作为非十进制数的最低位。

2）把第一次除法所得的商再除以基数，余数作为次低位。

3）重复②的步骤，记下余数，直至最后的商数为 0，最后的余数即为 K 进制的最高位。

【例 5-3】 将十进制数 53 转换成二进制数、八进制数。

解

2 | 53　　余数
2 | 26---------1　（低位）
2 | 13---------0
2 | 6---------1
2 | 3---------0
2 | 1---------1
　 0---------1　（高位）

故$(53)_{10}=(110101)_2$

8 | 53　　余数
8 | 6---------5　（低位）
　 0---------6　（高位）

故$(53)_{10}=(65)_8$

【例 5-4】 将十进制数 1254 转换成十六进制数。

解

```
16 | 1254          余数
16 |  78---------------6    （低位）
16 |  4 ---------------E
      0 ---------------4    （高位）
```

故$(1254)_{10}=(4E6)_{16}$

（2）十进制数纯小数转换成非十进制小数，采取逐次乘以基数，截取乘积的整数部分（“乘基取整”）的方法。

1）将给定的十进制数小数乘以基数，截取其整数部分作为非十进制数小数部分的最高位。

2）把第一次积的小数部分再乘以基数，所得积的整数部分作为非十进制的小数次高位。

3）依次进行下去，直至最后乘积为 0。若最后乘积不会出现 0，则按照要求达到一定的精度为止。

若要求精确到 0.1%（千分之一）　取 10 位　因为　$1/2^{10}=0.00097$

若要求精确到 1%（百分之一）　取 7 位　因为　$1/2^{7}=0.0078$

若要求精确到 10%（十分之一）　取 4 位　因为　$1/2^{4}=0.0625$

【例 5-5】 将十进制数 0.8125 转换成二进制数。

解 $0.8125\times2=1.625$…………整数部分 1

$0.625\times2=1.25$…………整数部分 1

$0.25\times2=0.5$…………整数部分 0

$0.5\times2=1.0$…………整数部分 1

故$(0.8125)_{10}=(0.1101)_2$

3. 非十进制数之间的相互转换

1 位八进制数对应 3 位二进制数，而 1 位十六进制数对应 4 位二进制数。因此，二进制数与八进制数之间、二进制数与十六进制数之间的相互转换十分容易。

（1）二进制转换成八进制、十六进制数。由于八进制的基数 $8=2^3$，十六进制的基数 $16=2^4$，因此一位八进制所能表示的数值恰好相当于 3 位二进制数能表示的数值，而一位十六进制数与 4 位二进制数能表示的数值正好相当，所以将二进制数转换成八进制数和十六进制数相当方便。其转换规则是：从小数点起向左右两边按 3 位（或 4 位）分组，不满 3 位（或 4 位）的，加 0 补足，每组以其对应的八进制（或十六进制）数码代替，即 3 位合 1 位（或 4 位合 1 位），将代替后的数码按顺序排列即为变换后的等值八进制（或十六进制）数。

【例 5-6】 $(110101.001000111)_B=(\qquad)_O=(\qquad)_H$

解 先从小数点起向两边每 3 位合 1 位，不足 3 位的加 0 补足，则可得相应的八进制数

$(\underline{110}\ \underline{101}.\ \underline{001}\ \underline{000}\ \underline{111})_B=(65.107)_O$

6　5　1　0　7

从小数点起向两边每 4 位合 1 位，不足 4 位的加 0 补足，则可得相应的十六进制数

$(110101.001000111)_B=(\underline{0011}\ \underline{0101}.\ \underline{0010}\ \underline{0011}\ \underline{1000})_B=(35.238)_H$

（2）八进制、十六进制数转换成二进制数。方法：从小数点起，1 位八进制数用 3 位二进制数代替；1 位十六进制数用 4 位二进制数代替。

【例 5-7】 $(\underline{3}\ \underline{5}\ .\ \underline{6})_O=(11101.11)_B$

011 101 110
(2　B.　F　)$_H$＝（101011.1111)$_B$
0010 1011 1111

5.1.3　编码

用按一定规律排列的多位二进制数码表示某种信息的过程，称为编码。形成代码的规律法则，称为码制。编码制是数字电路中使用的又一种表示数字的方法。编码制也是用符号0，1的组合来表示数字。

由于我们是在用二进制符号（0和1）对十进制符号（0到9）进行编码，编出来的码被称作二—十进制码，又叫BCD（Binary Coded Decimal）码。在此我们仅讨论BCD码。

1．8421BCD码

8421BCD码是用0000，0001，…，1001分别表示0，1，…，9这10个符号的编码。其特点是每个代码的二进制数值，正好等于其所代表的十进制符号的数码值，而二进制代码的位权正好依次也是8421，对应的规律非常好记。应注意的是：区别8421BCD码与8421码的不同。然而在不至于混淆的情况下，人们常将8421BCD码简称为8421码。

2．余3BCD码

余3BCD码简称余3码，它是用0011，0100，…，1100分别表示0，1，…，9这10个符号的编码。其特点是每个代码的二进制数值，比其所代表的十进制符号的数码值多3。

3．格雷BCD码

格雷BCD码简称格雷码。它的特点是每对相邻的符号（包括0和9）所对应代码的四位二进制码之中，只有一位不同。这种编码有利于提高电路的可靠性和速度。

除了上述三种码外，在数字电路中有时也会用到其他BCD码制，如：2421码、5421码、余3格雷码等，不过用得较少。

通过上面的讨论可知，无论数制还是码制，都是设法利用0，1的组合来表示数字，而且都可以被看成是从十进制引申而来的。各种BCD码与十进制数的对应关系见表5-2。

表5-2　　几种常用的BCD码

十进制数	8421码	格雷码	余3码
0	0000	0000	0011
1	0001	0001	0100
2	0010	0011	0101
3	0011	0010	0110
4	0100	0110	0111
5	0101	1110	1000
6	0110	1010	1001
7	0111	1011	1010
8	1000	1001	1011
9	1001	1000	1100

5.1.4　逻辑代数与运算

5.1.4.1　逻辑变量与逻辑函数

逻辑代数是分析和设计数字电路必不可少的数学工具。逻辑运算遵循着一定的逻辑规律，可用字母表示变量，称为逻辑变量。这一点与普通代数相同，但两种代数中变量的含义却有着本质上的区别。逻辑变量只有两个值，即 0 和 1。0 和 1 并不表示数量的多少，它们只表示两个对立的逻辑状态。比如：用逻辑量 A 来描述一个开关的接通，这时，A 的值为 1，表示开关处于接通状态；A 的值为 0，表示开关处于断开状态。再比如：用 L 来描述一个灯泡的亮灭，则：L 的值为 0，就表示灯泡熄灭；L 的值为 1，就表示灯泡在亮着。

在所讨论问题的范围内，当一个逻辑量的值一直保持不变时，就称这个逻辑量为逻辑常量（简称常量）；在所讨论问题的范围内，当一个逻辑量的值会发生变化时，就称这个逻辑量为逻辑变量（简称变量）。值 0 或 1，永远被视为是常量。

在逻辑问题的判断中有条件和结果，用数学方法来描述逻辑问题则是逻辑函数。可表示为：$F=f\ (A,\ B,\ C,\ \cdots)$。其中 A、B、C、… 为输入逻辑变量；F 是输出逻辑变量。逻辑函数是一逻辑问题的结果，与逻辑变量也即条件之间存在一定的逻辑关系。条件满足与否，结果成立与否，都可用 0 或 1 表示。各种变量之间的逻辑关系可以用真值表、逻辑函数表达式、卡诺图、逻辑符号等来表示。

5.1.4.2 逻辑运算

现实生活中的一些实际关系，会使某些逻辑量的取值相互依赖，或互为因果。比如：当把电源、开关和灯泡串联在一起时，开关的通断就决定了灯泡的亮灭，反过来从灯泡的亮灭也可以推得开关是否接通。按上面的规定就有：A 的值为 1，决定了 L 的值也必须为 1；从 L 的值为 0，可推出 A 的值也为 0。即逻辑量 A 与 L 之间存在着关系。

在逻辑电路中，把这种逻辑量之间的关系称为逻辑关系，也称为逻辑运算或运算，由于现实生活的复杂性，有些逻辑关系是十分复杂的。幸好逻辑代数已证明：无论如何复杂的逻辑关系，都可用三种基本的逻辑关系及其复合来表示。这三种基本逻辑关系就是："与""或""非"，也有人把它们叫做"与逻辑""或逻辑""非逻辑"。

在下面对"与""或""非"的讨论中，分别采用了指示灯受开关控制的电路来说明。约定电路中各开关接通的逻辑量分别为 A 和 B，灯亮的逻辑量为 L。

1. "与"逻辑

与逻辑：决定事件发生的各条件中，所有条件都具备，事件才会发生（成立）。

图 5-1（a）所示情形表示一个简单的与逻辑电路。电压 U 通过开关 A 和 B 向指示灯 L 供电。当 A 和 B 都闭合（全部条件同时具备）时，灯就亮（事件发生），否则，灯就不亮（事件不发生）。

假如设定开关闭合和灯亮用 1 表示，开关断开和灯熄灭用 0 表示，上述的逻辑关系可以用函数关系式表示，称之为逻辑表达式

$$L=A\cdot B$$

上式读作"L 等于 A 与 B"，其中"·"表示 A 和 B 之间的与运算，即逻辑乘，在不至于混淆的情况下，可将"·"省略。

实现与运算的逻辑电路称为与门，其逻辑符号如图 5-1（c）所示。二极管构成的与门电路如图 5-1（b）所示。

上述逻辑关系可以用表格描述，由于逻辑变量和逻辑函数都是二值的，两个开关一共有 4 种开关状态，可用列表方式将开关和灯的状态罗列出来。令开关合上和灯亮用逻辑值 1 表示，反之用 0 表示，所得的表 5-3 称为"与"逻辑真值表。这种描述输入逻辑变量取值的所有组合与输出函数值对应关系的表格称为真值表。

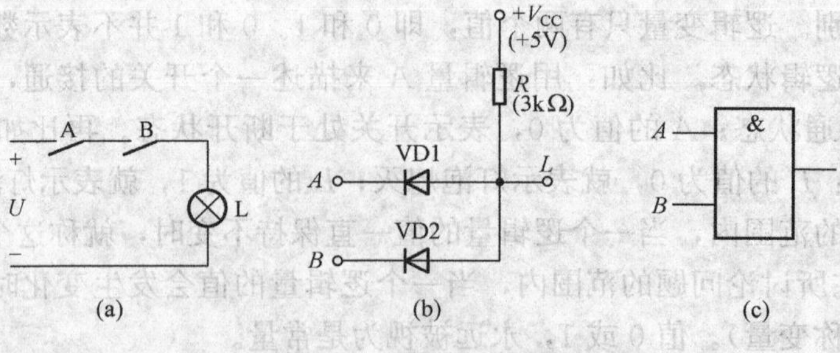

图 5-1　与逻辑电路及逻辑符号

（a）与逻辑电路；（b）二极管与门电路；（c）逻辑符号

表 5-3　　　　　　　　　　**“与”逻辑真值表**

A	*B*	*L*	*A*	*B*	*L*
0	0	0	1	0	0
0	1	0	1	1	1

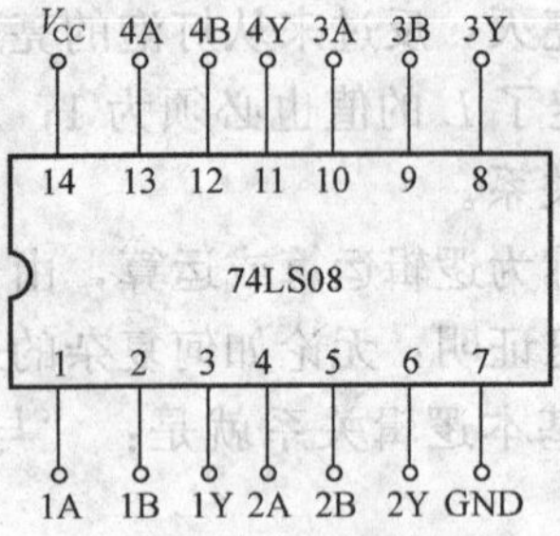

图 5-2　四个二输入与门 74LS08 管脚图

与逻辑运算规则：0・0＝0；0・1＝0；1・0＝0；1・1＝1。逻辑功能总结为有 0 出 0，全 1 出 1。

目前常用的与门集成电路是 74LS08，它的内部用四个二输入与门电路组成，74LS08 的管脚图如图 5-2 所示。

输入端：1A～4A。

输入端：1B～4B。

输出端：1Y～4Y。

电源：$+V_{CC}=5V$。

2.“或”逻辑

或逻辑：当决定一事件的所有条件中的任一条件具备时，事件就发生。

图 5-3（a）所示情形表示一个简单的或逻辑电路。电压 *U* 通过开关 A 或 B 向指示灯 L 供电。当 A 或者 B 闭合（任一条件具备）时，灯就亮（事件发生）。只有当 A 和 B 同时断开时，灯才会灭。

假如设定开关闭合和灯亮用 1 表示，开关断开和灯熄灭用 0 表示，上述逻辑关系可以用真值表描述，见表 5-4。

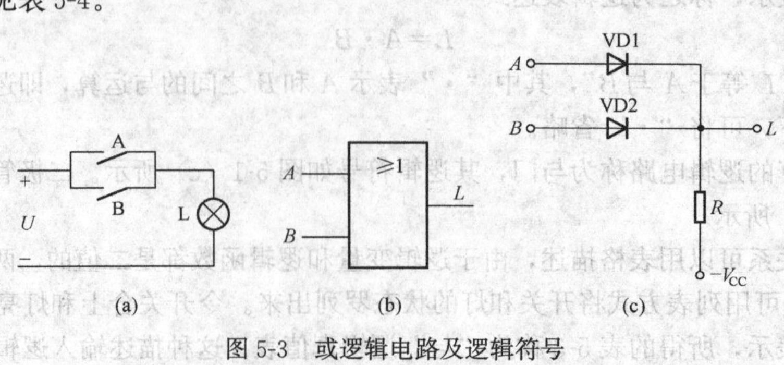

图 5-3　或逻辑电路及逻辑符号

（a）或逻辑电路；（b）逻辑符号；（c）二极管或门电路

表 5-4　　　　　或逻辑真值表

A	B	L	A	B	L
0	0	0	1	0	1
0	1	1	1	1	1

用逻辑表达式表示或运算的逻辑关系为

$$L=A+B$$

上式读作“L 等于 A 或 B”，其中“+”表示 A 和 B 之间的或运算，即逻辑加。

实现或运算的逻辑电路称为或门，其逻辑符号如图 5-3（b）所示。二极管构成的或门电路如图 5-3（c）所示。

或逻辑运算规则：0+0=0；0+1=1；1+0=1；1+1=1。

逻辑功能总结为有 1 出 1，全 0 出 0。

目前常用的或门集成电路为 74LS32，它的内部有四个二输入的或门电路，图 5-4 所示为其引脚图。

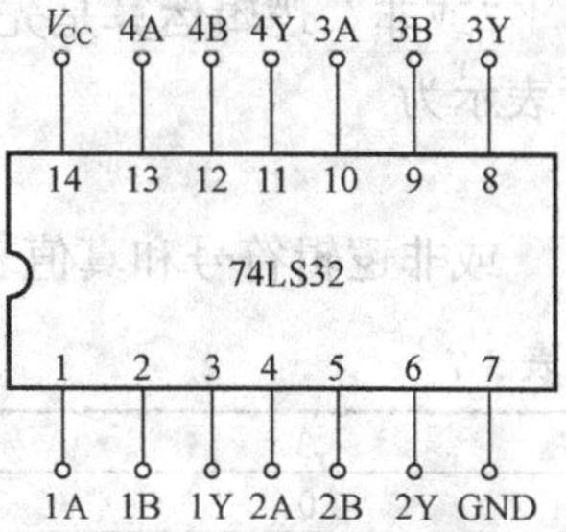

图 5-4　四个二输入或门 74LS32

3. “非”逻辑

非逻辑：当条件具备时，事件不发生；条件不具备时，事件就发生。

非逻辑关系可用一单刀双掷开关电路来描述，如图 5-5（a）所示。若开关在“0”位置，电路通，灯亮。开关在“1”位置，电路不通，灯熄灭。由此电路的“非”逻辑真值表见表 5-5。

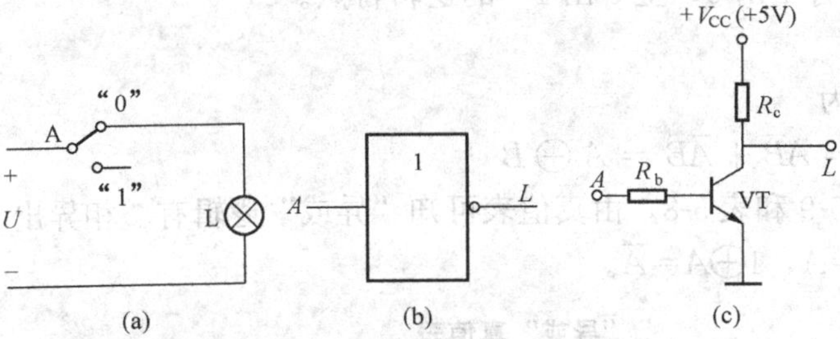

图 5-5　“非”逻辑电路及逻辑符号

（a）“非”逻辑电路；（b）逻辑符号；（c）三极管非门电路

表 5-5　　“非”逻辑真值表

A	L
0	1
1	0

用逻辑表达式表示非运算的逻辑关系为

$$L=\overline{A}$$

实现或运算的逻辑电路称为非门，其逻辑符号如图 5-5（b）所示。由三极管构成的非门电路如图 5-5（c）所示。

非逻辑运算规则：$\overline{0}=1$；$\overline{1}=0$。

非门电路常用于对信号波形整形和倒相的电路中。常用的非门电路是 74LS04，其管脚图如图 5-6 所示。

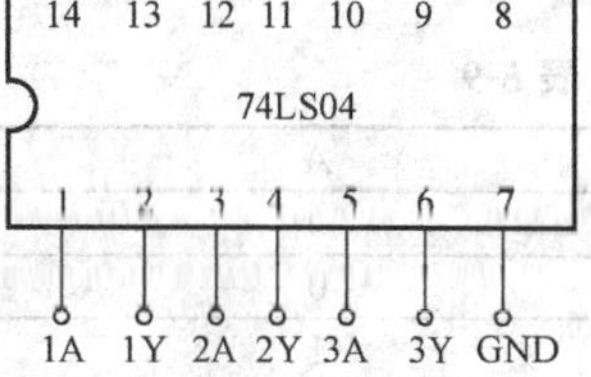

图 5-6　非门 74LS04

4. “与非”运算

“与非”逻辑运算是先进行“与”运算再进行“非”运算的两级逻辑运算。“与非”运算可表示为

$$L=\overline{AB}$$

图 5-7 和表 5-6 所示分别是与非逻辑的符号和真值表。

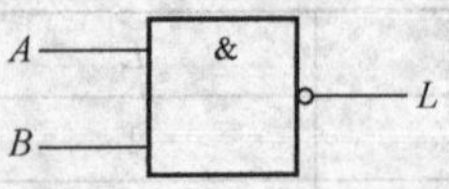

图 5-7　与非逻辑符号

表 5-6　　　　　　　“与非”真值表

A	B	L
0	0	1
0	1	1
1	0	1
1	1	0

分析与非真值表可知，与非运算具有“有 0 出 1，全 1 出 0”的逻辑特点。

5. “或非”运算

“或非”逻辑运算是先进行“或”运算再进行“非”运算的两级逻辑运算。“或非”运算可表示为

$$L = \overline{A + B}$$

或非逻辑符号和真值表见图 5-8 和表 5-7。

表 5-7　　　　　　　“或非”真值表

A	B	L
0	0	1
0	1	0
1	0	0
1	1	0

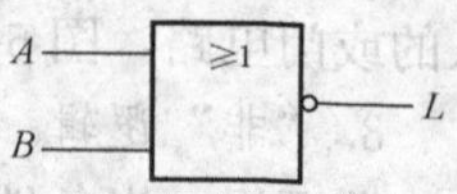

图 5-8　或非逻辑符号

由表 5-7 得知或非逻辑运算有“有 1 出 0，全 0 出 1”的逻辑特点。

6. “异或”和“同或”运算

“异或”运算的逻辑函数表达式为

$$L = A\overline{B} + \overline{A}B = A \oplus B$$

“异或”逻辑符号及真值表见图 5-9 和表 5-8。由真值表可知“异或”逻辑有“相异出 1，相同出 0”的逻辑特点，而且 $0 \oplus A = A$，$1 \oplus A = \overline{A}$。

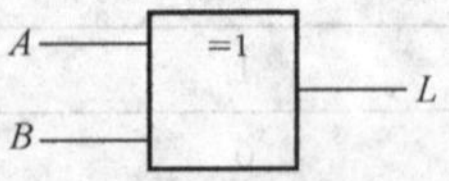

图 5-9　异或逻辑符号

表 5-8　　　　　　　“异或”真值表

A	B	L
0	0	0
0	1	1
1	0	1
1	1	0

将表 5-8 中 L 逻辑值取反，即 0 变 1，1 变 0，得“异或非”真值表。异或运算后再进行非运算具有“相同出 1，相异出 0”的逻辑特点，故称为“同或”，记作

$$L = \overline{A \oplus B} = AB + \overline{A}\overline{B} = A \odot B$$

“同或”逻辑符号及真值表见图 5-10 和表 5-9。

表 5-9　　　　　　　“同或”真值表

A	B	L
0	0	1
0	1	0
1	0	0
1	1	1

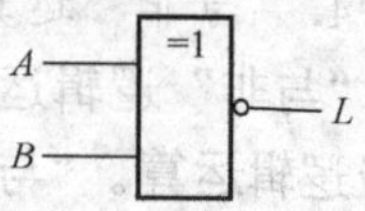

图 5-10　同或逻辑符号

5.1.4.3 集成逻辑门电路功能测试

目前使用较多的集成逻辑门电路是TTL和CMOS集成电路，而TTL集成逻辑门电路在个人电子技术制作中使用比较普遍。TTL集成电路是一种单片集成电路，由于这种数字集成电路的输入端和输出端的结构形式都采用了半导体晶体管，所以一般称它为晶体管—晶体管逻辑电路，简称TTL电路。

根据温度的不同和电源电压工作范围的不同，我国TTL数字集成电路可分为CT54系列和CT74系列两大类，两类电路具有完全相同的电路结构和电气性能参数。所不同的是，CT54系列比CT74系列的工作温度范围更宽，电源允许的工作范围也更大。每一大类中又有若干系列，如CT74H系列又称高速系列、CT74S系列又称肖特基系列、CT74LS系列又称低功耗肖特基系列等。在不同系列的TTL器件中，只要器件型号的后几位数码一样，则它们的逻辑功能、外形尺寸、引脚排列就完全相同。如7400、74H00、74S00、74LS00等都是四—二输入与非门（内部集成了四个二输入端的与非门），都采用14条引脚双列直插式封装，而且它们的外部引脚排列和功能也是相同的。

1. TTL集成门电路使用注意事项

（1）电源电压要求。电源电压对54系列应满足5V±10%，对74系列应满足5V±5%，电源的正极和地线不能接错。

（2）输出端的连接。一般TTL门电路的输出端不允许直接并联使用，输出端也不允许直接接电源正极或直接接地。

（3）闲置输入端的处理。TTL集成门电路使用时，输入端悬空相当于输入高电平，闲置输入端（不用的输入端）一般不悬空，主要是为了防止将干扰信号从悬空的输入端引入电路。对于闲置输入端的处理，常用的方法有以下几种。

①对于“与”门、“与非”门，闲置输入端可直接接电源的正极。如图5-11（a）所示。

②对于“或”门、“或非”门，闲置输入端可直接接地。如图5-11（b）所示。

③在电路允许的情况下，可将闲置输入端与有用输入端并联使用。如图5-11（c）所示。

（4）输入、输出电平范围。一般情况下，输入、输出的高电平不小于2.7V，低电平不大于0.4V。

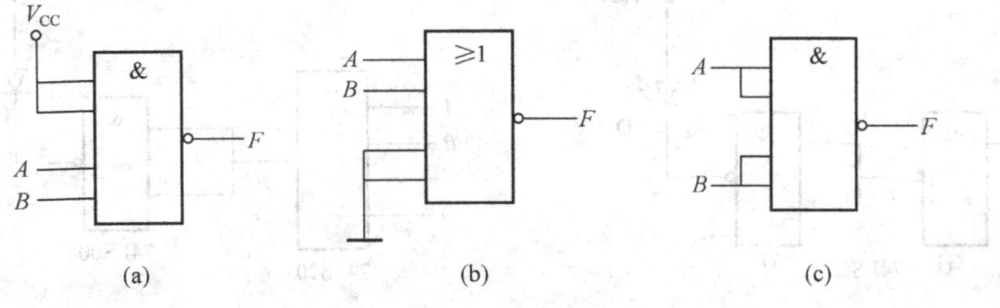

图5-11 “与非”门和“或非”门多余输入端处理

（a）直接接电源正极；（b）直接接地；（c）并联使用

2. 典型TTL集成门电路功能测试

（1）非门。非门逻辑功能测试电路如图5-12所示，集成电路型号选择74LS04，输出状态用LED灯显示。当输入A接电源正极即输入1时，输出F应为低电平即为0，LED灯亮；当输入A接地即输入0时，输出F应为高电平即为1，LED灯灭。74LS04内部集成了六个非门，在测试时可以分别进行测试。

（2）与非门。在手头没有非门的情况下可以用与非门实现非门的功能，电路连接如图5-13所示，电路测试方法同上。74LS00内部集成了四个二输入端的与非门，在测试时可以分别进行测试。因为与非门使用比较普遍，所以在实际使用中经常用与非门来实现非门的功能。

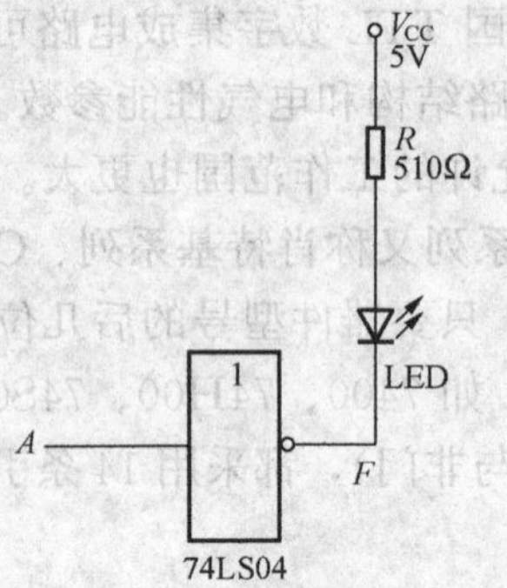

图 5-12　非门逻辑功能测试电路

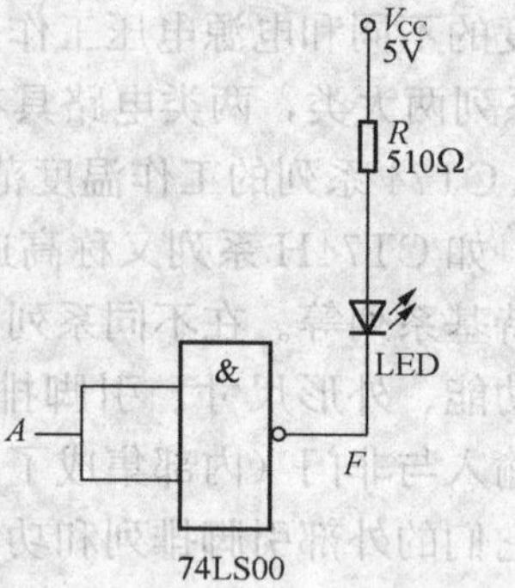

图 5-13　用与非门实现非门

与非门的逻辑功能测试电路可采用如图5-14所示电路，其中G1和G2是集成电路74LS00中的两个与非门，G1是被测与非门，G2同电阻、LED灯组成显示被测门电路输出状态的显示电路。当输入A、B全接电源正极即输入全为1时，输出F应为低电平即为0，LED灯灭；当输入A、B至少有一个接地即输入至少有一个为0时，输出F应为高电平即为1，LED灯亮。

74LS20是集成双四输入与非门，内部集成了两个四输入端的与非门，其逻辑功能测试电路如图5-15所示，图中所用74LS00中的与非门也可以用74LS20中的另一个与非门代替。

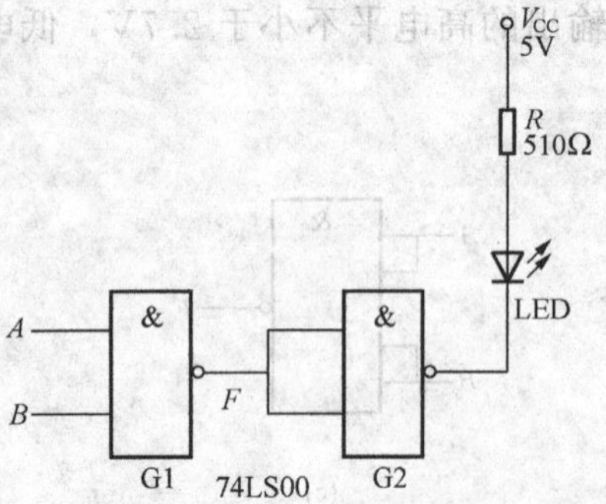

图 5-14　与非门逻辑功能测试电路

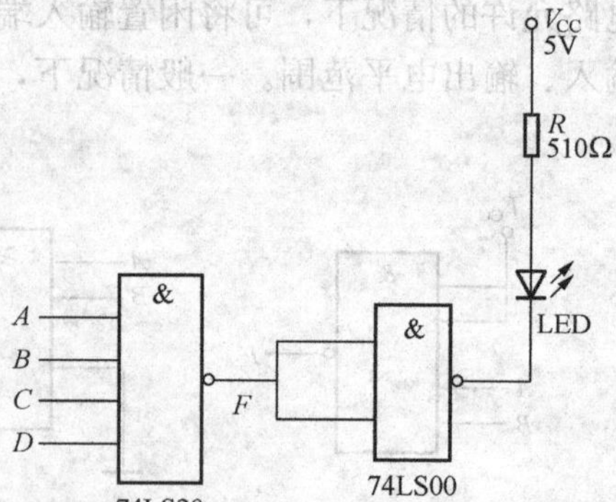

图 5-15　四输入非门逻辑功能测试电路

（3）其他门电路功能测试。与门74LS08、或门74LS32、异或门74LS86等其他常用门电路的逻辑功能测试电路和测试方法同与非门类似，在此不再赘述。

5.1.4.4　逻辑代数运算法则

1. 常量变量的关系

$A+0=A$　　　　$A\cdot 1=A$

$A+1=1$　　　　$A\cdot 0=0$

$A+\overline{A}=1$　　　　$A\cdot\overline{A}=0$

2. 六个定律

(1) 交换律、结合律、分配律。这三个定律是一般代数运算都遵守的定律，我们称它们为“三常律”。

交换律：

$$A+B=B+A$$
$$A\cdot B=B\cdot A$$

结合律：

$$A+B+C=(A+B)+C=A+(B+C)$$
$$A\cdot B\cdot C=(A\cdot B)\cdot C=A\cdot(B\cdot C)$$

分配律：

$$A\cdot(B+C)=(A\cdot B)+(A\cdot C)$$
$$A+(B\cdot C)=(A+B)\cdot(A+C)$$

(2) 重叠律、反演律。这两个定律是逻辑代数中的特殊规律，我们称为“两特律”。

重叠律（又称同一律）：$A+A=A$

$$A\cdot A=A$$

反演律（又称摩根定律）：$\overline{A+B}=\overline{A}\cdot\overline{B}$

$$\overline{A\cdot B}=\overline{A}+\overline{B}$$
$$\overline{\overline{A}}=A$$

(3) 吸收律。

$$A(A+B)=A \qquad A(\overline{A}+B)=AB$$
$$A+AB=A \qquad A+\overline{A}B=A+B$$
$$AB+A\overline{B}=A \qquad (A+B)(A+\overline{B})=A$$

5.1.5　逻辑函数的化简

使用逻辑代数的各种规则和公式来进行逻辑表达式的化简，称为逻辑表达式的代数法化简。

根据所用公式的不同，可以归纳成并项、吸收、消去、配项四种方法，简称“并吸消配”。下面就具体介绍这几种化简逻辑表达式的方法。

1. 并项法

利用公式 $A+\overline{A}=1$ 和 $AB+A\overline{B}=A$ 把两项合并为一项，合并时消去一个变量。

【例 5-8】 化简下列表达式：

$$F_1=AB\overline{C}+\overline{A}B\overline{C} \qquad F_2=\overline{A}B\overline{C}+A\overline{C}+\overline{B}\,\overline{C}$$

解

$$F_1=AB\overline{C}+\overline{A}B\overline{C}=(A+\overline{A})B\overline{C}=B\overline{C}$$
$$F_2=\overline{A}B\overline{C}+A\overline{C}+\overline{B}\overline{C}=\overline{A}B\overline{C}+(A+\overline{B})\overline{C}=\overline{A}B\overline{C}+\overline{\overline{A}B}\overline{C}$$
$$=(\overline{A}B+\overline{\overline{A}B})\overline{C}=\overline{C}$$

2. 吸收法

利用公式 $A+AB=A$，吸收多余的乘积项 AB，同样 A 和 B 可以是任何复杂的逻辑式。

【例 5-9】 化简下列逻辑表达式：

$$F = A + \overline{\overline{A}\,\overline{BC}}(\overline{A} + \overline{\overline{BC} + D}) + BC$$

解 $F = A + \overline{\overline{A}\,\overline{BC}}(\overline{A} + \overline{\overline{BC} + D}) + BC = A + BC + (A + BC)(\overline{A} + \overline{\overline{BC} + D}) = A + BC$

3. 消去法

利用公式 $A+\overline{A}B=A+B$，消去多余因子 $\overline{A}$，同样 A 和 B 可以是任何复杂的逻辑式。

【例 5-10】 化简下列逻辑表达式：

$$F = AC + \overline{A}D + \overline{C}D$$

解 $F = AC + \overline{A}D + \overline{C}D = AC + (\overline{A} + \overline{C})D = AC + \overline{AC}D = AC + D$

4. 配项法

将逻辑函数乘以 1（$=A+\overline{A}$），以获得新的项，便于重新组合，或利用公式 $AB+\overline{A}C=AB+\overline{A}C+BC$，为原逻辑函数的某一项配上一项，有利于函数的重新组合和化简。

【例 5-11】 化简下列逻辑表达式：

$$F_1 = AC + A\overline{B} + \overline{B + C} \qquad F_2 = A\overline{B}C\overline{D} + \overline{A}B + BE + C\overline{D}E$$

解

$$F_1 = AC + A\overline{B} + \overline{B + C} = AC + A\overline{B} + \overline{B}\,\overline{C} = AC + \overline{B}\,\overline{C}$$

$$\begin{aligned} F_2 &= A\overline{B}C\overline{D} + \overline{A}E + BE + C\overline{D}E \\ &= (A\overline{B})C\overline{D} + (\overline{A} + B)E + C\overline{D}E \\ &= (A\overline{B})C\overline{D} + \overline{A\overline{B}}E + C\overline{D}E = A\overline{B}C\overline{D} + \overline{A\overline{B}}E \end{aligned}$$

在实际化简中，对于一个复杂的函数，并不是只用一种方法，而是灵活交替地运用上述几种方法和公式、以提高化简效率。现举例如下：

【例 5-12】 化简下列逻辑函数：

$$F = AC + \overline{B}C + B\overline{D} + C\overline{D} + A(B + \overline{C}) + \overline{A}BC\overline{D} + A\overline{B}DE$$

解

$$\begin{aligned} F &= AC + \overline{B}C + \underline{B\overline{D}} + C\overline{D} + A(B + \overline{C}) + \underline{\overline{A}BC\overline{D}} + A\overline{B}DE \\ &= AC + \underline{\overline{B}C} + B\overline{D} + C\overline{D} + \underline{A\,\overline{\overline{B}C}} + A\overline{B}DE \\ &= \underline{AC} + \overline{B}C + B\overline{D} + C\overline{D} + A + \underline{A\overline{B}DE} \\ &= \overline{B}C + B\overline{D} + C\overline{D} + A = \overline{B}C + B\overline{D} + A \end{aligned}$$

【例 5-13】 化简逻辑函数：$F = ABC + ABD + \overline{A}B\overline{C} + CD + B\overline{D}$

解

$$\begin{aligned} F &= ABC + ABD + \overline{A}B\overline{C} + CD + B\overline{D} \\ &= ABC + \overline{A}B\overline{C} + CD + B(\overline{D} + DA) \\ &= ABC + \overline{A}B\overline{C} + CD + B\overline{D} + BA \\ &= AB(C + 1) + \overline{A}B\overline{C} + CD + B\overline{D} \\ &= AB + \overline{A}B\overline{C} + CD + B\overline{D} \\ &= B(A + \overline{A}\overline{C}) + CD + B\overline{D} \\ &= B(A + \overline{C}) + CD + B\overline{D} \end{aligned}$$

$$=AB+B(\overline{C}+\overline{D})+CD$$
$$=AB+CD+B$$
$$=B+CD$$

5.1.6 组合逻辑电路

5.1.6.1 概述

1. 组合逻辑电路的特点

按逻辑电路结构和工作原理的不同，数字电路可分为两大类：组合逻辑电路和时序逻辑电路。组合逻辑电路是数字电路中简单的一类逻辑电路，其特点是功能上无记忆能力，结构上无反馈，即电路任一时刻的输出状态只取决于该时刻各输入状态的组合，而与电路的原状态无关。组合逻辑电路的示意框图如图 5-16 所示：

图 5-16 组合逻辑电路示意框图

在图中，I_0，I_1，I_2，…，I_{n-1} 是输入逻辑变量，Y_0，Y_1，…，Y_{m-1} 是输出逻辑变量。输出变量与输入变量之间的逻辑关系可以一般地表示为

$$Y_0=F_0(I_0, I_1, I_2, \cdots, I_{n-1})$$
$$Y_1=F_1(I_0, I_1, I_2, \cdots, I_{n-1})$$
$$\vdots$$
$$Y_{m-1}=F_{m-1}(I_0, I_1, I_2, \cdots, I_{n-1})$$

从电路结构上看，组合电路是由常用门电路组成的，其实门电路也是组合电路，只不过因为它们的电路结构和功能都比较简单，所以在使用中仅将其当成基本逻辑单元处理罢了。

2. 组合逻辑电路的功能表示方法

从功能特点看，前述的逻辑函数，都是组合逻辑函数。既然组合逻辑电路是组合函数的电路实现，那么用来表示逻辑函数的几种方法——真值表、逻辑表达式等，显然都可以用来表示组合电路的逻辑功能。

3. 组合电路的分类

(1) 按照逻辑功能特点的不同划分为：加法器、比较器、编码器、译码器、数据选择器和分配器、只读存储器等。应该说，实现各种逻辑功能的组合电路，是不胜枚举的，不可能也没有必要一一列举。重要的是通过一些典型电路的分析和设计，弄清楚基本概念，掌握基本方法。

(2) 按照使用基本开关元件不同，组合电路又有 CMOS、TTL 等类型；按照集成度不同又可以分成 SSI、MSI、LSI、VLSI 等。

5.1.6.2 组合电路的基本分析方法和设计方法

1. 组合逻辑电路的基本分析方法

组合逻辑电路的分析是指对已给定的电路借助逻辑函数、真值表等工具找出输入输出之间的关系，进而得出电路所能实现的逻辑功能的过程。进行分析的主要目的是为了了解电路的逻辑功能，或者是验证所设计的电路是否能实现预定的目标，以及找出设计中存在的问题和不足等。

组合逻辑电路的分析步骤大致如下：

(1) 按照给定的逻辑图写出逻辑函数表达式（一般从输入到输出逐级写出）。

(2) 根据需要对表达式进行化简或变换。

(3) 必要时根据得到的最简式列真值表。

(4) 根据最简式或者真值表确定电路的逻辑功能。

(5) 对电路进行评价，并提出改进意见。

【例 5-14】 组合逻辑电路如图 5-17 所示，试分析其逻辑功能。

解 (1) 逐级写出逻辑函数表达式。

$$F_1=\overline{AB}\qquad F_2=\overline{AC}\qquad F=\overline{F_1\cdot F_2}$$

(2) 化简逻辑函数表达式。

$$F=\overline{F_1\cdot F_2}=\overline{\overline{AB}\cdot\overline{AC}}=AB+AC$$

(3) 列出真值表见表 5-10。

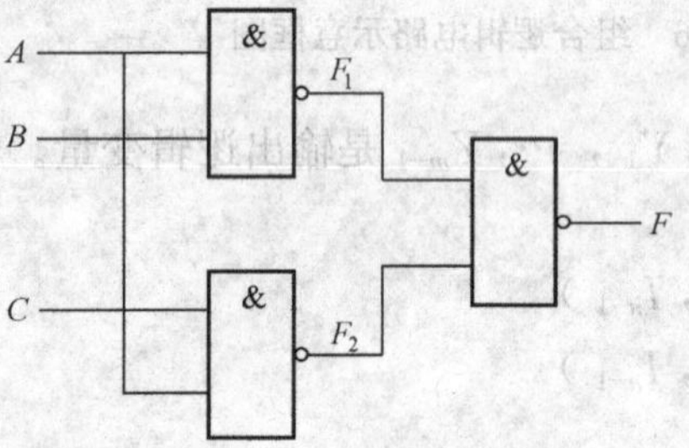

图 5-17 逻辑电路图

表 5-10 **真值表**

A	B	C	F
0	0	0	0
0	0	1	0
0	1	0	0
0	1	1	0
1	0	0	0
1	0	1	1
1	1	0	1
1	1	1	1

(4) 由真值表可以看出该电路可以实现四舍五入的判别功能，即当输入的二进制码大于等于 5 的时候输出为 1，而输入小于 5 时输出为 0。

【例 5-15】 组合逻辑电路如图 5-18 所示，试分析其逻辑功能。

解 (1) 写出逻辑函数表达式。

$$F=\overline{\overline{AB}\cdot\overline{BC}\cdot\overline{AC}}$$

(2) 化简逻辑函数表达式。

$$F=AB+BC+CA$$

(3) 列出真值表见表 5-11。

表 5-11 **真 值 表**

A	B	C	F
0	0	0	0
0	0	1	0
0	1	0	0
0	1	1	1
1	0	0	0
1	0	1	1
1	1	0	1
1	1	1	1

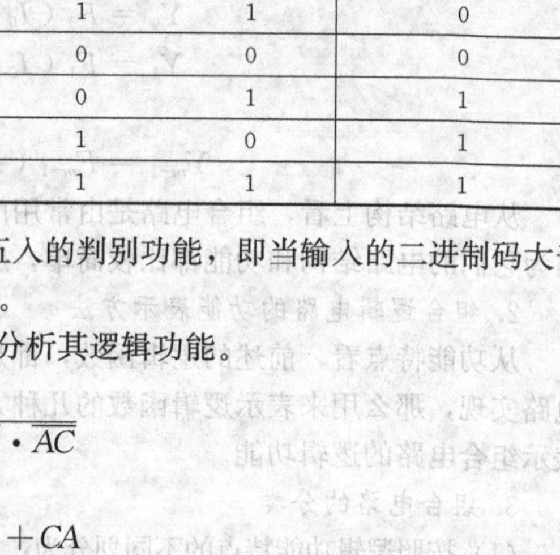

图 5-18 逻辑电路图

（4）由真值表可知，当输入 A、B、C 中有 2 个或者 3 个为 1 时，输出为 1，否则输出为 0。所以该电路实际上是一种 3 人表决逻辑电路：即只要有 2 票或者 2 票以上同意，则表决通过，否则，表决通不过。

2. 组合逻辑电路的基本设计方法

设计组合逻辑电路，就是从给定的逻辑要求出发，经过一系列分析设计，最终得到能够实现该要求的逻辑电路。组合逻辑电路的一般设计过程通常遵循如下基本步骤。

（1）分析要求，进行逻辑抽象。首先分析给定的设计要求（可以是一段文字说明，或者是一个具体的逻辑问题，也可以是功能表等），确定输入变量、输出变量以及它们之间的因果逻辑关系。并对输入、输出变量用 0、1 进行状态赋值。

（2）列真值表。根据上述分析，把变量的各种取值和相应的函数值，以表格的形式一一列出，即得真值表。变量的取值顺序则常按照二进制数递增排列，也可以按照循环码排列。

（3）化简。用公式法进行化简，得到最简的逻辑函数表达式。

（4）画逻辑图。根据化简后的逻辑函数表达式画出逻辑电路图，如果对采用的门电路类型有特殊要求，则可以适当变换表达式的形式，如与非、或非、与或非表达式等，然后用相应的门电路构成逻辑图。

5.1.7　用逻辑门电路制作三人表决器

设 A、B、C 为三个人，赞成为 1，不赞成为 0，F 为表决结果，多数（两人及以上）赞成 F 为 1，否则，F 为 0。列出真值表，得到逻辑函数表达式，得出逻辑电路图。

列出真值表，见表 5-12。

表 5-12　　**三人表决器真值表**

A	B	C	F
0	0	0	0
0	0	1	0
0	1	0	0
0	1	1	1
1	0	0	0
1	0	1	1
1	1	0	1
1	1	1	1

写出逻辑函数表达式。方法是将真值表中输出变量等于 1 所对应输入变量组合写成与项（“0”代表反变量，“1”代表原变量），再将这些与项相加。

$$F=\overline{A}BC+A\overline{B}C+AB\overline{C}+ABC=\overline{A}BC+A\overline{B}C+AB=\overline{A}BC+AC+AB=AB+BC+AC$$

由化简后的逻辑函数表达式画出逻辑电路图，如图 5-19 所示。

也可以将以上逻辑函数表达式整理成与非—与非表达式的形式，即 $F=\overline{\overline{AB}\cdot\overline{BC}\cdot\overline{AC}}$，从而可以用与非门制作出三人表决器，如果选用 74LS00 和 74LS20 集成电路来实现，其逻辑电路图如图 5-20 所示。

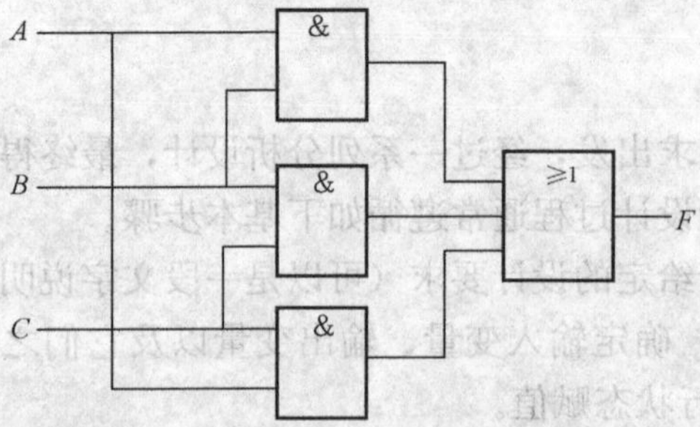

图 5-19　三人表决器的逻辑电路图

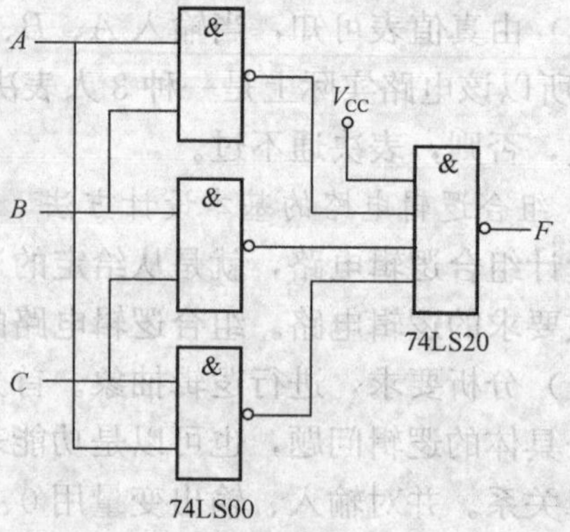

图 5-20　用与非门实现三人表决器

电路逻辑功能的测试方法，参考前述与非门逻辑功能测试方法。

任务二　用 74LS138 译码器制作表决器实例

扫一扫

5.2.1　编码器

用文字、符号或者数字来表示特定对象的过程叫做编码。而文字、符号、十进制数用电路实现起来比较困难，所以在数字电路中不用它们编码，而是用二进制数进行编码。编码器就是实现编码操作的电路。常用的编码器有二进制编码器、二—十进制编码器、优先编码器等。

1. 二进制编码器

用 n 位二进制代码对 $N = 2^n$ 个信号进行编码的电路叫做二进制编码器。常见的二进制编码器有 4 线—2 线编码器、8 线—3 线编码器、16 线—4 线编码器等。以 8 线—3 线编码器为例，$I_0 \sim I_7$ 为 8 个需要编码的输入信号，高电平有效，Y_2、Y_1、Y_0 为输出的三位二进制代码。在任一时刻，只能对一个输入信号进行编码，不允许有两个或者更多的输入信号请求编码，否则输出编码将会发生混乱。其真值表见表 5-13。

表 5-13　　三位二进制编码器的真值表

输　入								输　出		
I_0	I_1	I_2	I_3	I_4	I_5	I_6	I_7	Y_2	Y_1	Y_0
1	0	0	0	0	0	0	0	0	0	0
0	1	0	0	0	0	0	0	0	0	1
0	0	1	0	0	0	0	0	0	1	0
0	0	0	1	0	0	0	0	0	1	1
0	0	0	0	1	0	0	0	1	0	0
0	0	0	0	0	1	0	0	1	0	1
0	0	0	0	0	0	1	0	1	1	0
0	0	0	0	0	0	0	1	1	1	1

根据真值表，只需将使函数值为 1 的变量加起来，便可以得到相应的输出信号的最简与或表达式，即

$$\begin{cases} Y_2 = I_4 + I_5 + I_6 + I_7 \\ Y_1 = I_2 + I_3 + I_6 + I_7 \\ Y_0 = I_1 + I_3 + I_5 + I_7 \end{cases}$$

根据上述表达式可画出电路的逻辑图，如图 5-21 所示。

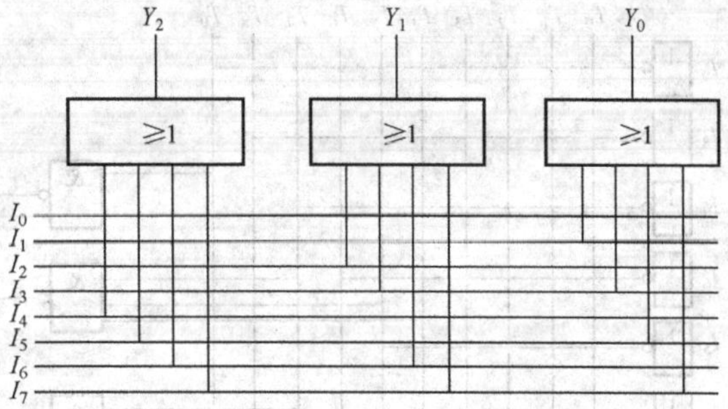

图 5-21 用或门构成的 3 位二进制编码器

若要求用与非门来实现的话，只需将输出信号的表达式变换成与非形式，再画出逻辑图即可。

$$\begin{cases} Y_2 = \overline{\overline{I_4 + I_5 + I_6 + I_7}} = \overline{\overline{I_4}\,\overline{I_5}\,\overline{I_6}\,\overline{I_7}} \\ Y_1 = \overline{\overline{I_2 + I_3 + I_6 + I_7}} = \overline{\overline{I_2}\,\overline{I_3}\,\overline{I_6}\,\overline{I_7}} \\ Y_0 = \overline{\overline{I_1 + I_3 + I_5 + I_7}} = \overline{\overline{I_1}\,\overline{I_3}\,\overline{I_5}\,\overline{I_7}} \end{cases}$$

2. 二—十进制编码器

将 0～9 十个十进制数字编成二进制代码的电路，称为二—十进制编码器。要对 10 个信号进行编码，至少需要 4 位二进制代码。最常用的为 8421BCD 码，即每组代码的加权系数之和等于被编码的十进制数字。用 $I_0 \sim I_9$ 表示十进制数，输出用 $Y_3 \sim Y_0$ 表示对应的 4 位二进制代码。列出的真值表见表 5-14。

表 5-14 二—十进制编码器真值表

十进制数	输入变量	8421BCD 码			
		Y_3	Y_2	Y_1	Y_0
0	I_0	0	0	0	0
1	I_1	0	0	0	1
2	I_2	0	0	1	0
3	I_3	0	0	1	1
4	I_4	0	1	0	0
5	I_5	0	1	0	1
6	I_6	0	1	1	0
7	I_7	0	1	1	1
8	I_8	1	0	0	0
9	I_9	1	0	0	1

写出 $Y_3 \sim Y_0$ 的表达式如下：

$$\begin{cases} Y_3 = I_8 + I_9 = \overline{\overline{I_8} \cdot \overline{I_9}} \\ Y_2 = I_4 + I_5 + I_6 + I_7 = \overline{\overline{I_4} \cdot \overline{I_5} \cdot \overline{I_6} \cdot \overline{I_7}} \\ Y_1 = I_2 + I_3 + I_6 + I_7 = \overline{\overline{I_2} \cdot \overline{I_3} \cdot \overline{I_6} \cdot \overline{I_7}} \\ Y_0 = I_1 + I_3 + I_5 + I_7 + I_9 = \overline{\overline{I_1} \cdot \overline{I_3} \cdot \overline{I_5} \cdot \overline{I_7} \cdot \overline{I_9}} \end{cases}$$

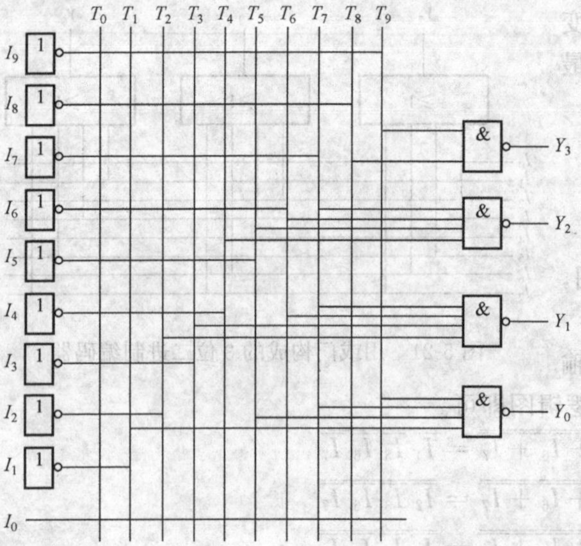

图 5-22　8421BCD 码编码器逻辑图

画出的逻辑电路图如图 5-22 所示。

5.2.2　译码器

译码是编码的逆过程，是将代码原来所表示的特定含义“翻译”出来。能实现译码功能的电路称为译码器，译码器按照功能可分为三类：二进制译码器、二—十进制译码器和显示译码器。

1. 3 位二进制译码器

严格地讲，不知道编码是无法译码的，不过在二进制译码器中，一般都把输入的二进制代码当成二进制数，输出就是相应的十进制数的数值，并用下标来表示。3 位二进制译码器的真值表见表 5-15。

表 5-15　　3 位二进制译码器的真值表

输入			输出							
A_2	A_1	A_0	Y_7	Y_6	Y_5	Y_4	Y_3	Y_2	Y_1	Y_0
0	0	0	0	0	0	0	0	0	0	1
0	0	1	0	0	0	0	0	0	1	0
0	1	0	0	0	0	0	0	1	0	0
0	1	1	0	0	0	0	1	0	0	0
1	0	0	0	0	0	1	0	0	0	0
1	0	1	0	0	1	0	0	0	0	0
1	1	0	0	1	0	0	0	0	0	0
1	1	1	1	0	0	0	0	0	0	0

根据真值表可列出的逻辑表达式为

$$\begin{cases} Y_0=\overline{A_2}\,\overline{A_1}\,\overline{A_0} & Y_1=\overline{A_2}\,\overline{A_1}A_0 \\ Y_2=\overline{A_2}A_1\,\overline{A_0} & Y_3=\overline{A_2}A_1A_0 \\ Y_4=A_2\,\overline{A_1}\,\overline{A_0} & Y_5=A_2\,\overline{A_1}A_0 \\ Y_6=A_2A_1\,\overline{A_0} & Y_7=A_2A_1A_0 \end{cases}$$

根据上述逻辑表达式画出的逻辑图如图 5-23 所示。

如果把图 5-23 所示的与门换成与非门，同时把输入信号写成反变量，那么所得到的即是由与非门构成的输出为反变量（低电平有效）的 3 位二进制译码器，如图 5-24 所示。

因为 3 位二进制译码器有 3 根输入代码线，8 根输出信号线，故又称 3 线—8 线译码器。

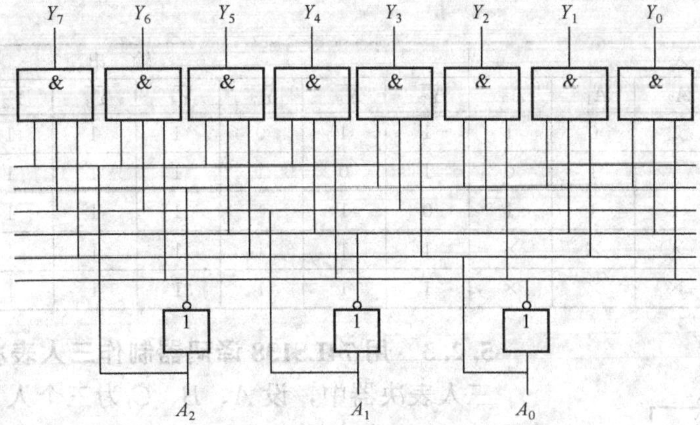

图 5-23 3 位二进制译码器逻辑图

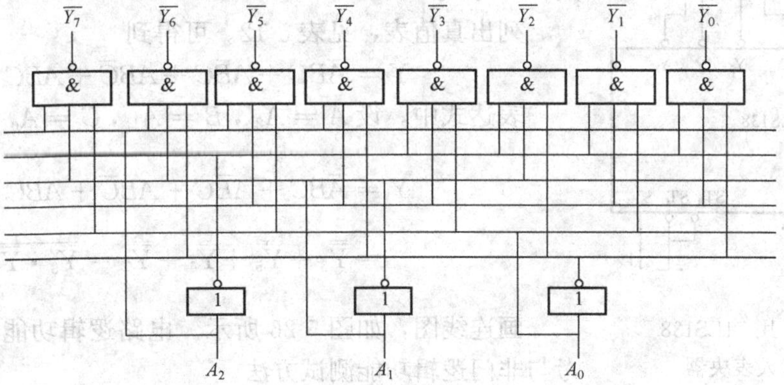

图 5-24 与非门组成的低电平有效 3 位二进制译码器

2. 集成 3 线—8 线译码器

若把图 5-24 所示的电路加上控制门制作在一个芯片上，便可构成集成 3 线—8 线译码器，图 5-25 所示是它的管脚排列图，表 5-16 是它的真值表。ST_A、$\overline{ST_B}$、$\overline{ST_C}$ 是三个输入选通控制端，当 $ST_A=0$ 或者 $\overline{ST_B}+\overline{ST_C}=1$ 时，译码被禁止，译码器的输出全部为 1；只有当 $ST_A=1$、$\overline{ST_B}+\overline{ST_C}=0$ 时，译码器才能正常工作，完成译码功能。

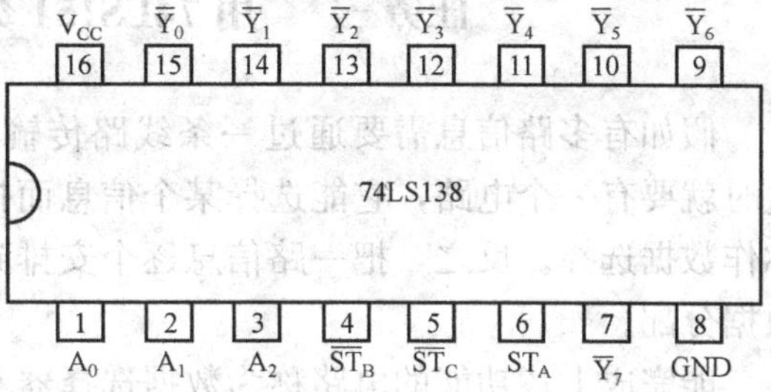

图 5-25 集成 3 线—8 线译码器的管脚排列图

表 5-16 **集成 3 线—8 线译码器真值表**

输入					输出							
ST_A	$\overline{ST_B}+\overline{ST_C}$	A_2	A_1	A_0	$\overline{Y_7}$	$\overline{Y_6}$	$\overline{Y_5}$	$\overline{Y_4}$	$\overline{Y_3}$	$\overline{Y_2}$	$\overline{Y_1}$	$\overline{Y_0}$
1	0	0	0	0	1	1	1	1	1	1	1	0
1	0	0	0	1	1	1	1	1	1	1	0	1
1	0	0	1	0	1	1	1	1	1	0	1	1
1	0	0	1	1	1	1	1	1	0	1	1	1
1	0	1	0	0	1	1	1	0	1	1	1	1

续表

输入					输出							
ST_A	$\overline{ST_B}+\overline{ST_C}$	A_2	A_1	A_0	$\overline{Y_7}$	$\overline{Y_6}$	$\overline{Y_5}$	$\overline{Y_4}$	$\overline{Y_3}$	$\overline{Y_2}$	$\overline{Y_1}$	$\overline{Y_0}$
1	0	1	0	1	1	1	0	1	1	1	1	1
1	0	1	1	0	1	0	1	1	1	1	1	1
1	0	1	1	1	0	1	1	1	1	1	1	1
0	×	×	×	×	1	1	1	1	1	1	1	1
×	1	×	×	×	1	1	1	1	1	1	1	1

5.2.3 用74LS138译码器制作三人表决器

三人表决器中，设 A、B、C 为三个人，赞成为1，不赞成为0，Y 为表决结果，多数（两人及以上）赞成 Y 为1，否则，Y 为0。

列出真值表，见表5-12。可得到

$$Y=\overline{A}BC+A\overline{B}C+AB\overline{C}+ABC$$

表达式中，设 $A=A_2$，$B=A_1$，$C=A_0$，则

$$Y=\overline{A}BC+A\overline{B}C+AB\overline{C}+ABC$$

$$=\overline{\overline{Y}}_3+\overline{\overline{Y}}_5+\overline{\overline{Y}}_6+\overline{\overline{Y}}_7=\overline{\overline{Y}_3\cdot\overline{Y}_5\cdot\overline{Y}_6\cdot\overline{Y}_7}$$

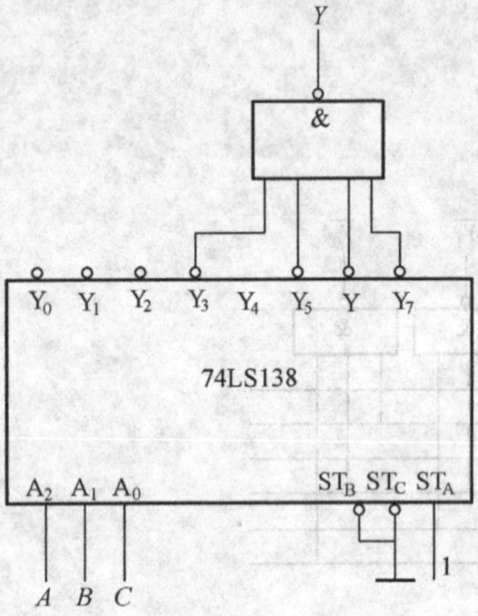

图5-26 用74LS138设计三人表决器

画连线图，如图5-26所示。电路逻辑功能测试方法可参考与非门逻辑功能测试方法。

任务三 用74LS151数据选择器制作表决器实例

假如有多路信息需要通过一条线路传输或多路信息需要逐个处理，这时就要有一个电路，它能选择某个信息而排斥其他信息，这样的过程称作数据选择。反之，把一路信息逐个安排到各输出端去的过程，叫做数据分配。

能完成上述功能的电路称为数据选择器和数据分配器，它们分别安装在线路的两端。如图5-27所示。

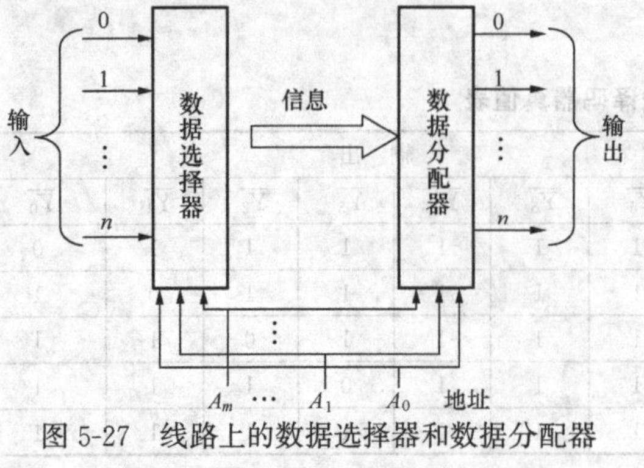

图5-27 线路上的数据选择器和数据分配器

5.3.1 数据选择器

在数字系统中，数据选择器常用于选择数据、输送数据、并行到串行的转换、产生波形等。它是一种多端输入、单端输出的组合逻辑电路。在选择控制信号的作用下，它可以从多个数据通道中选择某一通道的数据作为输出，所以也称为多路开关。数据选择器有2选1、4选1、8选1等电路形式。

4 选 1 数据选择器有 4 个输入数据 $D_0 \sim D_3$，一个数据输出端 Y。A_1、A_0 是两个选择控制信号或地址输入信号，当 A_1、A_0 取值分别为 00、01、10、11 时，分别选择数据 D_0、D_1、D_2、D_3 从 Y 输出。由此可列出 4 选 1 数据选择器的真值表，见表 5-17。

根据真值表得到输出 Y 的逻辑表达式为

$$Y = D_0\,\overline{A}_1\,\overline{A}_0 + D_1\,\overline{A}_1 A_0 + D_2 A_1\,\overline{A}_0 + D_3 A_1 A_0$$

根据上式可画出的逻辑图如图 5-28 所示。

表 5-17　4 选 1 数据选择器的真值表

输入			输出
D	A_1	A_0	Y
D_0	0	0	D_0
D_1	0	1	D_1
D_2	1	0	D_2
D_3	1	1	D_3

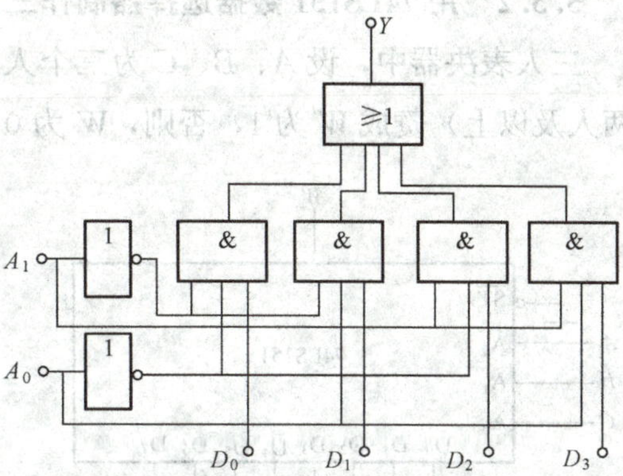

图 5-28　4 选 1 数据选择器

随着 A_1、A_0 取值的不同，被打开的与门也随之变化，而只有加在被打开与门输入端的数据才能传送到输出端，所以图 5-28 中的 A_1、A_0 也称为地址码或地址控制信号。

常用的集成数据选择器有：①二位四选一数据选择器 74LS153；②四位二选一数据选择器 74LS157；③八选一数据选择器 74LS151；④十六选一数据选择器 74LS150。

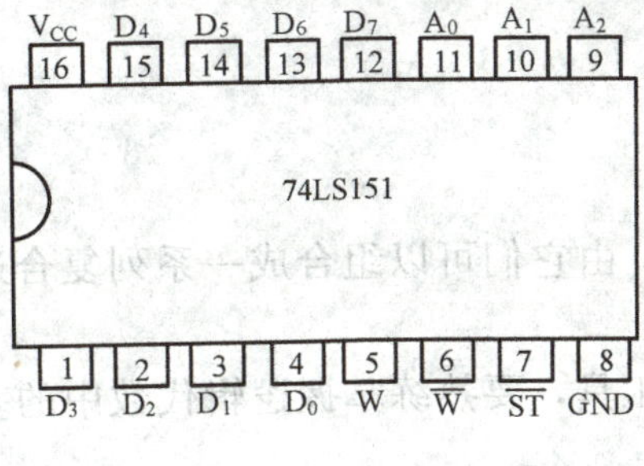

图 5-29　74LS151 引脚排列图

如图 5-29 所示为 TTL 8 选 1 数据选择器 74LS151 的引脚排列图。

数据选择器又叫多路开关，其作用是从多路的输入数据中选出一个数据送出。如图 5-29 所示，$D_0 \sim D_7$ 是数据输入端，W 是原码输出端，$\overline{W}$ 是反码输出端，A_0、A_1、A_2 是三位地址码，$\overline{ST}$ 是使能端，低电平有效。

在地址输入端的控制下，该芯片能从数据输入端中选出 1 位数据，从 W 输出。利用其选择功能，可以实现某些组合逻辑电路功能。其功能表见表 5-18。

表 5-18　8 选 1 数据选择器 74LS151 的功能表

输入				输出
$\overline{ST}$	A_2	A_1	A_0	W
1	×	×	×	0
0	0	0	0	D_0
0	0	0	1	D_1
0	0	1	0	D_2
0	0	1	1	D_3
0	1	0	0	D_4
0	1	0	1	D_5
0	1	1	0	D_6
0	1	1	1	D_7

由表 5-18 可写出 8 选 1 数据选择器的输出逻辑表达式为

$$W=(\overline{A}_2\,\overline{A}_1\,\overline{A}_0D_0+\overline{A}_2\,\overline{A}_1A_0D_1+\overline{A}_2A_1\,\overline{A}_0D_2+\overline{A}_2A_1A_0D_3+$$
$$A_2\,\overline{A}_1\,\overline{A}_0D_4+A_2\,\overline{A}_1A_0D_5+A_2A_1\,\overline{A}_0D_6+A_2A_1A_0D_7)\,\overline{ST}$$

当$\overline{ST}=1$时，输出$W=0$，数据选择器不工作。当$\overline{ST}=0$时，数据选择器工作，这时才能实现数据选择输出功能。

5.3.2 用 74LS151 数据选择器制作三人表决器

三人表决器中，设 A、B、C 为三个人，赞成为 1，不赞成为 0，W 为表决结果，多数（两人及以上）赞成 W 为 1，否则，W 为 0。

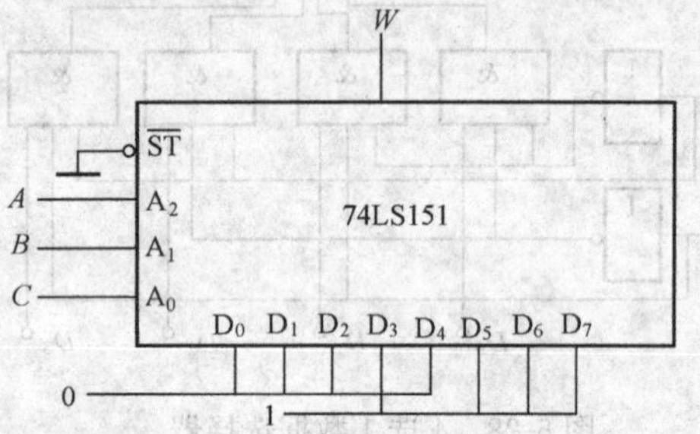

图 5-30 用 74LS151 数据选择器实现三人表决器

列出真值表，见表 5-12，可得

$$W=\overline{A}BC+A\,\overline{B}C+AB\,\overline{C}+ABC$$

表达式中，设 $A=A_2$，$B=A_1$，$C=A_0$，则

$$W=\overline{A}BC+A\,\overline{B}C+AB\,\overline{C}+ABC$$
$$=D_3+D_5+D_6+D_7$$

则有 $D_0=D_1=D_2=D_4=0$

$D_3=D_5=D_6=D_7=1$

画连线图，如图 5-30 所示。

电路逻辑功能测试方法可参考与非门逻辑功能测试方法。

小　结

1. 三种基本逻辑运算与、或、非是逻辑运算的基础，由它们可以组合成一系列复合逻辑运算，如与非、或非、与或非、异或等。

2. 逻辑代数是分析逻辑电路和进行逻辑设计的数学工具，要熟练掌握逻辑代数中的基本定律和恒等式。

3. 代数化简法是逻辑函数的一种化简方法，其方法是用逻辑代数的基本定律和恒等式消去多余的乘积项及乘积项中的多余因子。代数化简法的优点是没有变量个数的限制；缺点是缺乏规律性，而且能否得到最简式取决于对逻辑代数基本定律和恒等式的熟练程度和技巧性。

4. 组合逻辑电路一般是由若干个基本逻辑单元组合而成的，它的特点是不论在任何时候，输出信号仅仅取决于当时的输入信号，而与电路原来所处的状态无关。它的基础是逻辑代数和门电路。

5. 常见的组合逻辑电路有加法器、比较器、编码器、译码器等。

6. 在分析给定的组合逻辑电路时，可以逐级写出输出的逻辑表达式，然后进行化简，力求获得一个最简单的逻辑表达式，使输出与输入之间的逻辑关系能一目了然。表达式化简得恰当与否，将决定能否取得最经济的逻辑电路。

7. 利用中规模集成电路实现组合函数，可以方便地进行组合逻辑电路的设计。

练习题

5.1　填空题

(1) 把二进制数 10 010 110 转换成十进制数为____。

(2) 将 $(4FB)_H$ 转换为十进制数为______。

(3) 将数 $(1101.11)_B$ 转换为十六进制数为____。

(4) 将十进制数 130 转换为对应的八进制数为____。

(5) 十进制数 25 用 8421BCD 码表示为____。

5.2　列出函数 $L = A \cdot B + \overline{A} \cdot \overline{B}$ 的真值表。

5.3　写出如图 5-31 所示的逻辑函数式。

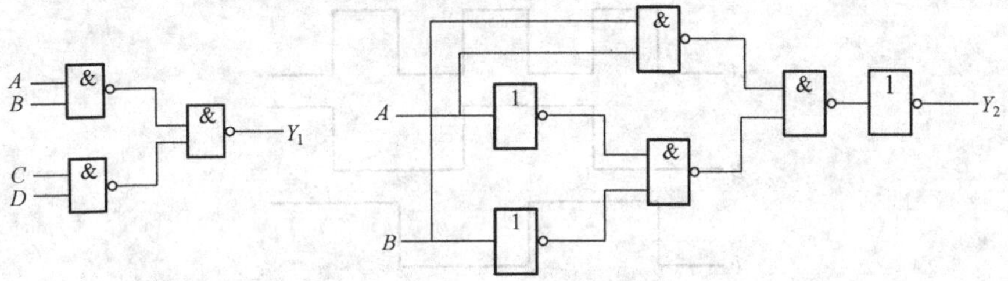

图 5-31　题 5.3 图

5.4　已知逻辑函数 Z 的真值表如表 5-19 所示，试写出 Z 的逻辑函数式。

表 5-19　　**真值表**

A	B	C	Z	A	B	C	Z
0	0	0	1	1	0	0	1
0	0	1	1	1	0	1	1
0	1	0	0	1	1	0	0
0	1	1	1	1	1	1	0

5.5　用代数法化简下列逻辑函数：

(1) $Y = A\overline{B} + B + \overline{A}B$

(2) $Y = A\overline{B}C + \overline{A} + B + \overline{C}$

(3) $Y = A\overline{B}CD + ABD + A\overline{C}D$

5.6　分析设计题：

保险柜的两层门上各装有一个开关，当任何一层门打开时，报警灯亮，试用一逻辑函数表达式实现。要求写出真值表，画出逻辑图。

5.7　写出如图 5-32 所示的逻辑电路的逻辑表达式。

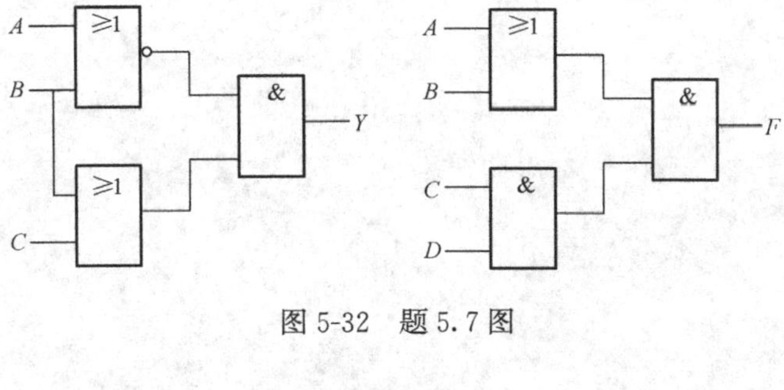

图 5-32　题 5.7 图

5.8 分析如图 5-33 所示的电路的逻辑功能。

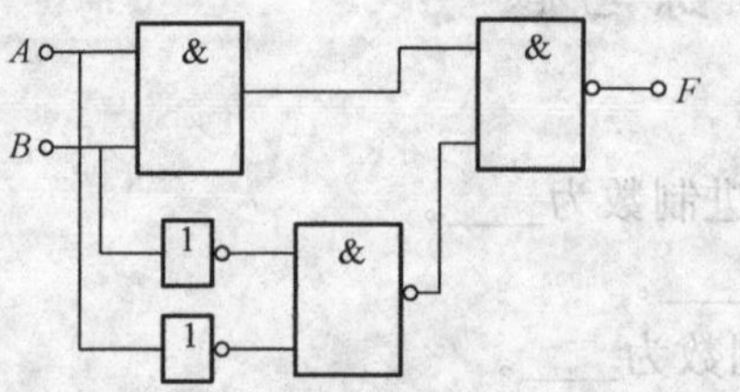

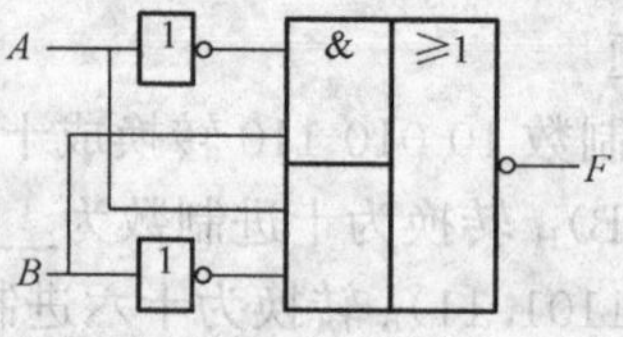

图 5-33 题 5.8 图

5.9 已知某组合逻辑电路的输入信号为 A、B，输出信号为 F。若输入输出的波形如图 5-34 所示，写出 F 对 A、B 的逻辑表达式，并用与非门实现该逻辑电路。

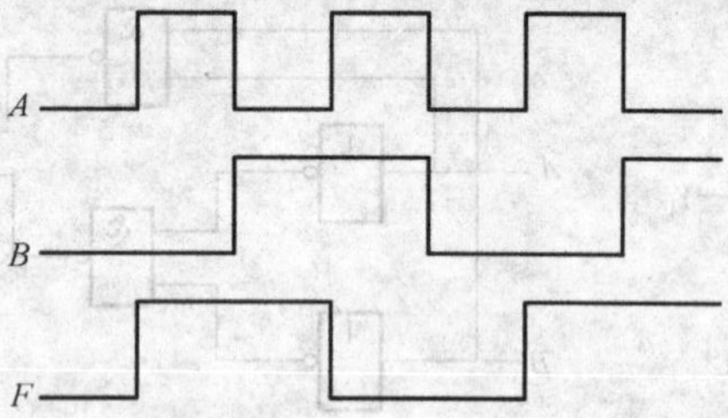

图 5-34 题 5.9 图

5.10 用与非门设计一个 4 人表决电路。对于某一个提案，如果赞成，可以按一下每人前面的电钮；不赞成时，不按电钮。表决结果用指示灯指示，灯亮表示多数人同意，提案通过；灯不亮，表示提案被否决。

5.11 在 3 个输入信号中 A 的优先权最高，B 次之，C 最低，它们的输出分别为 Y_A、Y_B、Y_C。要求同一时间内只有一个信号输出，如有两个及两个以上的信号同时输入，则只有优先权最高的有输出。试设计一个能实现这个要求的逻辑电路。

5.12 某工厂有设备开关 A、B、C，按照操作规程，开关 B 只有在开关 A 接通时才允许接通；开关 C 只有在开关 B 接通时才允许接通。违反这一操作规程，则报警电路发出报警信号。设计一个由与非门组成的实现这一功能的报警控制电路。

项目六

智力竞赛抢答器制作实例

抢答器，又称为第一信号鉴别器，应用于各种竞赛、文体娱乐活动（抢答活动）中，是能准确、公正、直观地判断出抢答者的一种电子设备。它通过抢答者的指示灯显示或数码显示等手段指示出第一抢答者，多适用于学校和企事业单位举行的简单的抢答活动。实现抢答器的设计方法多种多样，性能和效果也不尽相同，下面我们采用三种设计方法来实现抢答器的电路功能。

项目要求：

（1）抢答器同时供 4 名选手或 4 个代表队比赛，分别用 4 个按钮 S0～S3 表示。

（2）设置一个系统清除开关 S，该开关由主持人控制。

（3）抢答器具有锁存与显示功能。即选手按动按钮，锁存相应的编号，并在发光二极管上显示，选手抢答实行优先锁存方案，优先抢答选手的编号一直保持到主持人将系统清除为止。

任务一 用逻辑门电路制作抢答器实例

抢答器可分为四个组成部分，分别是抢答开关电路、复位电路、触发锁存电路和显示电路。抢答器组成框图如图 6-1 所示。

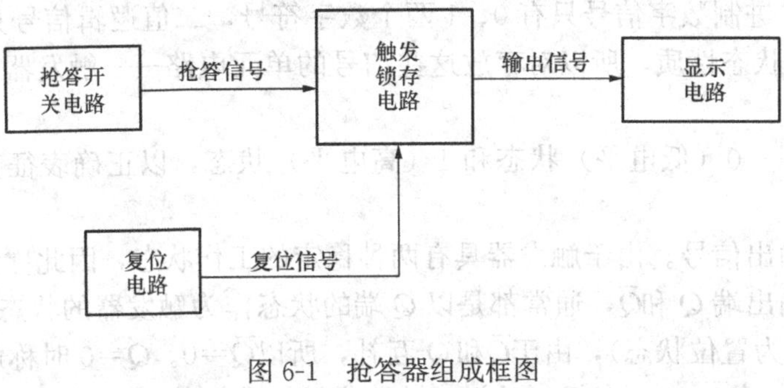

图 6-1 抢答器组成框图

抢答开关电路主要由按钮开关和电阻构成，按照参赛选手的或代表队的个数进行配置。本次设计的抢答器共需四个抢答开关，分别用 S0～S3 表示；一个复位开关，用 S 表示。原理很简单，当开关 S0～S3 断开时，即无选手抢答，触发锁存电路的输入端经电阻接到电源上，为高电平信号输入；当开关 S0～S3 其中任意一个闭合时，即有抢答信号产生，此时输入到触发锁存电路的信号经抢答开关接地，为低电平信号输入，也就是说，抢答信号为低电平有效。其电路如图 6-2 所示。

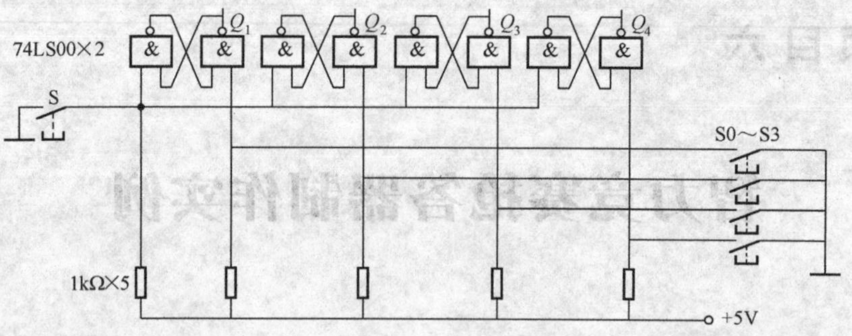

图 6-2　抢答电路和复位电路

6.1.1　显示电路

输出显示电路由 4 个 LED 发光二极管和 4 个 510Ω 的限流电阻构成，其电路如图 6-3 所示。

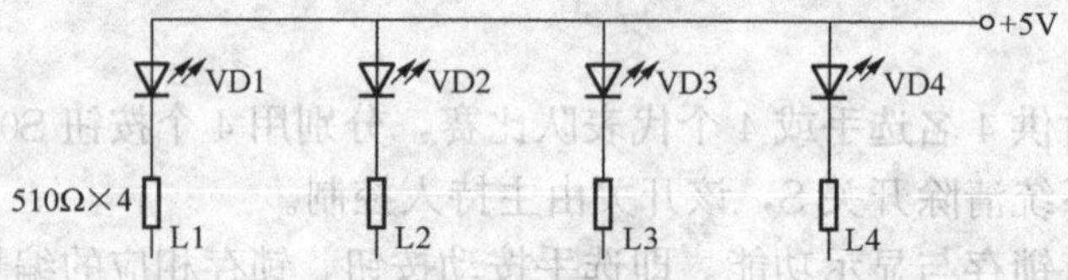

图 6-3　显示电路

6.1.2　触发锁存电路

触发锁存由集成与非门电路 74LS00 和 74LS20 构成，其中由二输入与非门 74LS00 构成四组基本 RS 触发器完成抢答信号的接收，由四输入与非门 74LS20 实现对抢答信号的锁存功能。

1. 触发器概述

在数字电路中，基本的工作信号是二进制数字信号和两状态逻辑信号，触发器就是存放这些信号的单元电路。由于二进制数字信号只有 0、1 两个数字符号，二值逻辑信号只有 0、1 两种取值可能，即都具有两状态性质，所以对存放这些信号的单元电路——触发器的基本要求如下。

（1）具有两个稳定状态——0（低电平）状态和 1（高电平）状态，以正确表征其存储内容。

（2）能够接收、保存和输出信号。由于触发器具有两种稳定的工作状态，因此称为双稳态触发器。它有一对互补的输出端 Q 和 $\overline{Q}$，通常都是以 Q 端的状态作为触发器的状态，$Q=1$ 时称触发器处于 1 态（也称为置位状态），由于 $\overline{Q}$ 和 Q 互补，所以 $\overline{Q}=0$。$Q=0$ 时称触发器处于 0 态（也称为复位状态），有 $\overline{Q}=1$。在任一时刻，触发器只能处于其中的一种状态，否则会出现工作紊乱的现象。

触发器在任何时刻的状态不仅和当时的输入信号有关，还和原来的状态有关。通常称接收输入信号之前触发器的状态为现态，用 Q^n 表示，接收输入信号之后触发器的状态为次态，用 Q^{n+1} 表示。现态和次态是两个相邻离散时间里触发器输出端的状态。

触发器按照结构和工作特点的不同，可以分为基本触发器、同步触发器、主从触发器和边沿触发器；按照在时钟脉冲控制下逻辑功能的不同，可以分成 RS 型触发器、JK 型触发器、D 型触发器、T 型触发器和 T′型触发器，这种分类是针对时钟触发器而言的。此外，还有其他一些分类方法，例如，按电路使用开关元件的不同有 TTL 触发器和 CMOS 触发器之分等，按照是否集成有分立元件触发器和集成触发器之分等。

2. 基本 RS 触发器

基本 RS 触发器可以由两个与非门或者两个或非门交叉耦合而成，是一种直接复位和直接置位的触发器，是各种触发器电路中结构形式最简单的一种，也是构成其他复杂电路结构的基本组成部分。其中 R 是 Reset（复位）的缩写，S 是 Set（置位）的缩写。

图 6-4（a）所示是由两个与非门组成的基本 RS 触发器，输入端口用$\overline{S}_D$、$\overline{R}_D$ 表示，$\overline{S}_D$ 为直接置位端，$\overline{R}_D$ 为直接复位端，字母上面的非号表示低电平有效。Q 和$\overline{Q}$是两个互补的输出端口。

两输入与非门只要有一个输入端口为低电平状态，输出端口就是高电平状态。根据输入信号不同状态的组合，由与非门构成的基本 RS 触发器的输入输出之间有下面几种情况：

（1）当 $\overline{R}_D=0$，$\overline{S}_D=1$ 时，由于 G2 的 $\overline{R}_D$ 端口为 0，相当于封锁了 G2，不论原来状态如何，输出端口$\overline{Q}$都变成高电平状态。而 G1 的 $\overline{S}_D$ 端口为高电平，相当于打开了 G1，由于此时 G2 的输出端口$\overline{Q}$为高电平状态，因此 G1 的输出端口 Q 变为低电平状态，既有 $Q=0$，$\overline{Q}=1$，使得触发器处于 0 状态，也称复位状态。

（2）当 $\overline{R}_D=1$，$\overline{S}_D=0$ 时，由于基本 RS 触发器的电路结构对称，此时 G2 的输出端口$\overline{Q}$为低电平状态，G1 的输出端口 Q 为高电平状态。即有 $Q=1$，$\overline{Q}=0$，使得触发器处于 1 状态，也称置位状态。

（3）当 $\overline{R}_D=1$，$\overline{S}_D=1$ 时，此时相当于同时打开两个与非门，由于 Q 和$\overline{Q}$是互补的状态，Q 通过 G1 即为$\overline{Q}$状态，$\overline{Q}$通过 G2 即为 Q 状态，所以触发器仍保持原来的状态不变。

（4）当 $\overline{R}_D=0$，$\overline{S}_D=0$ 时，由于 G1、G2 各有一个输入端口为低电平状态，显然此时两个与非门的输出都是高电平状态。即 $Q=1$，$\overline{Q}=1$，此时已不符合 Q、$\overline{Q}$相反的逻辑状态。若此时加在输入端的两个低电平有一个先变成高电平，其最终输出端的状态将由后变成高电平的输入端的电平决定；若两个输入端的低电平同时变成高电平时，触发器的最终稳定状态取决于两个门的工作速度，不能决定下个状态是 1 还是 0，因此这种工作状态称为不定态。触发器工作时应禁止出现这种情况。

基本 RS 触发器的逻辑符号如图 6-4 (b)所示，由于触发器在置位或者复位的时候都是低电平有效，因此在两个输入端靠近方框处画有小圆圈作为标志，这是一种约定。在输出端靠近方框处一个无小圆圈，为 Q 端，一个有小圆圈，为 $\overline{Q}$ 端。正常状态下，两者状态是互补的，即一个为高电平另一个即为低电平，反之亦然。

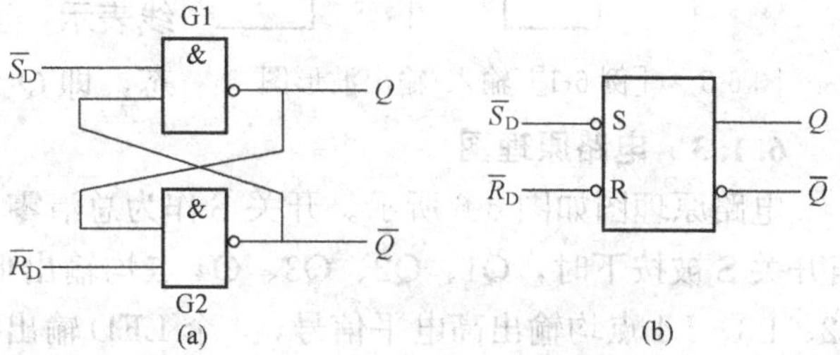

图 6-4　用与非门构成的基本 RS 触发器

（a）逻辑电路图；（b）逻辑符号

根据上述对与非门构成的基本 RS 触发器的电路分析，可以列出其各种状态，见表 6-1，此表又称为触发器的状态表或者特性表。

表 6-1　　　　　　　　　　基本 *RS* 触发器的状态表

$\overline{R}_D$	$\overline{S}_D$	Q^n	Q^{n+1}	说　明
0	0	0	不定态	输出状态不定，应避免
0	0	1	不定态	
0	1	0	0	置 0
0	1	1	0	
1	0	0	1	置 1
1	0	1	1	
1	1	0	0	保持
1	1	1	1	

从表 6-1 中可以明显地看出：①Q^{n+1} 的值不仅和 R、S 有关，而且还决定于 Q^n，也即 Q^n 和 R、S 一样，也是决定 Q^{n+1} 取值的一个变量；②Q^n、$\overline{R}_D$、$\overline{S}_D$ 三个变量的 8 种取值中，在正常情况下，000 和 100 两种取值是不会出现的。由此可写出基本 RS 触发器的特征方程为。

$$\begin{cases} Q^{n+1} = \overline{S}_D + R_D Q^n \\ \overline{R}_D + \overline{S}_D = 1 (\text{约束条件}) \end{cases}$$

状态表和特征方程可以比较全面地描述触发器的逻辑功能，状态表中的不定态对应的就是特征方程中的约束条件，它表示 $\overline{R}_D$、$\overline{S}_D$ 不能同时为 0。

【例 6-1】 与非门构成的基本 *RS* 触发器电路如图 6-4 所示，若输入信号如图 6-5 所示，试画出对应的输出波形，假设初始状态为 0 态。

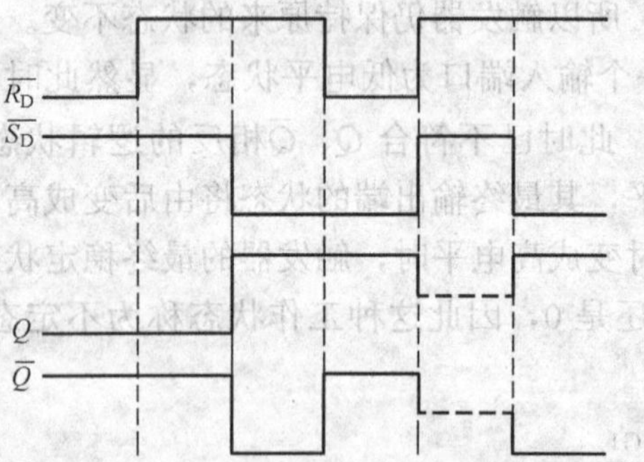

图 6-5　［例 6-1］输入/输出波形图

解　根据与非门构成的基本 *RS* 触发器的工作原理，初始状态为 0，即 $Q=0$，$\overline{Q}=1$；当输入信号全变成高电平时，触发器保持原来的状态不变；当 $\overline{R}_D=1$，$\overline{S}_D$ 由 1 变成 0 时，触发器进行置位操作，$Q=1$，$\overline{Q}=0$；当输入信号全为低电平时，输出端全部变成高电平 1；然后紧接着输入端低电平状态同时撤销（变成 1）时，触发器处于不定状态，用虚线表示；当 $\overline{R}_D=1$，$\overline{S}_D=0$ 时，触发器处于置位状态，即 $Q=1$，$\overline{Q}=0$，如图 6-5 所示。

6.1.3　电路原理图

电路原理图如图 6-6 所示。开关 S 作为总清零及允许抢答控制开关（可由主持人控制），当开关 S 被按下时，Q1、Q2、Q3、Q4 点均输出低电平信号，经 4 个四输入与非门后 L1、L2、L3、L4 点均输出高电平信号，4 个 LED 输出指示灯灭，实现抢答电路清零，当松开后则允许抢答。输入抢答信号由抢答按钮开关 S1～S4 实现。若有抢答信号输入（开关 S1～S4 中的任何一个开关被按下）时，假设当 S1 开关闭合时，Q1 点输出高电平信号，经过四输入与非门后，L1 点输出低电平信号，则与之对应的指示灯被点亮。此时再按其他任何一个抢答开关均无效，指示灯仍“保持”第一个开关按下时所对应的状态不变，直到按下复位开关 S 后，电路清零，重新抢答。

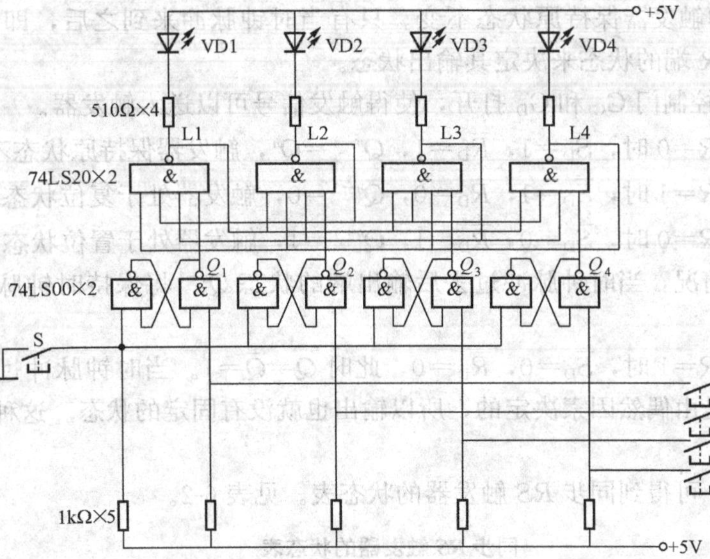

图 6-6　抢答器原理图

任务二　用 JK 触发器制作抢答器实例

6.2.1　同步触发器

扫一扫

在实际的电路设计中，实现抢答功能的电路设计方法多种多样，上面我们介绍了用基本 RS 触发器作为抢答电路的核心电路，基本 RS 触发器是各种双稳态触发器的共同部分，输入信号是直接加在输出门的输入端上的，在其存在期间直接控制着 Q、$\overline{Q}$端状态，这不仅使电路的抗干扰能力下降，而且也不利于多个触发器同步工作，于是为了克服这个缺点，一种工作受时钟脉冲电平控制的触发器——同步触发器便应运而生了。同步触发器有同步 RS 触发器、同步 JK 触发器、同步 D 触发器、同步 T 触发器等，下面以同步 RS 触发器、同步 D 触发器为例简要介绍它们的工作原理。

1. 同步 RS 触发器

图 6-7（a）所示是同步 RS 触发器的逻辑电路图。图中与非门 G_A、G_B 构成基本 RS 触发器，与非门 G_C、G_D 构成导引电路（控制门），置位信号 S 和复位信号 R 通过控制门进行传送。CP 叫做时钟脉冲，是输入控制信号。从图 6-7 中可以看出，当时钟脉冲到来之前，即 $CP=0$ 时，相当于封锁了 G_C 和 G_D，此时无论 S 端和 R 端的电平如何变化，G_C 和 G_D 门

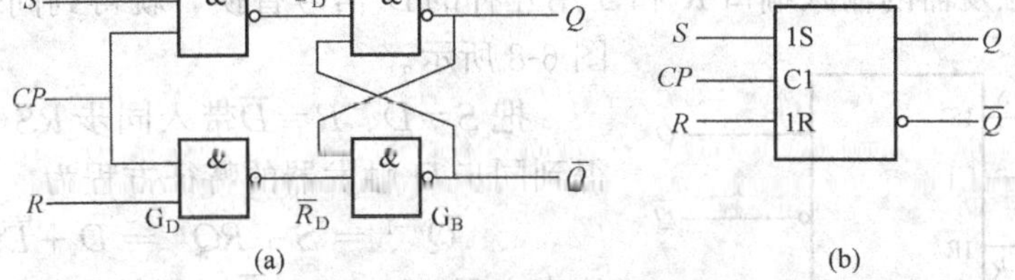

图 6-7　同步 RS 触发器的逻辑电路图和逻辑符号

（a）逻辑电路图；（b）逻辑符号

的输出均为 1，基本触发器保持原状态不变。只有当时钟脉冲来到之后，即 $CP=1$ 时，触发器才按照 S 端和 R 端的状态来决定其输出状态。

当 $CP=1$ 时，控制门 G_C 和 G_D 打开，使得触发信号可以送入触发器。

（1）当 $S=0$，$R=0$ 时，$\overline{S}_D=1$，$\overline{R}_D=1$，$Q^{n+1}=Q^n$，触发器保持原状态不变。

（2）当 $S=0$，$R=1$ 时，$\overline{S}_D=1$，$\overline{R}_D=0$，$Q^{n+1}=0$，触发器处于复位状态。

（3）当 $S=1$，$R=0$ 时，$\overline{S}_D=0$，$\overline{R}_D=1$，$Q^{n+1}=1$，触发器处于置位状态。

（4）上述几种情况，当时钟脉冲过去后输出端的状态 Q^{n+1} 将保持时钟脉冲高电平时的状态。

（5）当 $S=1$，$R=1$ 时，$\overline{S}_D=0$，$\overline{R}_D=0$，此时 $Q=\overline{Q}=1$。当时钟脉冲过去后，触发器的输出端哪个为 1 是由偶然因素决定的，所以输出也就没有固定的状态。这种不正常的情况应避免出现。

根据以上分析，可得到同步 RS 触发器的状态表。见表 6-2。

表 6-2　　同步 *RS* 触发器的状态表

S	R	Q^n	Q^{n+1}	说明
0	0	0	0	保持
0	0	1	1	
1	0	0	1	置 1
1	0	1	1	
0	1	0	0	置 0
0	1	1	0	
1	1	0	不定态	状态不定避免出现
1	1	1	不定态	

由上述状态表可得到同步 RS 触发器的特征方程为

$$\begin{cases} Q^{n+1}=S+\overline{R}Q^n \\ SR=0 \quad (\text{约束条件}) \end{cases}$$

约束条件 $SR=0$ 即当 S、R 不同时为 1 时，触发器的输出满足特征方程，从而把 S、R 同时为 1 导致的不定态排除。

同步触发器在基本 RS 触发器的基础上引入了时钟控制脉冲 CP，其目的是希望输入信号能在时钟脉冲的控制下有序地送入触发器，使得输出端的状态随着输入信号有序地翻转。但是，如果输入信号比时钟脉冲跳变得快的话，那么在一个时钟脉冲周期之内，输入信号就会发生多次变化，导致一个时钟脉冲可能引起触发器多次翻转，产生所谓的“空翻”现象。

2. 同步 D 触发器

把同步 RS 触发器的输入端口 R 和 S 用互补的 D 信号替换，就得到同步 D 触发器，如图 6-8 所示。

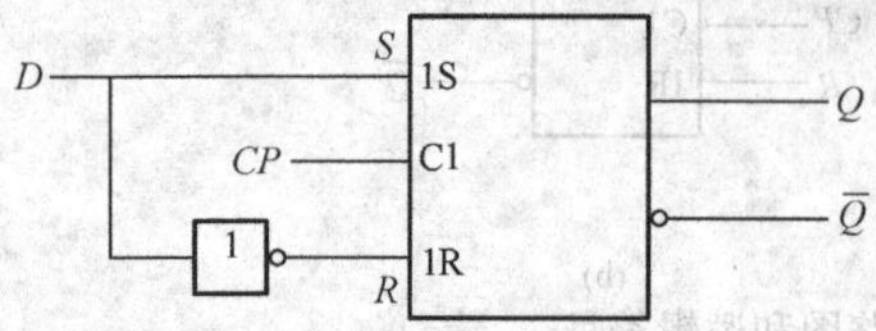

图 6-8　同步 D 触发器电路结构

把 $S=D$、$R=\overline{D}$ 带入同步 RS 触发器特征方程得到同步 D 触发器的特征方程为

$$Q^{n+1}=S+\overline{R}Q^n=D+\overline{\overline{D}}Q^n=D$$

约束方程 $SR=D\cdot\overline{D}=0$ 始终能得到满足。同步 D 触发器状态表见表 6-3。

表 6-3　　同步 D 触发器状态表

D	Q^{n+1}
0	0
1	1

6.2.2 边沿触发器

为了提高触发器的可靠性，增强触发器的抗干扰能力，人们设计出了边沿触发器。这类触发器的特点是只在时钟源上升沿或者下降沿到来时，才接收输入信号，而在其他时间内，电路的状态不会发生变化，从而提高了触发器的工作可靠性和抗干扰能力。边沿触发器的具体电路结构形式较多，但边沿触发或控制的特点却是相同的。

6.2.2.1 边沿 D 触发器

边沿 D 触发器的逻辑功能与同步 D 触发器的逻辑功能相同，不同之处是边沿 D 触发器是在时钟脉冲 CP 的上升沿或下降沿进行触发，图 6-9 所示为边沿 D 触发器的逻辑符号。图中“△”表示边沿触发，CP 靠近方框处的小圆圈表示只有当 CP 下降沿到来时，触发器 Q 端和 $\overline{Q}$ 端的状态才会变化。

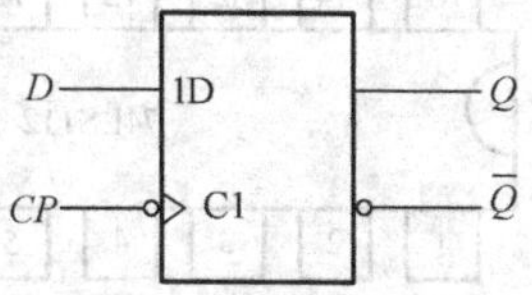

图 6-9　边沿 D 触发器的逻辑符号

边沿 D 触发器特征方程为

$$Q^{n+1} = D \quad (CP\text{ 下降沿有效})$$

6.2.2.2 边沿 JK 触发器

1. 逻辑功能

图 6-10 所示为边沿 JK 触发器的逻辑符号，J、K 为输入端，图中“△”表示边沿触发，CP 靠近方框处的小圆圈表示只有当 CP 下降沿（即 CP 由 1 变为 0 时）到来时，触发器 Q 端和 $\overline{Q}$ 端的状态才会变化。JK 触发器的状态表见表 6-4。

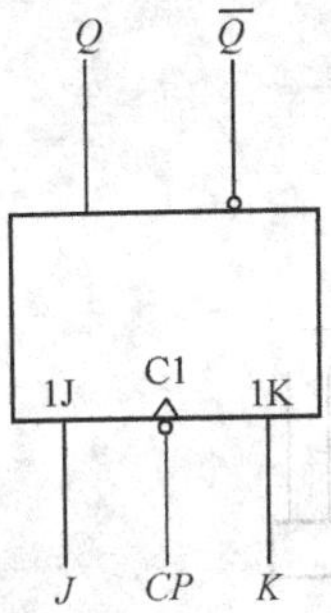

图 6-10　JK 触发器的逻辑符号

表 6-4　　JK 触发器的状态表

J	K	Q^n	Q^{n+1}	说明
0	0	0	0	保持
0	0	1	1	
0	1	0	0	置 0
0	1	1	0	
1	0	0	1	置 1
1	0	1	1	
1	1	0	1	翻转
1	1	1	0	

JK 触发器的特征方程为

$$Q^{n+1} = J\overline{Q^n} + \overline{K}Q^n$$

2. 集成边沿 JK 触发器

集成电路 74LS112 是双 JK 触发器，它的引脚排列如图 6-11 所示。表 6-5 为其功能表。

表 6-5　　　　74LS112 功能表

$\overline{S}_D$	$\overline{R}_D$	CP	J	K	Q^{n+1}	说　明
0	1	×	×	×	1	直接置 1（异步置 1）
1	0	×	×	×	0	直接置 0（异步置 0）
0	0	×	×	×	×	状态不定（禁止出现）
1	1	×	×	×	Q^n	状态不变
1	1	↓	0	1	0	置 0
1	1	↓	1	0	1	置 1
1	1	↓	0	0	Q^n	状态不变
1	1	↓	1	1	$\overline{Q^n}$	状态翻转

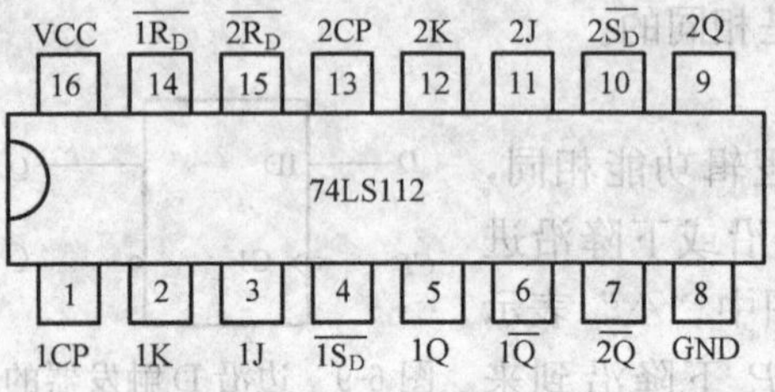

图 6-11　74LS112 引脚排列图

6.2.3　电路原理图

采用 JK 触发器实现的四路抢答器，抢答电路、复位电路和显示电路没有发生变化，触发锁存电路采用了集成边沿 JK 触发器 CT74LS112 和四输入与非门电路 74LS20。开关 S 和电阻 R 构成复位电路，当 S 闭合时，触发器 FF0～FF3 的复位端（R 端）为低电平信号，此时触发器清零，$Q0$～$Q3$ 输出低电平信号，$\overline{Q0}$～$\overline{Q3}$输出高电平信号，输出的发光二极管 LED1～LED4 灯灭；同时，触发器输出信号经 2 个与非门后，接到触发器的输入端 J 和 K 端，使得 J 和 K 端为高电平，即 $J=K=1$，实现抢答电路的复位，等待选手抢答；若有抢答信号输入（开关 S1～S4 中的任何一个开关被按下）时，假设当 S1 开关闭合时，触发器 FF1 的 CP 端由高电平信号变为低电平信号，下降沿产生，此时由于 $J=K=1$，使得触发器输出发生翻转（$Q=1$，$\overline{Q}=0$），则相对应的发光二极管 LED2 灯亮；同时，触发器输出信号经 2 个与非门后，接到触发器的输入端 J 和 K 端，使得 J 和 K 端为低电平，即 $J=K=0$，触发器输出保持不变，此时当有其他开关闭合时，触发器的输出也不会发生翻转，实现了对抢答信号的锁存。其电路原理图如图 6-12 所示。

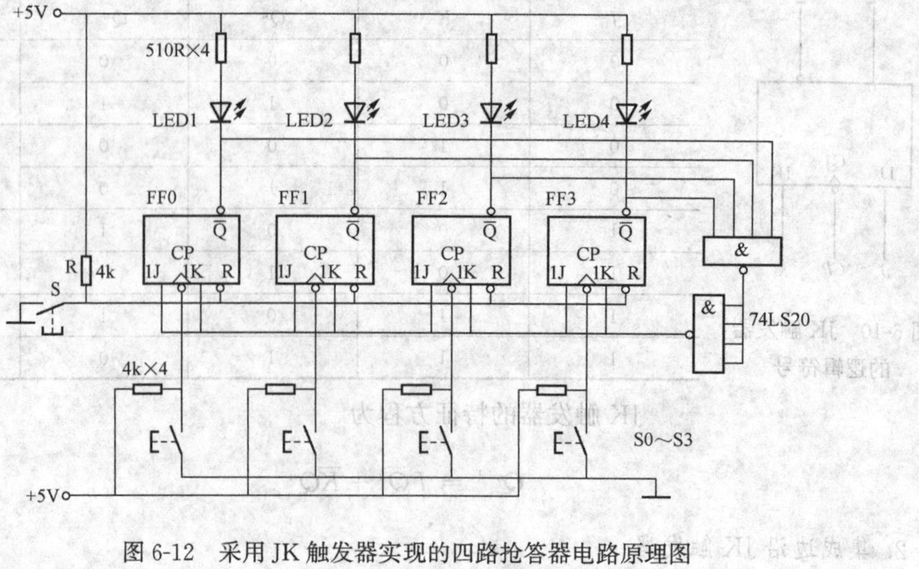

图 6-12　采用 JK 触发器实现的四路抢答器电路原理图

任务三　用八 D 锁存器 74LS373 制作抢答器实例

采用八 D 锁存器 74LS373 实现的八路抢答器的电路主要由抢答开关电路、解锁电路、触发锁存电路和显示电路等部分组成，八路抢答器的组成框图如图 6-13 所示。

6.3.1　抢答开关电路

八路抢答开关电路如图 6-14 所示。电路中采用 8 个 1kΩ 的上拉限流电阻，当任一开关按下时，相应的输出为低电平，否则为高电平。

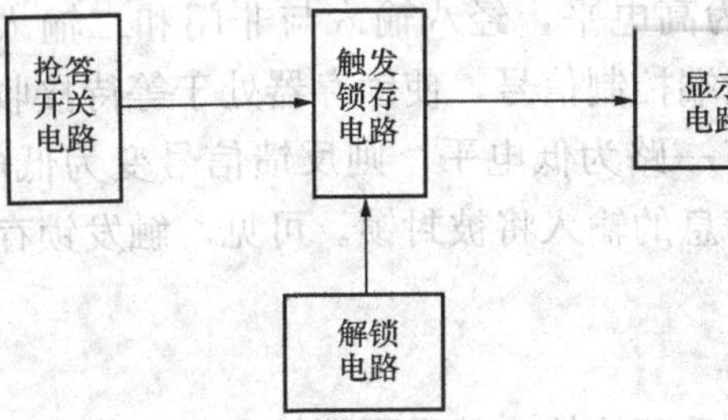

图 6-13　八路抢答器组成框图

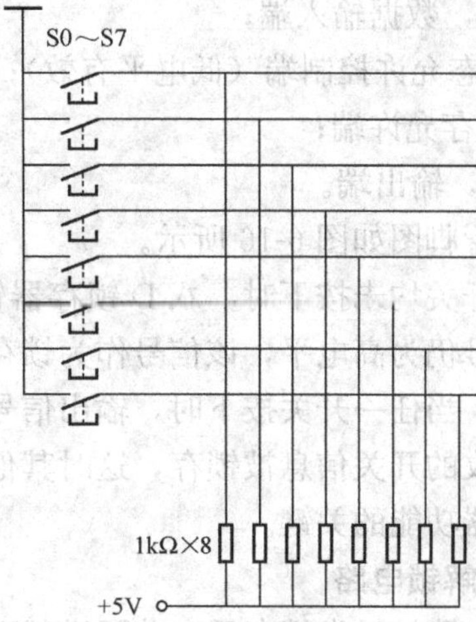

图 6-14　抢答开关电路

6.3.2　触发锁存电路

八路触发锁存器如图 6-15 所示，其中 74LS373 是八 D 锁存器，74LS30 是八输入与非门。

八 D 锁存器 74LS373 的逻辑功能如下。

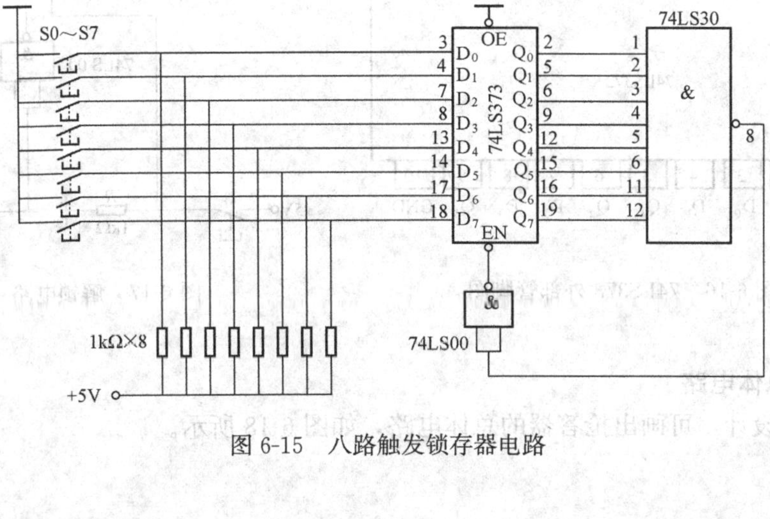

图 6-15　八路触发锁存器电路

(1) 当三态允许控制端 OE 为低电平时，$Q0$～$Q7$ 为正常逻辑状态，可用来驱动负载或总线。

(2) 当 OE 为高电平时，$Q0$～$Q7$ 呈高阻态，即不驱动总线，也不为总线的负载，但锁存器内部的逻辑操作不受影响。

(3) 当锁存允许端 EN 为高电平时，输出数据 $Q0$～$Q7$ 随输入数据 $D0$～$D7$ 而变。当 EN 为低电平时，输出数据 $Q0$～$Q7$ 被锁存。

(4) 当 EN 端施密特触发器的输入滞后作用，使交流和直流噪声抗扰度被改善 400mV。

引出端符号及功能：

$D0$～$D7$，数据输入端；

OE，三态允许控制端（低电平有效）；

EN，锁存允许端；

$Q0$～$Q7$，输出端。

其外部管脚图如图 6-16 所示。

当所有开关均未按下时，八 D 锁存器输出全为高电平，经八输入与非门和二输入与非门的反馈信号仍为高电平，该信号作为锁存器使能端控制信号，使锁存器处于等待接收触发输入的状态；当任一开关按下时，输出信号中必有一路为低电平，则反馈信号变为低电平，锁存器刚接收的开关信息被锁存，这时其他开关信息的输入将被封锁。可见，触发锁存电路是实现抢答器功能的关键。

6.3.3 解锁电路

当触发电路被触发锁存后，若要进行下一轮的重新抢答，就需要把锁存器解锁。可以根据具体情况，将其使能端强迫置 1 或置 0，使锁存器处于待接收状态即可。现选择 74LS32 或门构成解锁电路。将解锁开关信号和锁存器反馈信号相“或”后再加到锁存器的使能输入端，当解锁开关信号为 1 时，可将使能端强迫置 1，让锁存器重新处于待接收状态。解锁电路如图 6-17 所示。

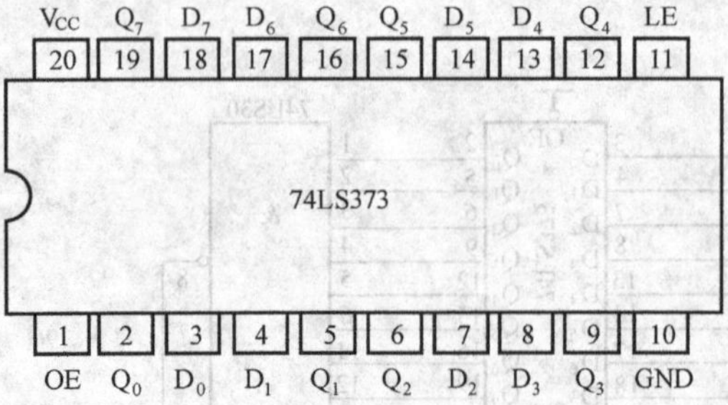

图 6-16　74LS373 外部管脚图

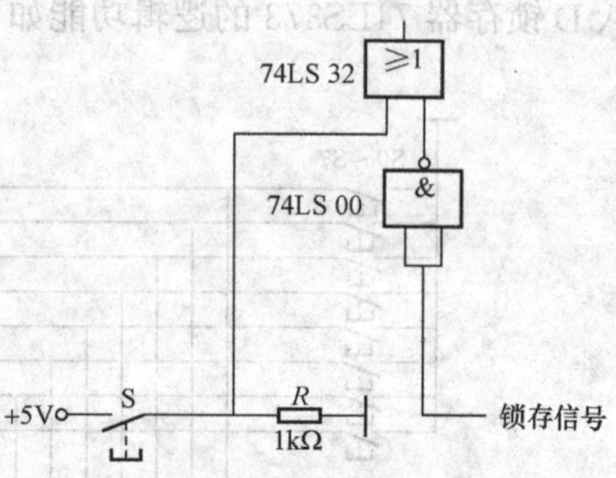

图 6-17　解锁电路

6.3.4 总体电路

根据上述设计，可画出抢答器的总体电路，如图 6-18 所示。

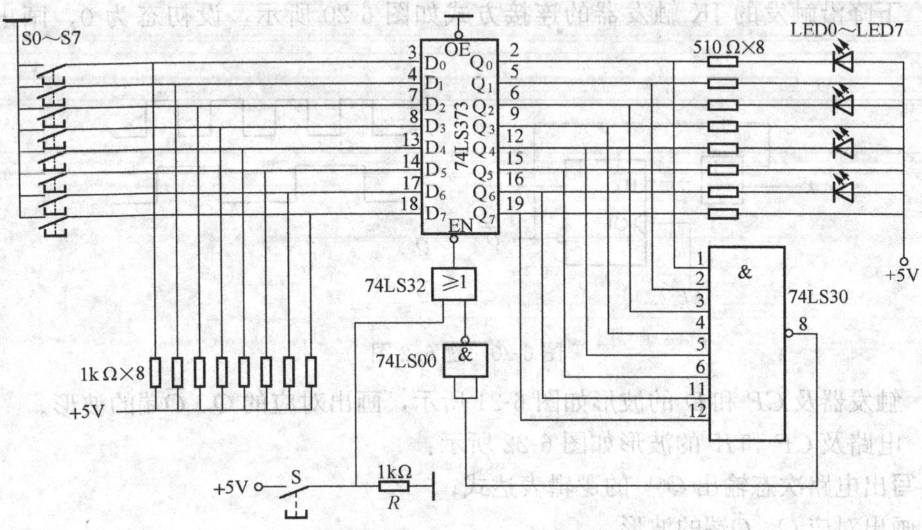

图 6-18　抢答器总体电路图

小　　结

1. 触发器是数字电路中的基本逻辑单元，具有两个稳定状态，在 CP 信号作用下，它可以从一个稳定状态转变为另一个稳定状态。

2. 触发器的逻辑功能和结构形式是两个不同的概念，所谓逻辑功能，是指触发器的次态输出和现态输出以及输入信号的关系。根据逻辑功能可以将触发器分为 RS、D 和 JK 几种类型。同一逻辑功能的触发器可以用不同的电路结构形式来实现，相反，同一种电路结构形式，也可以构成不同功能的各类触发器。

3. 集成触发器应用广泛，种类较多。由于一般采用宽脉冲触发或电平触发，在触发脉冲持续的时间里，输入信号都能对触发器产生作用，使得触发器造成“空翻”现象。因此可以采用主从触发器和边沿触发器来克服这种现象。

练习题

6.1　同步 RS 触发器的逻辑符号和输入波形如图 6-19 所示，设初态为 0，画出 Q 和 $\overline{Q}$ 端波形。

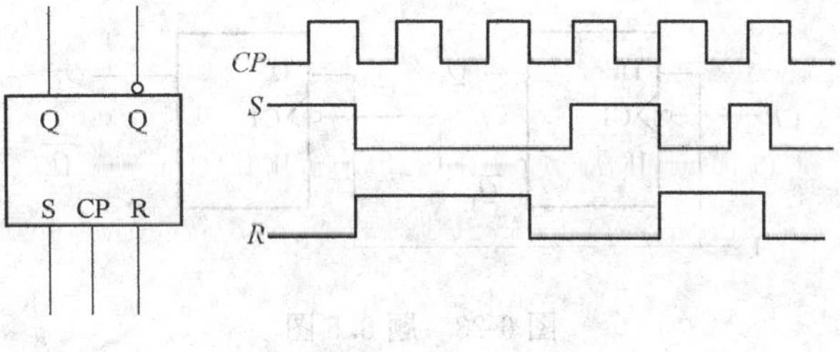

图 6-19　题 6.1 图

6.2　下降沿触发的 JK 触发器的连接方式如图 6-20 所示，设初态为 0，画出 Q 端的波形。

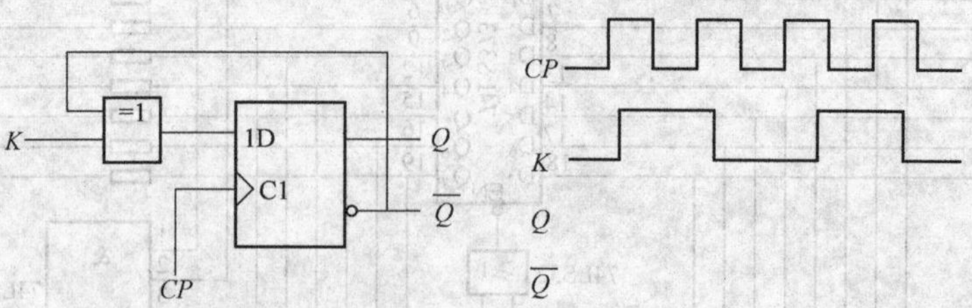

图 6-20　题 6.2 图

6.3　触发器及 CP 和 D 的波形如图 6-21 所示，画出对应的 Q、$\overline{Q}$端的波形。

6.4　电路及 CP 和 K 的波形如图 6-22 所示：

(1) 写出电路次态输出 Q^{n+1} 的逻辑表达式；

(2) 画出对应 Q、$\overline{Q}$端的波形。

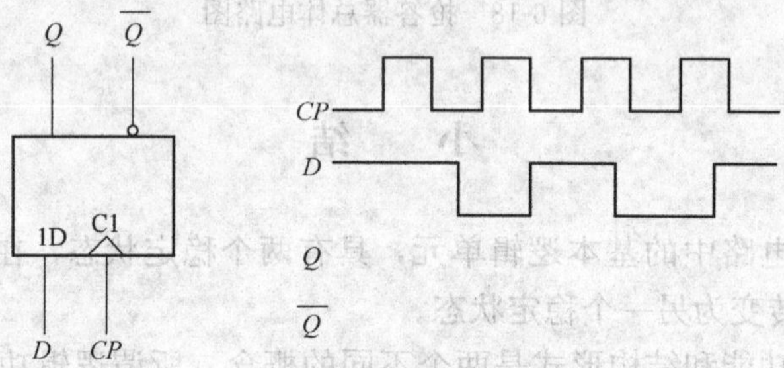

图 6-21　题 6.3 图

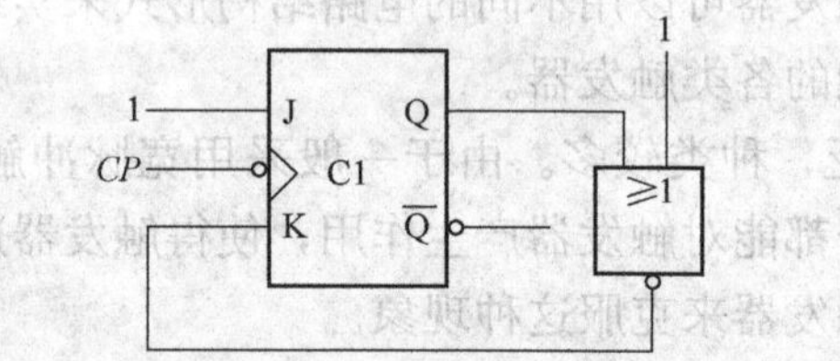

图 6-22　题 6.4 图

6.5　下降沿触发的 JK 触发器连接方式如图 6-23 所示，请画出 Q_1、Q_2 端波形。设触发器初始状态为 0。

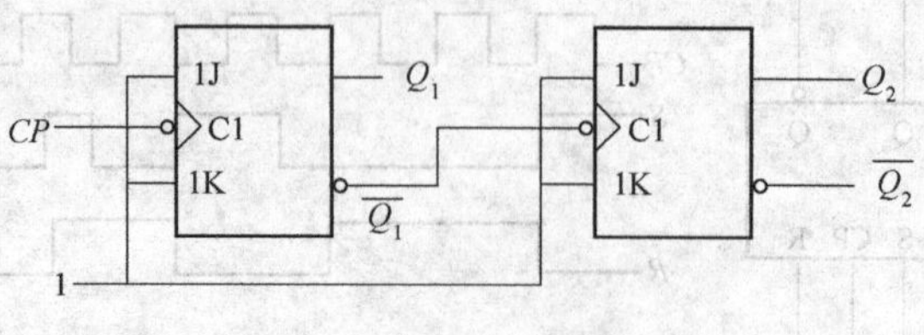

图 6-23　题 6.5 图

项目七

循环彩灯控制器制作实例

生活中，人们用彩灯作为装饰品的现象越来越多，彩灯不仅能美化环境，渲染气氛，还可用于装饰住所环境和电子玩具，现以该课题为例进行分析与设计。

项目要求：彩灯能够自动循环点亮，而且频率快慢可调。

任务一　用555定时器制作防盗报警器实例

扫一扫

能够实现循环彩灯控制的电路有很多，但都具有一个共同的要求，那就是需要一个用来产生时间基准信号的振荡电路。因为循环彩灯对频率的要求不高，只要能产生高、低电平，且脉冲信号的频率可调就可以了，采用555定时器组成的振荡器就可以满足电路的要求。555定时器组成的振荡器也可以用来设计简易的防盗报警器，当防盗报警器的机关被触发时，可以发出响声进行报警。

7.1.1　555定时器电路的结构及工作原理

555定时器内部是模拟—数字电路混合的中规模集成电路。该电路使用灵活、方便，只需外接少量的阻容元件就可以构成单稳、多谐和施密特触发器，因此在波形的产生与变换、自动检测与控制、定时和报警以及家用电器、电子玩具等许多领域中都得到了广泛的应用。

目前生产的定时器有双极型（TTL型）和单极型（CMOS型）两种，双极型型号为555（单）和556（双），其电源电压使用范围为5～16V，输出最大负载电流可达200mA。单极型型号为7555（单）和7556（双），其电源电压使用范围为3～18V，输出最大负载电流为4mA。

图7-1（a）、（b）所示分别为双极型555单定时器内部逻辑电路图和逻辑符号图。它各个引脚的功能如下。

1脚：外接电源负端V_{SS}或接地，一般情况下接地；

8脚：外接电源V_{CC}，一般用5V；

3脚：输出端；

2脚：低触发输入端；

6脚：高触发输入端；

4脚：$\overline{R}_D$是直接清零端。当$\overline{R}_D$端接低电平，则电路不工作，此时不论u_{I1}、u_{I2}处于何电平，电路输出为“0”，该端不用时应接高电平；

5脚：VC为控制电压端。若此端外接电压，则可改变内部两个比较器的基准电压，当该端不用时，应将该端串入一只0.01μF电容接地，以防引入干扰；

7脚：放电端。该端与放电管集电极相连，作定时器时用于电容的放电。

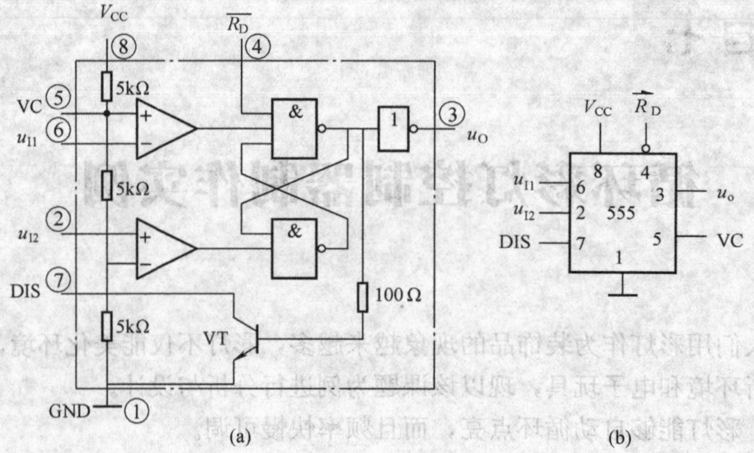

图 7-1　555 单定时器

(a) 逻辑电路；(b) 逻辑符号图

当 VC 端无外加固定电压时，555 定时器可归纳出如表 7-1 所示的四种逻辑功能，分别是直接清零功能、置 0 功能、置 1 功能、保持功能。为了便于记忆上述功能，我们把u_{I1}输入端电压在大于$\frac{2}{3}V_{CC}$时作为 1 状态，在小于$\frac{2}{3}V_{CC}$时作为 0 状态；而把u_{I2}输入端电压在大于$\frac{1}{3}V_{CC}$时作为 1 状态，在小于$\frac{1}{3}V_{CC}$时作为 0 状态。这样在$\overline{R}_D=1$时，就可以将 555 定时器输入u_{I1}、u_{I2}与输出u_O的状态关系归纳为：1、1 出 0；0、0 出 1；0、1 不变。对于 1、0 状态，这种工作状态不允许使用，在实际应用中应避免出现。

表 7-1　　555 定时器的功能表

清零端$\overline{R}_D$	高触发端u_{I1}	低触发端u_{I2}	u_O	放电管 T	功能
0	×	×	0	导通	直接清零
1	$>\frac{2}{3}V_{CC}$	$>\frac{1}{3}V_{CC}$	0	导通	置 0
1	$<\frac{2}{3}V_{CC}$	$<\frac{1}{3}V_{CC}$	1	截止	置 1
1	$<\frac{2}{3}V_{CC}$	$>\frac{1}{3}V_{CC}$	不变	不变	保持

7.1.2　555 定时器的应用

1. 用 555 定时器构成施密特触发器

将触发器的阈值输入端u_{i1}，和触发输入端u_{i2}连在一起，作为触发信号u_i的输入端，将输出端（3 端）作为信号输出端，便可构成一个反相输出的施密特触发器，其电路如图 7-2 所示。

参照图 7-2（b）所示的波形，当$u_i=0$V 时，u_{O1}输出高电平。当u_i上升到$\frac{2}{3}V_{CC}$时，u_{O1}

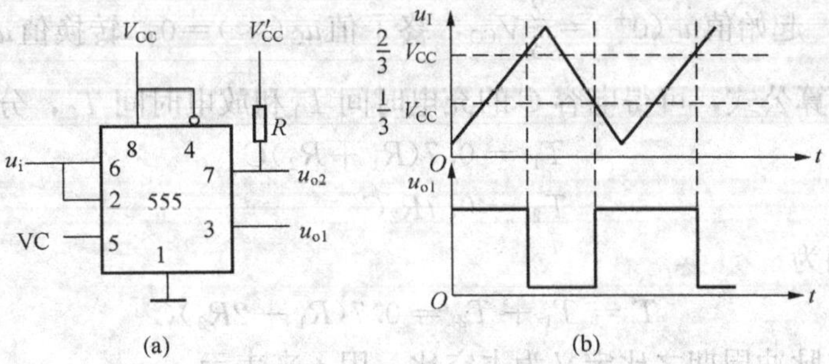

图 7-2　555 定时器构成的施密特触发器

（a）电路图；（b）波形图

输出低电平。当u_i由$\frac{2}{3}V_{CC}$继续上升时，u_{o1}保持不变。当u_i下降到$\frac{1}{3}V_{CC}$时，电路输出跳变为高电平，而且在u_i继续下降到 0V 时，电路的状态不变。

图 7-2（a）中，R、V'_{CC}构成另一输出端u_{o2}，其高电平可以通过改变V'_{CC}进行调节。

2. 用 555 定时器构成多谐振荡器

多谐振荡器是产生矩形脉冲的自激振荡器。多谐振荡器一旦起振，电路就没有稳态，只有两个暂稳态，它们做交替变化，输出连续的矩形脉冲信号。因此，它又称为无稳态电路，常用来作脉冲信号源。

（1）电路组成和工作原理。用 555 定时器构成多谐振荡器的电路和工作波形如图 7-3 所示。

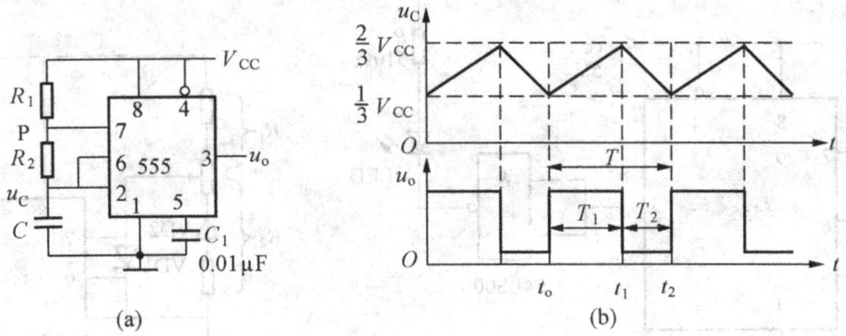

图 7-3　用 555 定时器构成的多谐振荡器

（a）电路图；（b）波形图

接通电源瞬间电容 C 来不及充电时，$u_C=0$，$u_o=1$，放电管 VT 截止。定时电容 C 被充电，充电回路为$V_{CC}\rightarrow R_1\rightarrow R_2\rightarrow C\rightarrow$地，充电时间常数 $\tau_1=(R_1+R_2)C$，u_C 按指数规律上升，电路处于第一暂稳态。当u_C上升到$\frac{2}{3}V_{CC}$时$u_O=0$，第一暂稳态结束。放电管 T 导通，电容 C 开始放电，放电回路为$u_C\rightarrow R_2\rightarrow$VT$\rightarrow$地，放电时间常数为 $\tau_2=R_2C$，u_C按指数规律下降，电路处于第二暂稳态。当u_C下降到$\frac{1}{3}V_{CC}$时，$u_O=1$，第二暂稳态结束，放电管 VT 截止。以后电路重复上述过程，产生振荡，在输出端得到连续的矩形波。输出波形如图 7-3（b）所示。电容充电时起始值$u_C(0^+)=\frac{1}{3}V_{CC}$，终了值$u_C(\infty)=V_{CC}$，转换值$u_C(T_1)=\frac{2}{3}$

V_{CC}，电容放电时，起始值$u_C(0^+)=\frac{2}{3}V_{CC}$，终了值$u_C(\infty)=0$，转换值$u_C(T_2)=\frac{1}{3}V_{CC}$，代入$RC$过渡过程计算公式，可得电容$C$的充电时间$T_1$和放电时间$T_2$，分别为

$$T_1=0.7(R_1+R_2)C$$
$$T_2=0.7R_2C$$

电路振荡周期为

$$T=T_1+T_2=0.7(R_1+2R_2)C$$

将脉冲宽度与脉冲周期之比定义为占空比，用q来表示。

$$q=\frac{T_1}{T}=\frac{R_1+R_2}{R_1+2R_2}$$

（2）多谐振荡器逻辑功能测试。多谐振荡器逻辑功能测试电路如图 7-4 所示，电路正常工作时，多谐振荡器输出端u_o将输出一定频率的矩形波，LED 灯将不断闪烁。u_o输出高电平时 LED 灯亮，u_o输出低电平时 LED 灯灭。通过调整可调电阻 RP 的大小，可以改变多谐振荡器输出矩形波的频率，即可以改变 LED 灯闪烁的速度。

（3）占空比可调的多谐振荡器电路。在图 7-3 所示的电路中，由于电容C的充电时间常数为$\tau_1=(R_1+R_2)C$，放电时间常数为$\tau_2=R_2C$，所以T_1总是大于T_2，u_o的波形不仅不可能对称，而且占空比q不易调节。利用半导体二极管的单向导电特性，把电容C的充电和放电回路隔离开来，再加上一个电位器，便可构成占空比可调的多谐振荡器，如图 7-5 所示。

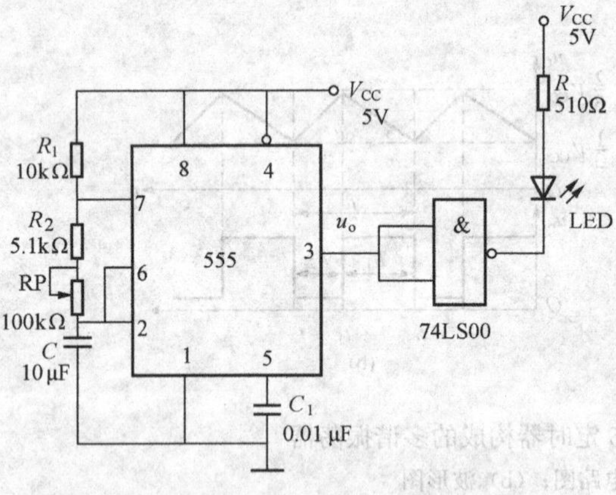

图 7-4　多谐振荡器逻辑功能测试电路

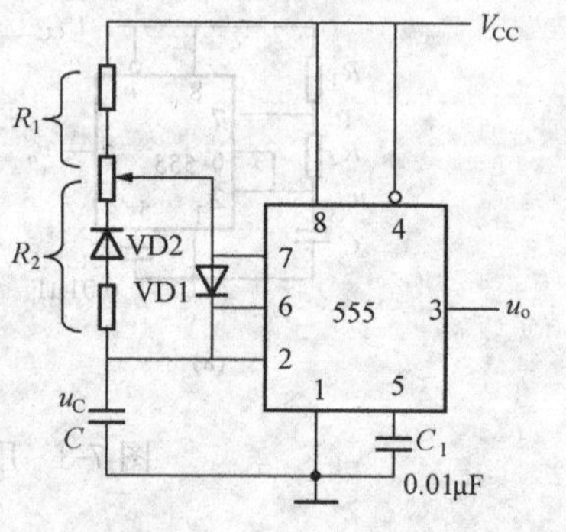

图 7-5　占空比可调的多谐振荡器

由于二极管的单向导电作用，电容C的充电时间常数$\tau_1=R_1C$，放电时间常数$\tau_2=R_2C$。通过与上面相同的分析计算过程可得

$$T_1=0.7R_1C, T_2=0.7R_2C$$

占空比为

$$q=\frac{T_1}{T}=\frac{T_1}{T_1+T_2}=\frac{R_1}{R_1+R_2}$$

只要改变电位器滑动端的位置，就可以方便地调节占空比q，当$R_1=R_2$时，$q=0.5$，u_o就成为对称的矩形波。

3. 用555定时器组成单稳态触发器

单稳态触发器具有下列特点。

①它有一个稳定状态和一个暂稳状态。

②在外来触发脉冲的作用下，能够由稳定状态翻转到暂稳状态。

③暂稳状态维持一段时间后，将自动返回到稳定状态。暂稳态时间的长短与触发脉冲无关，它仅取决于电路本身的参数。

单稳态触发器在数字系统和装置中，一般用于定时（产生一定宽度的脉冲）、整形（把不规则的波形转换成等宽、等幅的脉冲）、延时（将输入信号延迟一定的时间以后输出）等。

（1）电路组成及工作原理。用555定时器组成的单稳态触发器如图7-6（a）所示。当电路无触发信号时，u_i保持高电平，电路工作在稳定状态，输出u_O为低电平，555内放电三极管T饱和导通，管脚7“接地”，电容电压u_C为0V。

当u_i的下降沿到达时，555的触发输入端（2脚）由高电平跳变为低电平，电路被触发，u_O由低电平跳变为高电平，电路由稳态转入暂稳态。在暂稳态期间，555内放电三极管T截止，V_{CC}经R向C充电。其充电回路为$V_{CC}\rightarrow R\rightarrow C\rightarrow$地，时间常数$\tau_1=RC$，电容电压$u_C$由0V开始增大，在电容电压$u_C$上升到阈值电压$\frac{2}{3}V_{CC}$之前，电路将保持暂稳态不变。

当u_C上升至阈值电压$\frac{2}{3}V_{CC}$时，输出电压u_O由高电平跳变为低电平，555内放电三极管T由截止状态转为饱和导通状态，管脚7“接地”，电容C经放电三极管对地迅速放电，电压u_C由$\frac{2}{3}V_{CC}$迅速降至0V（放电三极管的饱和压降），电路由暂稳态重新转入稳态。单稳态触发器又可以接收新的触发信号。

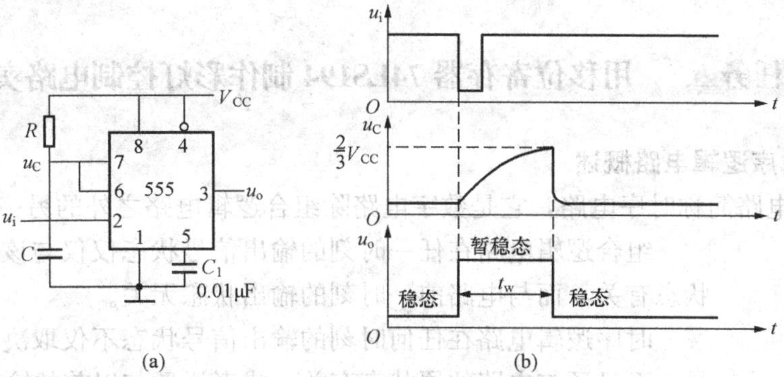

图7-6　用555定时器构成的单稳态触发器

（a）电路图；（b）波形图

（2）输出脉冲宽度t_W。输出脉冲宽度就是暂稳态的维持时间，也就是定时电容的充电时间。由图7-6（b）所示的电容电压u_C的工作波形不难看出$u_C(0^+)\approx 0V$，$u_C(\infty)=V_{CC}$，$u_C(t_W)=\frac{2}{3}V_{CC}$，代入$RC$过渡过程计算公式，可得

$$t_W=1.1RC$$

上式说明，单稳态触发器输出脉冲宽度t_W仅取决于定时元件R、C的取值，与输入触发信号和电源电压无关，调节R、C的取值，即可方便地调节t_W。

（3）单稳态触发器逻辑功能测试电路。单稳态触发器逻辑功能测试电路如图 7-7 所示，电路正常工作过程中，当电路无触发信号时，u_i保持高电平，电路工作在稳定状态，输出u_O为低电平，LED 灯熄灭；当用手指触摸u_i输入端时，相当于给u_i输入了一个负脉冲，即给了电路一个触发信号，电路被触发，u_O由低电平跳变为高电平，LED 灯点亮，电路由稳态转入暂稳态；经过一段时间后，电路由暂稳态重新转入稳态，输出u_O为低电平，LED 灯熄灭。通过改变电路中的定时元件 R 和 C 的大小，就可以改变暂稳态持续的时间，即改变 LED 灯持续点亮的时间。该电路相当于一个触摸开关电路，通过用手触摸相应部位，使照明灯点亮一段时间，然后自动熄灭。

7.1.3 555 定时器组成的防盗报警器

“555”组成的防盗报警器如图 7-8 所示，A、B 两端为一细铜线接通，悬于窃者必经之路，当盗者闯入室内将铜线碰断时，扬声器即发出报警信号。

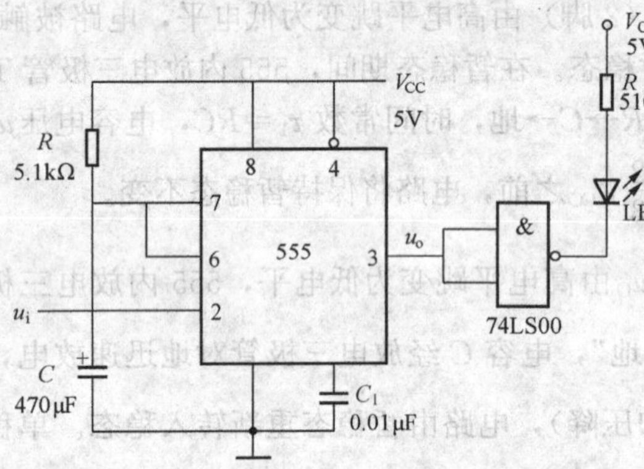

图 7-7 单稳态触发器逻辑功能测试电路

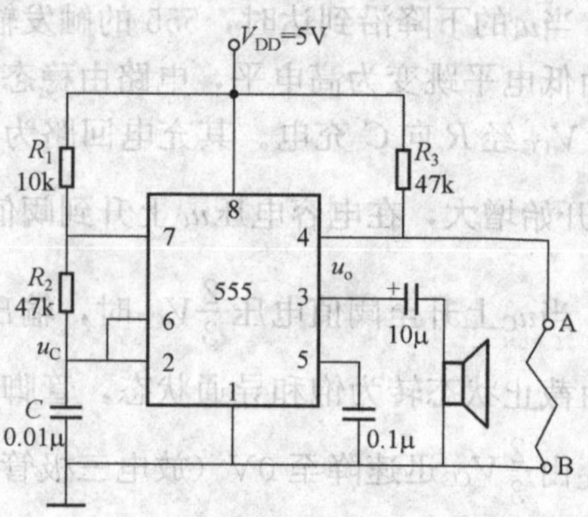

图 7-8 555 定时器组成的防盗报警器

任务二 用移位寄存器 74LS194 制作彩灯控制电路实例

7.2.1 时序逻辑电路概述

时序逻辑电路简称时序电路，它是数字电路除组合逻辑电路之外的另一重要分支。

扫一扫

组合逻辑电路在任一时刻的输出信号状态仅仅与该时刻的输入信号状态有关，而与电路前一时刻的输出状态无关。

时序逻辑电路在任何时刻的输出信号状态不仅取决于当时的输入信号，而且还与电路的原状态有关，或者说还与以前的输入有关。

从结构上来说，时序逻辑电路中必须含有存储电路。时序电路的方框图可以画成如图 7-9 所示的一般形式，它由组合电路和存储电路两部分组成。

图中 X 代表时序逻辑电路的输入信号，Q 代表存储电路的输出信号，它被反馈到组合电路的输入端，与输入信号共同决定时序逻辑电路的输出状态。Y 代表时序逻辑电路的输出信号，D 代表存储电路（触发器）的输入信号。这些信号之间的逻辑关系可以表示为

$$Y = F_1(X, Q^n) \tag{7-1}$$

$$D = F_2(X, Q^n) \tag{7-2}$$

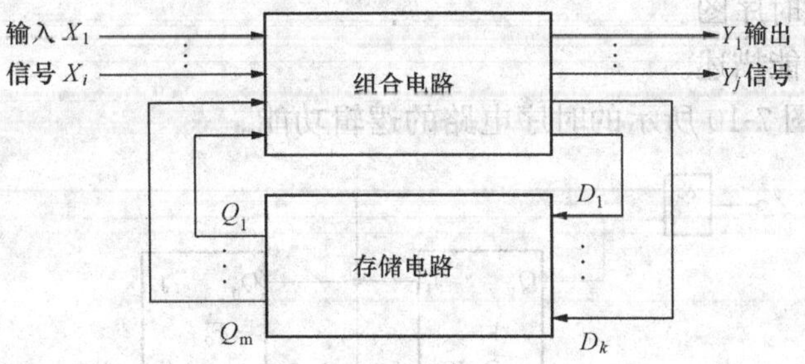

图 7-9　时序电路的一般方框图

$$Q^{n+1}=F_3(D,Q^n) \tag{7-3}$$

式(7-1)称为输出方程，式(7-2)称为驱动方程(或称激励方程)。由于存储电路由触发器构成，Q_1，Q_2，…，Q_m 表示的是构成存储电路的各个触发器的状态，故式(7-3)称为存储电路的状态方程，也就是时序逻辑电路的状态方程，Q^{n+1}是次态，Q^n是初态(现态)。

综上所述，时序逻辑电路具有以下特点：

(1) 时序逻辑电路通常包含组合电路和存储电路两个组成部分，而存储电路要记忆给定时刻前的输入输出信号，是必不可少的。

(2) 时序逻辑电路中存在反馈，存储电路的输出状态必须反馈到组合电路的输入端，与输入信号一起，共同决定组合逻辑电路的输出状态。

根据存储电路（即触发器）状态变化的特点，时序电路可分为同步时序电路和异步时序电路两大类。同步时序电路中，各触发器受同一时钟控制，其状态变化与所加的时钟脉冲信号都是同步的；而在异步时序电路中，存储单元状态的变化不是同时发生的，各触发器的时钟不同，或者可能有一部分电路有公共的时钟信号，也可能完全没有公共时钟信号。同步时序电路较复杂，其工作速度比异步时序电路快。

描述一个时序电路的逻辑功能可以采用逻辑方程组（驱动方程、输出方程、状态方程)、状态转换表、状态转换图、时序图等方法，这些方法可以相互转换。

7.2.2　同步时序逻辑电路的分析方法

所谓对时序逻辑电路的分析，就是根据已知的逻辑电路图通过分析确定时序电路的逻辑功能和工作特点。

时序电路的一般分析就是根据已知的时序电路，确定电路所实现的逻辑功能、了解其用途的过程。其具体步骤如下。

(1) 分析逻辑电路组成。确定输入信号和输出信号，区分组合电路部分和存储电路部分，确定是同步电路还是异步电路。

(2) 写出存储电路的驱动方程和时序电路的输出方程。对异步电路还应写出时钟方程。

(3) 求状态方程。把驱动方程代入相应触发器的特性方程，即可求得状态方程，也就是各个触发器的次态方程。

(4) 列状态表。把电路的输入信号和存储电路现态的所有可能的取值组合代入状态方程和输出方程进行计算，求出相应的次态和输出。列表时需判断是否满足触发器的时钟条件，若不满足，触发器状态保持不变。

（5）画状态图或时序图。

（6）进行电路功能描述。

【例 7-1】 分析图 7-10 所示的时序电路的逻辑功能。

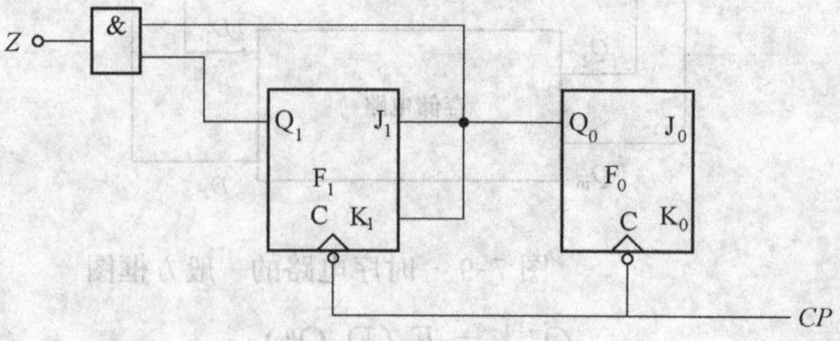

图 7-10 ［例 7-1］的逻辑电路

解（1）写出相关方程式。

时钟方程：$CP_0 = CP_1 = (CP\downarrow)$

驱动方程：$J_0 = 1$，$K_0 = 1$，$J_1 = Q_0^n$，$K_1 = Q_0^n$

输出方程：$Z = Q_1Q_0$

（2）求各个触发器的状态方程。

JK 触发器特性方程为 $Q^{n+1} = J\overline{Q^n} + \overline{K}Q^n(CP\downarrow)$

将对应的驱动方程分别代入特性方程，进行化简变换可得状态方程

$$Q_0^{n+1} = 1 \cdot \overline{Q_0^n} + \overline{1} \cdot Q_0^n = \overline{Q_0^n}(CP\downarrow)$$

$$Q_1^{n+1} = J_1\overline{Q_1^n} + \overline{K_1}Q_1^n = Q_0^n\overline{Q_1^n} + \overline{Q_0^n}Q_1^n(CP\downarrow)$$

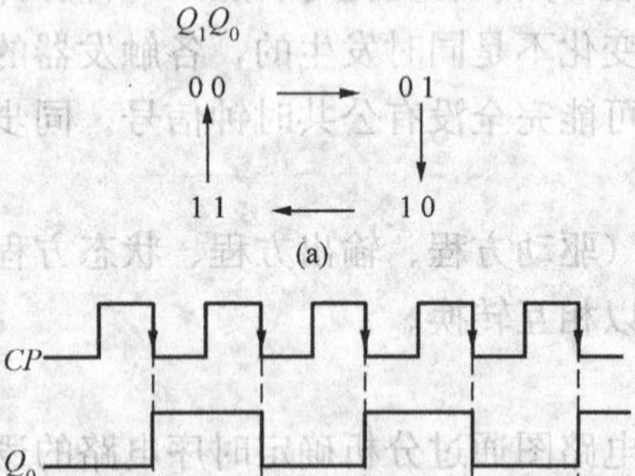

图 7-11 状态图和时序图

（a）状态图；（b）时序图

（3）求出对应的状态值。

列状态表：列出电路输入信号和触发器原态的所有取值组合情况，代入相应的状态方程，求得相应的触发器次态及输出状态，列表得到的状态表如表 7-2 所示。其状态图和时序图分别如图 7-11(a)和(b)所示。

表 7-2 **状态表**

CP	Q_1^n	Q_0^n	Q_1^{n+1}	Q_0^{n+1}	Z
1	0	0	0	1	0
2	0	1	1	0	0
3	1	0	1	1	0
4	1	1	0	0	1

（4）归纳分析上述分析结果，确定该时序电路的逻辑功能。

从时钟方程可知该电路是同步时序电路。

从图 7-11（a）所示状态图可知：随着 CP 脉冲的递增，不论从电路输出的哪一个状态开始，触发器输出的变化都会进入同一个循环过程，而且此循环过程中包括四个状态，并且状态之间是递增变化的。当 $Q_1Q_0=11$ 时，输出 $Z=1$；当 Q_1Q_0 取其他值时，输出 $Z=0$；在变化一个循环的过程中，$Z=1$ 只出现一次，故为进位输出信号。

综上所述，此电路是带进位输出的同步四进制加法计数器电路。

从图 7-11（b）所示时序图可知：Q_0 端输出矩形信号的周期是输入 CP 信号周期的两倍，所以 Q_0 端输出信号的频率是输入信号 CP 频率的 1/2，对应 Q_1 端输出信号的频率是输入 CP 信号频率的 1/4，因此 N 进制计数器同时也是一个 N 分频器，所谓分频就是降低频率，N 分频器的输出信号频率是其输入信号频率的 $1/N$。

7.2.3 寄存器

寄存器的功能是存储二进制代码，例如，在计算机或其他数字系统中，经常要用寄存器将运算数据或指令代码暂时存放起来。寄存器由具有记忆功能的触发器构成，一个触发器有 0 和 1 两个稳定状态，它只能储存一位二进制代码，存放 N 位二进制数码则需要 N 个触发器。寄存器根据功能可分为数码寄存器和移位寄存器两大类。按接收数码的方式，寄存器可分为：单拍式和双拍式。

单拍式：接收数据后直接把触发器置为相应的数据，不考虑初态。

双拍式：接收数据之前，先用复“0”脉冲把所有的触发器恢复为“0”，第二拍把触发器置为接收的数据。

7.2.3.1 数码寄存器

数码寄存器是指存储二进制数码的时序电路组件，它具有接收和寄存二进制数码的逻辑功能。前面介绍的各种集成触发器，就是可以存储一位二进制数的寄存器。用 N 个触发器就可以存储 N 位二进制数。

图 7-12 所示为由 D 触发器组成的 4 位数码寄存器。在存数指令（CP 脉冲上升沿）的作用下，可将预先加在各 D 触发器输入端的数码，存入相应的触发器中，并可从各触发器的 Q 端同时输出，所以称其为并行输入、并行输出的寄存器。

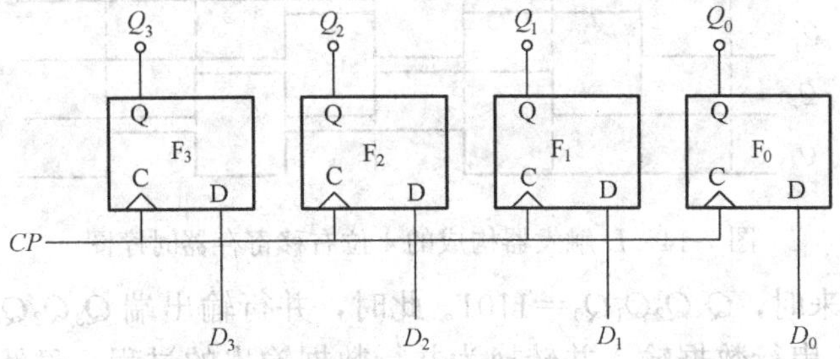

图 7-12　由 D 触发器组成的 4 位数码寄存器

例如，将数码 1001 分别加在数据输入端 D_3、D_2、D_1、D_0 上，当 CP 上升沿到来时，各触发器的次态为 $Q_3^{n+1}Q_2^{n+1}Q_1^{n+1}Q_0^{n+1}=D_3D_2D_1D_0=1001$，即将数码存到了寄存器中。

数码寄存器的特点如下。

（1）在存入新数码时能将寄存器中的原始数码自动清除，即只需要输入一个接收脉冲，就可将数码存入寄存器中，即为单拍接收方式的寄存器。

（2）在接收数码时，各位数码同时输入，而各位输出的数码也同时取出，即为并行输入、并行输出的寄存器。

7.2.3.2 移位寄存器

移位寄存器也是数字系统和计算机中应用很广泛的基本逻辑部件。移位寄存器不但具有存储二进制代码的功能，而且具有移位的功能。在移位脉冲的作用下，数码向左移动一位称为左移，向右移动一位称为右移。

移位寄存器中只能单向移位的称为单向移位寄存器，既可以向左移位也可以向右移位的称为双向移位寄存器。

1. 单向移位寄存器

由 D 触发器构成的 4 位右移寄存器如图 7-13 所示。CR 为异步清零端。左边触发器的输出接至相邻右边触发器的输入端 D，输入数据由最左边触发器 FF_0 的输入端 D_0 接入。

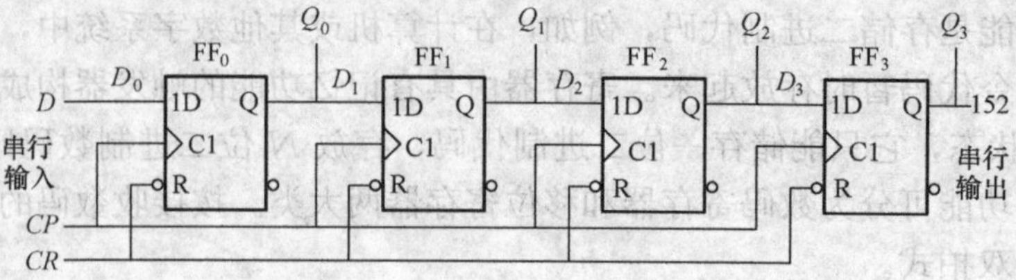

图 7-13　D 触发器构成的 4 位右移寄存器

设寄存器的原始状态为 $Q_3Q_2Q_1Q_0=0000$，若输入数码为 1101（$D_3D_2D_1D_0$），因为逻辑图中最高位寄存器单元 FF_3 位于最右侧，因此输入数据的最高位需先送入，然后从高位到低位依次输入。在 4 个移位脉冲作用后，输入的 4 位串行数码 1101 全部存入了寄存器。电路的时序图如图 7-14 所示。

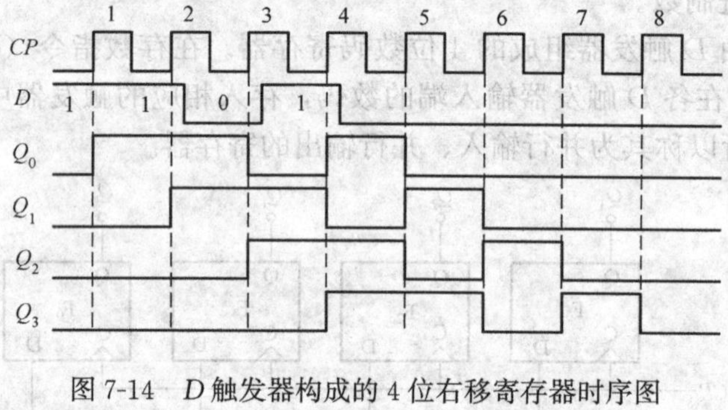

图 7-14　D 触发器构成的 4 位右移寄存器时序图

第四个 $CP\uparrow$ 到来时，$Q_3Q_2Q_1Q_0=1101$。此时，并行输出端 $Q_3Q_2Q_1Q_0$ 的数码与输入相对应，完成了将 4 位串行数据输入并转换为并行数据输出的过程。显然，若以 Q_3 端作为输出端，再经 4 个 CP 脉冲后，已经输入的并行数据可依次从 Q_3 端串行输出，即可组成串行输入、串行输出的移位寄存器。

如果将右边触发器的输出端接至相邻左边触发器的数据输入端，待存数据由最右边触发器的数据输入端串行输入，则可以构成左移寄存器。

除用 D 触发器外，也可用 JK，RS 触发器构成寄存器，只需将 JK 或 RS 触发器转换为 D 触发器的功能即可。但 T 触发器不能用来构成移位寄存器。

2. 双向移位寄存器

将右移寄存器和左移寄存器组合起来，并引入一个控制端 S 便构成既可左移又可右移的双向移位寄存器，如图 7-15 所示。

当 $S=1$ 时，与或非门左边的与门打开，右边的与门封锁，$D_0=D_{SR}$，$D_1=Q_0$，$D_2=Q_1$，$D_3=Q_2$，即 FF_0 的 D_0 端与右端串行输入端 D_{SR} 端连通，FF_1 的 D_1 端与 Q_0 连通，在 CP

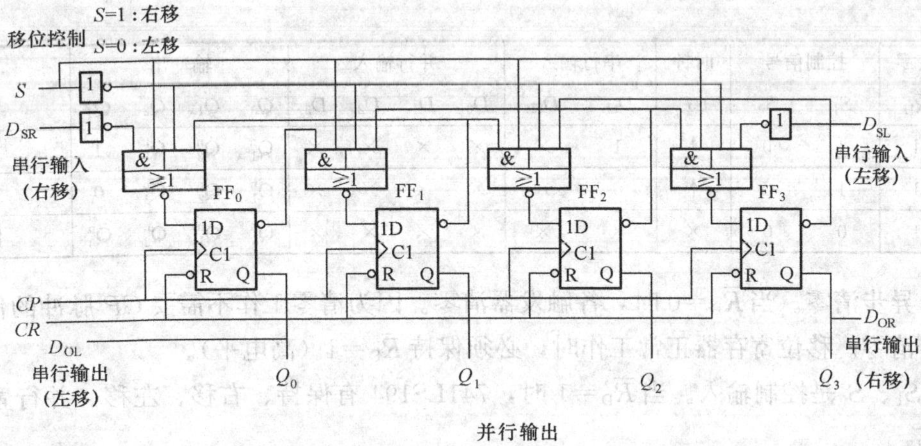

图 7-15　D 触发器构成的 4 位双向移位寄存器

脉冲作用下，由 D_{SR}端输入的数据将实现右移操作；当 $S=0$ 时，$D_0=Q_1$，$D_1=Q_2$，$D_2=Q_3$，$D_3=D_{SL}$，在 CP 脉冲作用下，实现左移操作。可实现串行输入—串行输出（由 D_{OL}或 D_{OR}输出）、串行输入　并行输出的工作方式（由 $Q_3Q_2Q_1Q_0$ 输出）。

7.2.3.3　集成移位寄存器 74LS194

1. 逻辑功能和引脚排列

集成移位寄存器从结构上分，有 TTL 型和 CMOS 型；按寄存数据位数分，有 4 位、8 位和 16 位等；按移位方向分，有单向和双向两种。

74LS194 是双向 4 位 TTL 型集成移位寄存器，具有双向移位、并行输入、保持数据和清除数据等功能。其逻辑图和引脚图如图 7-16 所示，逻辑功能表见表 7-3。

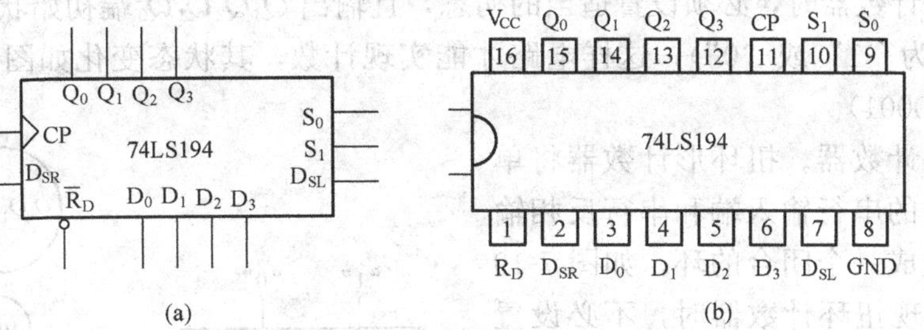

图 7-16　集成移位寄存器 74LS194

（a）逻辑功能示意图；（b）引脚图

表 7-3　　4 位双向移位寄存器 741LS194 功能表

序号	清零	控制信号		时钟	串行输入		并行输入				输出				功能
	$\overline{R}_D$	S_1	S_0	CP	D_{SL}	D_{SR}	D_0	D_1	D_2	D_3	Q_0	Q_1	Q_2	Q_3	
1	0	×	×	×	×	×	×	×	×	×	0	0	0	0	清零
2	1	×	×	0	×	×	×	×	×	×	Q_0^n	Q_1^n	Q_2^n	Q_3^n	保持
3	1	1	1	↑	×	×	d_0	d_1	d_2	d_3	d_0	d_1	d_2	d_3	置数
4	1	0	1	↑	×	1	×	×	×	×	1	Q_0^n	Q_1^n	Q_2^n	右移
5	1	0	1	↑	×	0	×	×	×	×	0	Q_0^n	Q_1^n	Q_2^n	右移

续表

序号	清零	控制信号		时钟	串行输入		并行输入				输出				功能
	$\overline{R}_D$	S_1	S_0	CP	D_{SL}	D_{SR}	D_0	D_1	D_2	D_3	Q_0	Q_1	Q_2	Q_3	
6	1	1	0	↑	1	×	×	×	×	×	Q_1^n	Q_2^n	Q_3^n	1	左移
7	1	1	0	↑	0	×	×	×	×	×	Q_1^n	Q_2^n	Q_3^n	0	左移
8	1	0	0	×	×	×	×	×	×	×	Q_0^n	Q_1^n	Q_2^n	Q_3^n	保持

（1）异步清零。当 $\overline{R}_D=0$ 时，各触发器清零。因为清零工作不需要 CP 脉冲的作用，故称为异步清零。移位寄存器正常工作时，必须保持 $\overline{R}_D=1$（高电平）。

（2）S_1、S_0 是控制输入。当 $\overline{R}_D=1$ 时，741LS194 有保持、右移、左移、并行置数 4 种工作方式。

2. 集成移位寄存器 741LS194 的应用

（1）实现数据传输方式的转换。

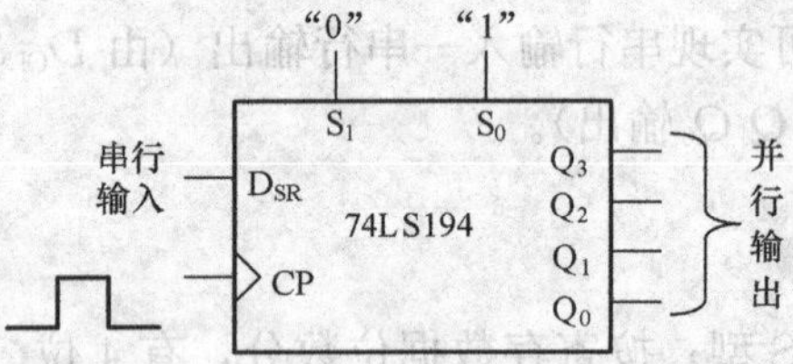

图 7-17　74LS194 的串并转换

在数字电路中，数据的传送方式有串行和并行两种，而移位寄存器可实现数据传送方式的转换。如图 7-17 所示，寄存器 74LS194 既可将串行输入转换为并行输出，也可将串行输入转换为串行输出。

（2）构成移位型计数器。

①环形计数器。环形计数器将单向移位寄存器的串行输入端和串行输出端相连，构成一个闭合的环，如图 7-18（a）所示。

实现环形计数器时，必须设置适当的初态，且输出 $Q_3Q_2Q_1Q_0$ 端初始状态不能完全一致（即不能完全为“1”或“0”），这样电路才能实现计数，其状态变化如图 7-18（b）所示。（电路初态为 0001）

②扭环形计数器。扭环形计数器将单向移位寄存器的串行输入端和串行反相输出端相连，构成一个闭合的环。如图 7-19（a）所示。实现扭环计数器时，不必设置初态。状态变化如图 7-19（b）所示，设初态为 0000，电路状态循环变化，循环过程包括八个状态，可实现 8 进制计数。此电路可用于彩灯控制。

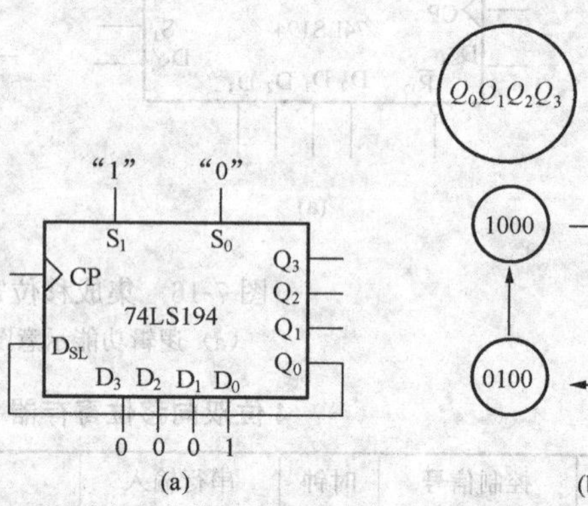

图 7-18　用 74LS194 构成的环形计数器

（a）逻辑图；（b）状态图

7.2.4　循环彩灯控制电路设计

以移位寄存器 74LS194 为核心，设计出循环彩灯控制电路，如图 7-20 所示。

1. 电路工作原理

图中 U1、U2、U3 都采用 74LS194，它们连接成了一个 12 位双向移位寄存器，每个集成电路块的输出接发光二极管。因为循环彩灯对频率的要求不高，只要能产生高、低电平，且脉冲信号的频率可调就可以了，所以采用如图 7-21 所示的 555 定时器组成的振荡器，以

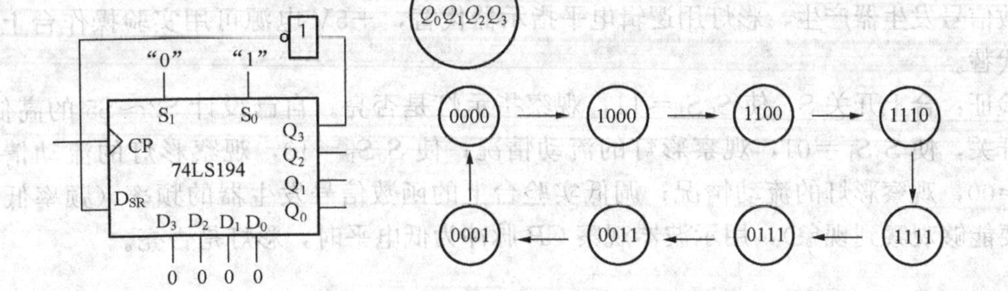

(a)　　　　　　　　　　　　　　　　(b)

图 7-19　用 74LS194 构成的扭环形计数器

(a) 逻辑图；(b) 状态图

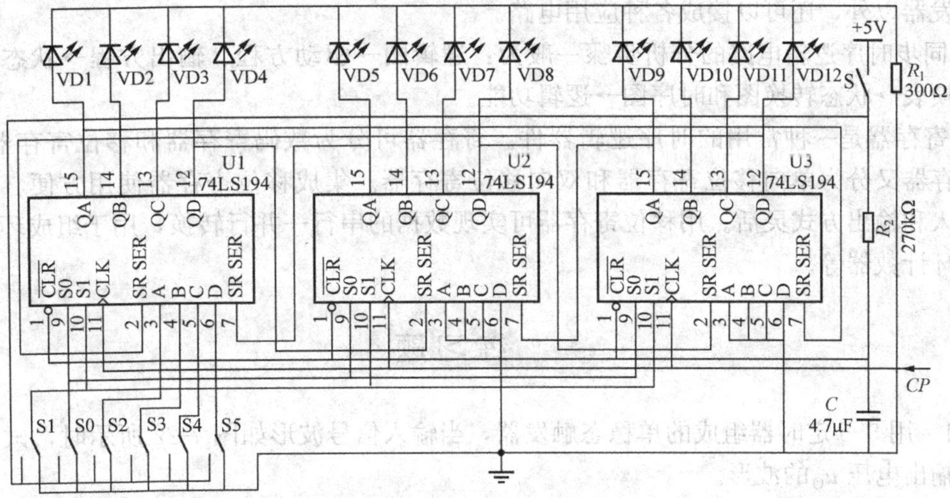

图 7-20　循环彩灯控制电路

其输出脉冲作为 CP 脉冲信号。

当电源开关 S 闭合时，通过积分电路给移位寄存器 74LS194 的 R_d 清零端提供一个低电平，使 U1、U2、U3 都清零。将开关 S1、S0 打到高电平，此时 VD1～VD4 将按照 S2～S5 设置的状态显示，其他灯都熄灭。$S_2S_3S_4S_5$＝1100 时，双灯流动；$S_2S_3S_4S_5$＝1010 时，双灯隔开流动。若将 S0 接低电平，S1 接高电平，则彩灯根据输入的 S2～S5 向左移动；若将 S0 接高电平，S1 接低电平，则彩灯根据输入的 S2～S5 向右移动。如果 S0 和 S1 的动作再受编程控制的话，那么这时彩灯会自动地左移、右移，或者以多种组合方式移动。

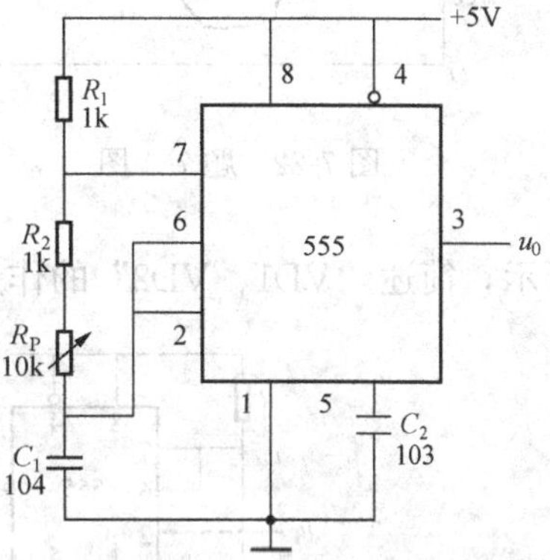

图 7-21　555 定时器组成的振荡器

2. 电路的安装和验证

所有电路可在面包板上完成安装。

安装：先用数字集成测试仪测试每个集成模块的好坏，然后按照如图 7-20 所示的电路连接好电路。在连接过程中，若出现连线不通的情况，可用万用表测量检查。*CP* 脉冲可暂由函数信号发生器产生，彩灯用逻辑电平指示器代替，＋5V 电源可用实验操作台上的稳压电源代替。

验证：合上开关 S，使 S_0S_1＝11，观察指示灯是否亮。自己设计 S2～S5 的高低电平，拨动开关，使 S_0S_1＝01，观察彩灯的流动情况；使 S_0S_1＝10，观察彩灯的流动情况；使 S_0S_1＝00，观察彩灯的流动情况；调低实验台上的函数信号发生器的频率（频率低到用示波器要能够观察到现象），用示波器观察 *CP* 脉冲为低电平时，彩灯是否亮。

小　结

1. 555 定时器是一种应用广泛的集成器件，除了能组成单稳态触发器、多谐振荡器和施密特触发器以外，还可以接成各种应用电路。

2. 同步时序逻辑电路的分析步骤一般为：逻辑图→驱动方程、输出方程→状态方程→状态转换表→状态转换图和时序图→逻辑功能。

3. 寄存器是一种常用的时序逻辑器件。寄存器可分为数码寄存器和移位寄存器两种，移位寄存器又分为单向移位寄存器和双向移位寄存器。集成移位寄存器使用方便、功能齐全、输入和输出方式灵活。用移位寄存器可实现数据的串行—并行转换，用于组成环形计数器、扭环计数器等。

练习题

7.1　用 555 定时器组成的单稳态触发器，当输入信号波形如图 7-22 所示时，试定性地画出其输出电压 u_O的波形。

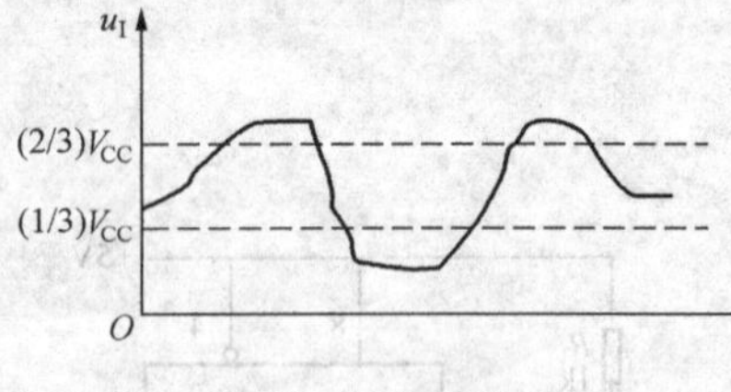

图 7-22　题 7.1 图

7.2　试用 555 定时器设计一个单稳态触发器，要求输出脉冲宽度在 1～10s 范围内连续可调，取定时电容 C＝10μF。

7.3　555 定时器构成的单稳态触发器如图 7-23 所示，输入波形如图所示，画出电容电压 u_C和输出电压 u_o的波形。

7.4　由 555 定时器组成的多谐振荡器如图 7-24 所示，简述“VD1、VD2”的作用。电路中的电位器有何用途？写出电路输出波形的占空比

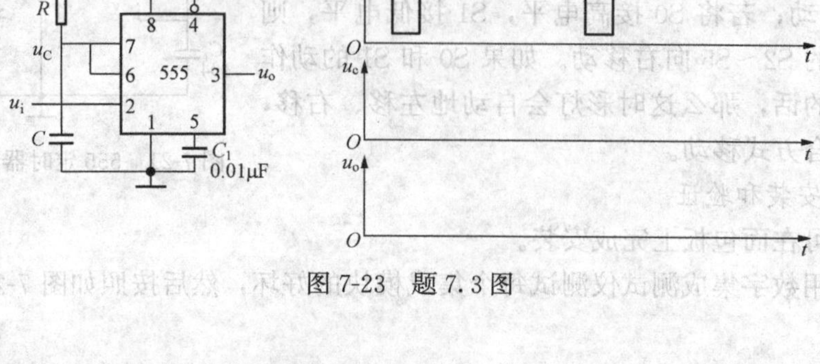

图 7-23　题 7.3 图

表达式。

7.5　“555”组成的防盗报警器如图 7-25 所示，A、B 两端为一细铜线接通，悬于窃者必经之路，当盗者闯入室内将铜线碰断时，扬声器即发出报警信号。

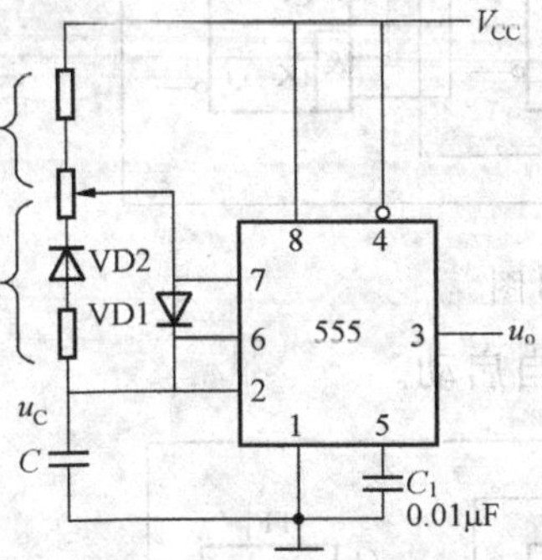

图 7-24　题 7.4 图

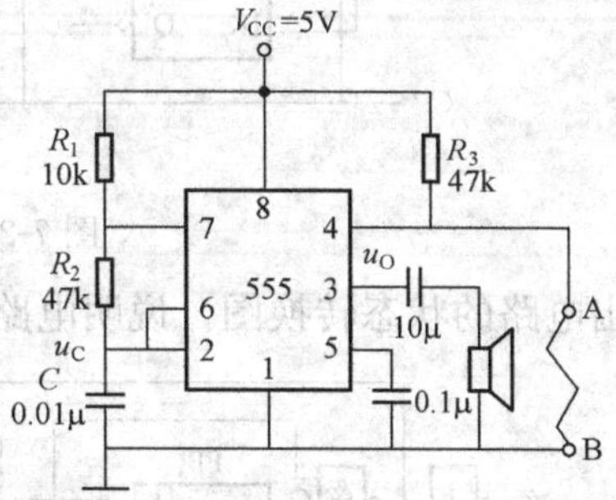

图 7-25　题 7.5 图

(1) 分析报警原理；

(2) 写出报警器的频率 f_0（写表达式）。

7.6　用集成 555 定时器组成的施密特触发器如图 7-26 所示，若已知输入波形 u_i，对应地画出输出波形 u_o，并指出它的主要特点是什么。

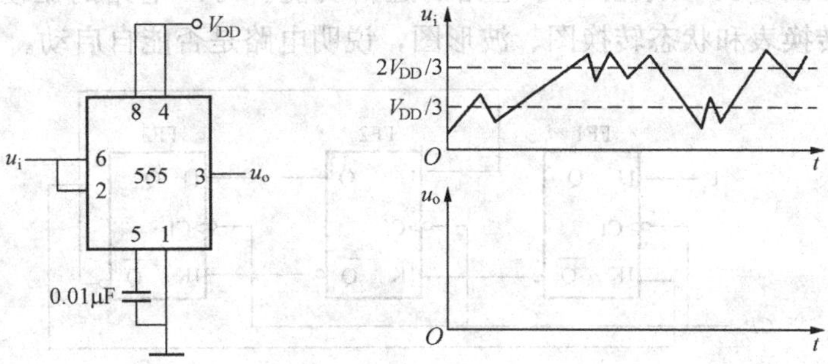

图 7-26　题 7.6 图

7.7　利用集成寄存器 74LS194（如图 7-27）设计出右移（M_1=L，M_0=H）环形计数器和扭环形计数器，写出有效状态转换图。

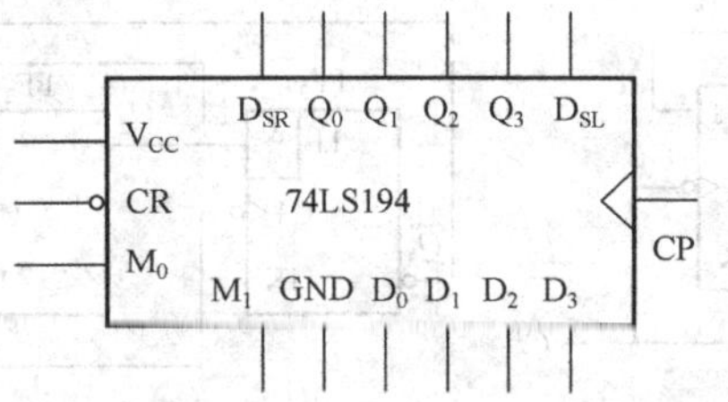

图 7-27　题 7.7 图

7.8　分析如图 7-28 所示的时序电路的逻辑功能。要求写出分析过程，作出状态转换表和状态转换图，并说明电路是否能自启动。

7.9　分析如图 7-29 所示的时序电路的逻辑功能。写出电路的驱动方程、状态方程、输

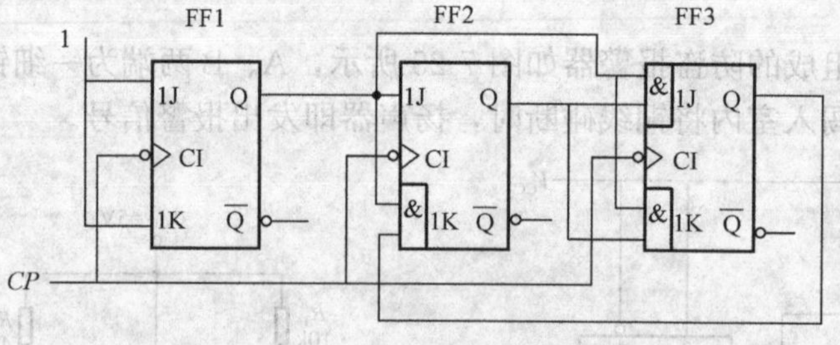

图 7-28 题 7.8 图

出方程，画出电路的状态转换图，说明电路是否能自启动。

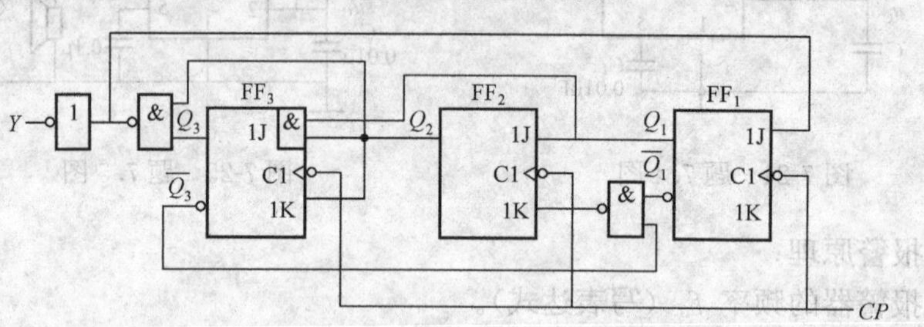

图 7-29 题 7.9 图

7.10 分析如图 7-30 所示的时序电路的逻辑功能。写出电路的驱动方程、状态方程，画出电路的状态转换表和状态转换图、波形图，说明电路是否能自启动。

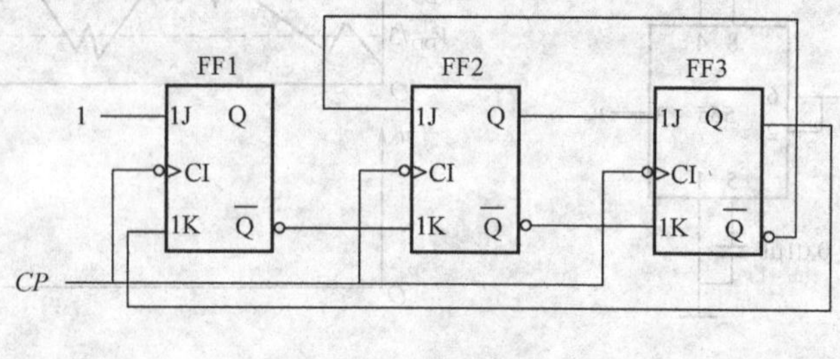

图 7-30 题 7.10 图

7.11 分析如图 7-31 所示的时序电路的逻辑功能。写出电路的驱动方程、状态方程，画出电路的状态转换表和状态转换图、波形图，说明电路是否能自启动。

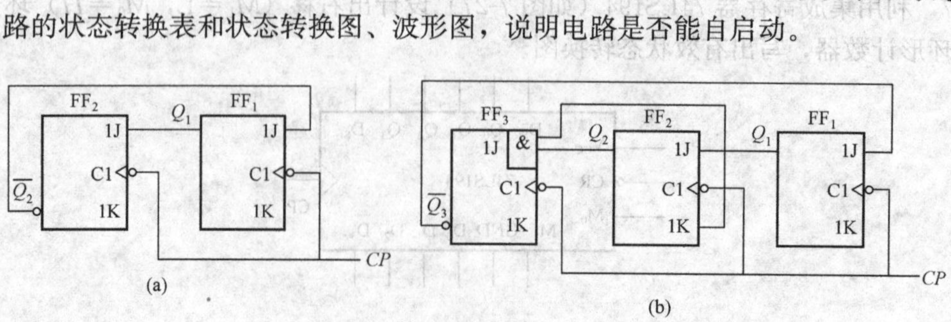

图 7-31 题 7.11 图

7.12 分析如图 7-32 所示的时序电路的逻辑功能。写出电路的驱动方程、状态方程、输出方程，画出电路的状态转换图，说明电路是否能自启动。

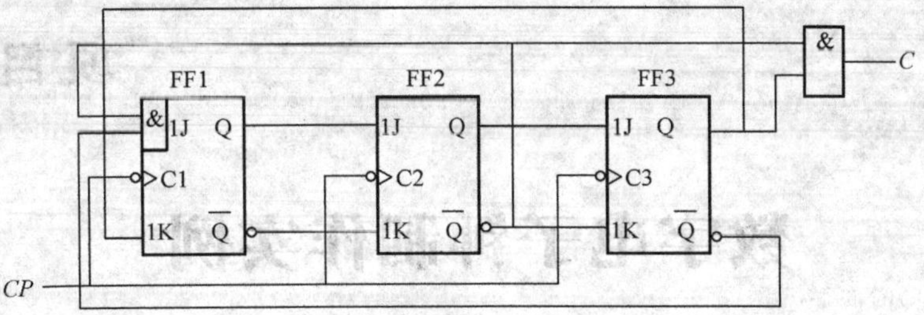

图 7-32　题 7.12 图

项目八

数字电子钟制作实例

数字电子钟是用数字集成电路构成的、用数码显示的一种现代计时器，与传统机械表相比，它具有走时准确、显示直观、无机械传动装置等特点，因此被广泛应用于车站、码头、机场、商店等公共场所。在控制系统中，也常用它来作定时控制的时钟源。

项目要求：

（1）设计一个具有“时”“分”“秒”的十进制数字显示（小时从 00～23）功能的计时器。

（2）具有手动校时、校分的功能。

（3）用 74 系列中小规模集成器件实现。

任务一 译码显示电路制作实例

数字式计时器一般都由振荡器、分频器、计数器、译码器、显示器等部分组成。其中振荡器和分频器组成标准秒信号发生器。数字式计数器由不同进制的计数器、译码器和显示器组成计时系统。秒信号送入计数器进行计数，把累计的结果以“时”“分”“秒”的数字显示出来。“时”显示由二十四进制计数器、译码器、显示器构成，“分”“秒”显示分别由六十进制计数器、译码器、显示器构成，其原理框图如图 8-1 所示。

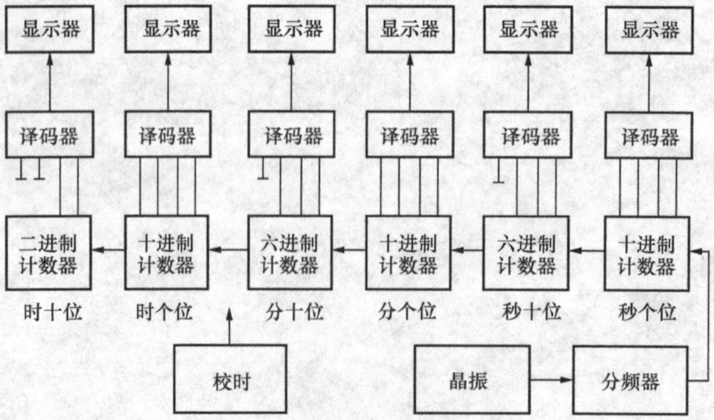

扫一扫

图 8-1 数字钟原理框图

8.1.1 显示器

在数字系统中，经常需要将数字或者运算结果显示出来，以便人们观测、查看。因此需要由显示电路来完成显示。显示电路通常包括显示译码器和显示器两部分。数码显示器又称数码管，按照发光物质的不同可分为半导体发光二极管数码管（LED数码管）、荧光数码管、液晶显示器（LCD）、等离子显示板等；按照组成方式不同又可分为分段式显示器、点阵式显示器等。此处我们介绍应用非常广泛的七段式LED数码管。

图 8-2　LED数码管

七段式LED数码管就是将七个发光二极管a、b、c、d、e、f、g（加小数点dp为八个）按照一定的方式排列起来，利用不同发光段的组合，显示出不同的数字，如图8-2所示。LED数码管内部发光二极管有共阳极和共阴极两种接法，共阳极接法指将各段二极管的阳极接在一起作为公共阳极接到高电平，需要某段发光，则将相应的二极管阴极接低电平；共阴极接法正好相反，指把各段阴极接在一起接到低电平，需要某段发光，则将相应二极管的阳极接高电平。如图8-3所示。

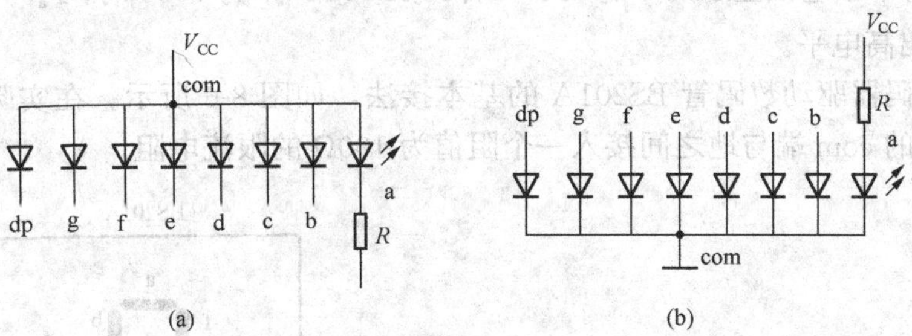

图 8-3　LED数码管内部接法

（a）共阳极接法；（b）共阴极接法

图8-4（a）所示为LED数码管的外部引脚功能图，图8-4（b）所示为测试LED数码管逻辑功能的电路原理图，其中LED数码管为共阴极接法，7个阻值为510Ω的电阻为限流电阻，用于保护LED数码管内部的发光二极管。在测试时，可以将a～g七个输入端分别接相应的高电平或低电平，使LED数码管分别显示0～9十个数字。在简易的情况下，可以采用图8-4（c）所示的简易测试电路进行测试。

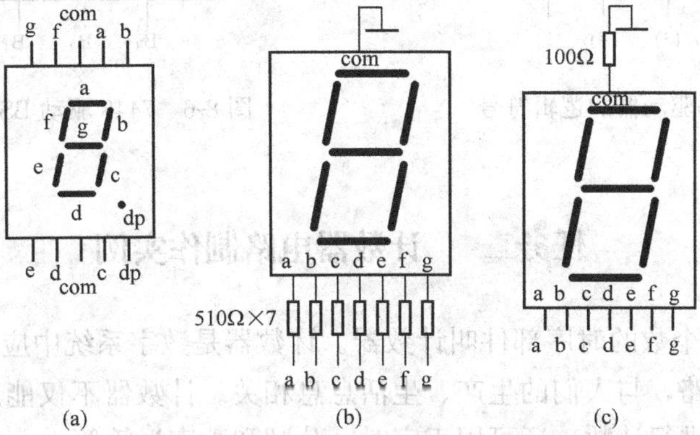

图 8-4　LED数码管逻辑功能测试电路

（a）引脚排列图；（b）完整测试电路；（c）简易测试电路

8.1.2　译码器

由于半导体数码管采用分段显示方式，故常用集成芯片7448译码驱动器来配合显示。

7448 译码驱动器的主要功能是把 8421BCD 码译成对应于数码管的七字段信号，驱动数码管，显示相应的十进制数码。其逻辑符号如图 8-5 所示，图中 $A_3A_2A_1A_0$ 是四位二进制数输入信号，$Y_a \sim Y_g$ 是七段译码输出信号，$\overline{LT}$、$\overline{RBI}$、$\overline{BI}/\overline{RBO}$ 是使能端，起辅助控制作用。

7448 译码驱动器除了译码功能外，还具有以下几个辅助功能：

（1）灯测试（$\overline{LT}$）功能。当 $\overline{BI}/\overline{RBO}$ 端为高电平，$\overline{LT}$ 端输入低电平时，不管其他输入是何状态，$Y_a \sim Y_g$ 的七段全亮，数码管正常应显示“8”字形。平时 $\overline{LT}$ 端应置为高电平。

（2）灭灯（$\overline{BI}/\overline{RBO}$）功能。当 $\overline{BI}/\overline{RBO}$ 作为输入端使用，且 $\overline{BI}$ 输入低电平时，不管其他输入是何状态，$Y_a \sim Y_g$ 的七段全暗，可用于控制数码管是否显示数字。

（3）灭零（$\overline{RBI}$）功能。当 $\overline{BI}/\overline{RBO}$ 作为输出端使用时，若灭零输入信号 $\overline{RBI}$ 为低电平，$A_3A_2A_1A_0$ 为 0000 时，则 $Y_a \sim Y_g$ 的七段全暗，同时 $\overline{RBO}$（$\overline{BI}/\overline{RBO}$ 作输出用）输出低电平，表示已将本来应该显示的零熄灭了。若 $A_3A_2A_1A_0$ 不为 0000 时，$Y_a \sim Y_g$ 的七段正常显示，$\overline{RBO}$ 输出高电平。

用 7448 译码器驱动数码管 BS201A 的基本接法，如图 8-6 所示。在实际测试时，可以在 LED 数码管的 com 端与地之间接入一个阻值为 100Ω 的限流电阻。

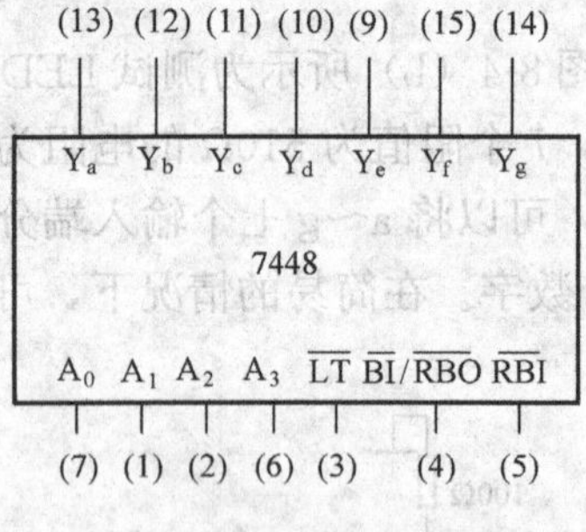

图 8-5　7448 译码驱动器的逻辑符号

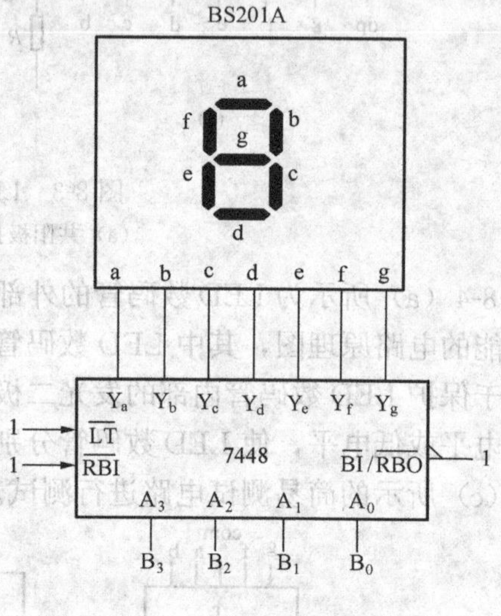

图 8-6　7448 驱动 BS201A 的接法

任务二　计数器电路制作实例

能累计输入脉冲个数的时序部件叫计数器。计数器是数字系统中应用场合最多的时序电路，与人们的生产、生活息息相关。计数器不仅能用于对时钟脉冲个数进行计数，还可用于定时、分频和数字运算等。

扫一扫

计数器按计数进制可以分为二进制计数器和非二进制计数器，非二进制计数器中最典型的是十进制计数器；按数字的增减趋势可分为加法计数器、减法计数器和可逆计数器；按计数器中触发器翻转是否与计数脉冲同步可分为同步计数器和异步计数器。

8.2.1 二进制计数器

1. 异步二进制计数器

以4位二进制加法计数器为例，其逻辑图如图8-7所示。图中JK触发器都接成T'触发器（即$J=K=1$）。最低位触发器FF_0的时钟脉冲输入端接计数脉冲CP，其他触发器的时钟脉冲输入端接相邻低位触发器的Q端。该电路的状态图如图8-8所示，时序波形图如图8-9所示。由状态图可见，从初态0000（由清零脉冲所置）开始，每输入一个计数脉冲，计数器的状态按二进制加法规律加1，所以是二进制加法计数器（4位）。又因为该计数器有0000～1111共16个状态，所以也称十六进制加法计数器或模16（$M=16$）加法计数器。

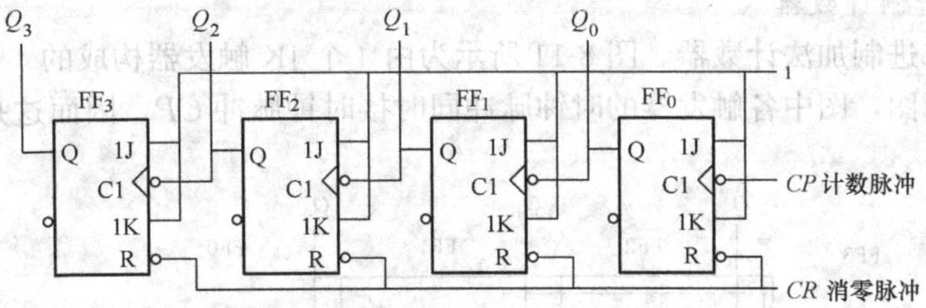

图8-7 由JK触发器构成的4位异步二进制加法计数器

另外，从图8-9的时序波形图可以看出，Q_0、Q_1、Q_2、Q_3的周期分别是计数脉冲（CP）的2倍、4倍、8倍、16倍，也就是说，Q_0、Q_1、Q_2、Q_3分别对CP的波形分别进行了2分频、4分频、8分频、16分频，因而计数器也可以作为分频器使用。

如果触发器为上升沿触发，则在相邻低位由1→0变化时，应迫使相邻高位翻转，需向其输出一个0→1的上升脉冲，可由$\overline{Q}$端引出。如果采用D触发器，可将$\overline{Q}$端反馈至D端，使D触发器转换为T'触发器即可。由D触发器构成的4位异步二进制减法计数器的逻辑图如图8-10所示。

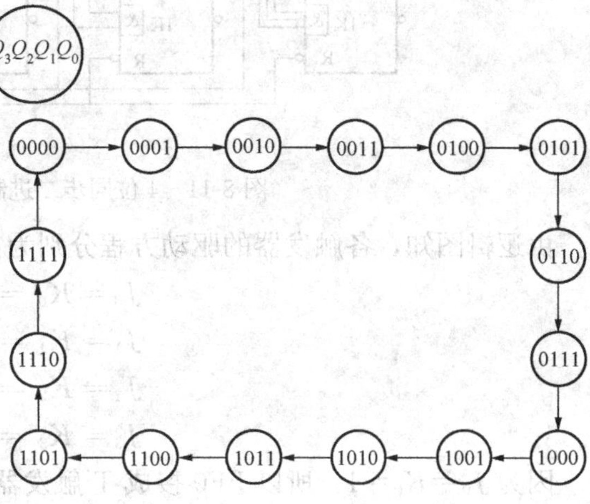

图8-8 由JK触发器构成的4位异步二进制加法计数器状态图

异步计数器的最大优点是电路结构简单，但是高位触发器的状态翻转必须在相邻触发器产生进位信号（加计数）或借位信号（减计数）之后才能实现，各触发器翻转时存在延迟时间，触发器级数越多，延迟时间越长，计数速度越慢。所以，异步计数器的工作速度较低。同时延迟时间可能导致在有效状态转换过程中出现过渡状态，从而造成逻辑错误。基于上述

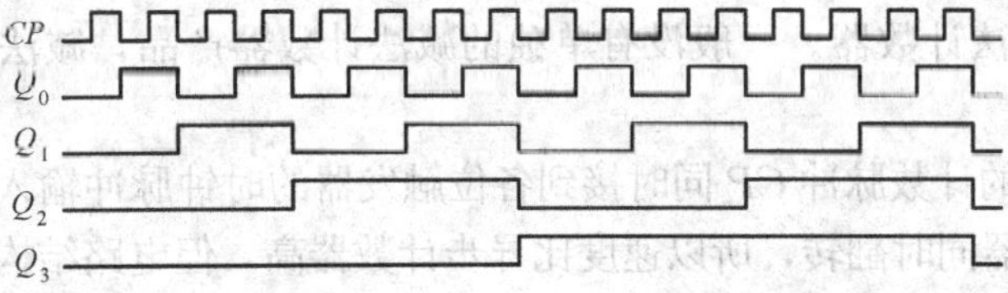

图8-9 由JK触发器构成的4位异步二进制加法计数器时序波形图

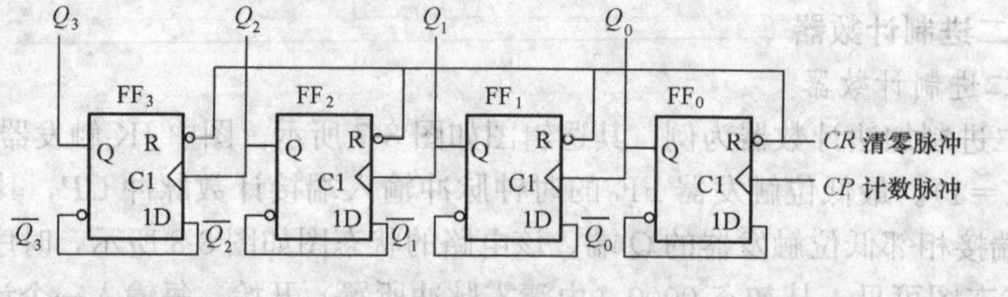

图 8-10　D 触发器构成的 4 位异步二进制减法计数器

原因，可以采用同步计数器来实现计数功能。

2. 同步二进制计数器

（1）同步二进制加法计数器。图 8-11 所示为由 4 个 JK 触发器构成的 4 位同步二进制加法计数器的逻辑图，图中各触发器的时钟脉冲同时接时钟脉冲 CP，因而这是一个同步时序电路。

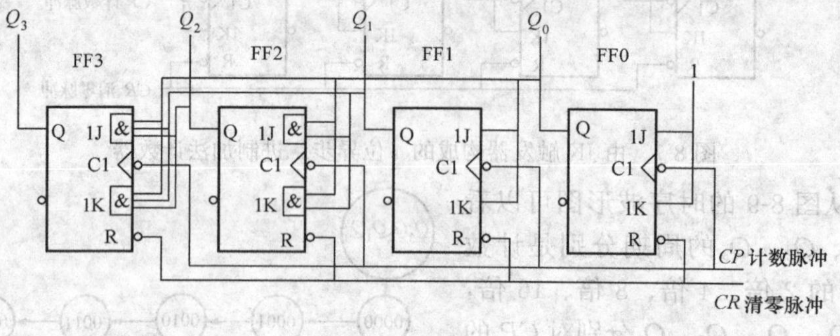

图 8-11　4 位同步二进制加法计数器的逻辑图

由逻辑图知，各触发器的驱动方程分别为

$$J_0 = K_0 = 1$$
$$J_1 = K_1 = Q_0$$
$$J_2 = K_2 = Q_0 Q_1$$
$$J_3 = K_3 = Q_0 Q_1 Q_2$$

因为 $J_0 = K_0 = 1$，所以 FF0 接成 T′触发器，每来一个计数脉冲就翻转一次。

因为 $J_1 = K_1 = Q_0$，所以 FF1 只有在 $Q_0 = 1$ 时处于计数状态，这时 CP 下降沿的到来使 FF1 翻转。

因为 $J_2 = K_2 = Q_0 Q_1$，所以 FF2 只有在 $Q_0 = Q_1 = 1$ 时处于计数状态。

因为 $J_3 = K_3 = Q_0 Q_1 Q_2$，所以 FF_3 只有在 $Q_0 = Q_1 = Q_2 = 1$ 时处于计数状态。

根据上述分析，不难画出如图 8-11 所示逻辑图的时序波形图，依然如图 8-9 所示。

如果将图 8-11 所示的 4 位同步二进制加法计数器触发器 FF3、FF2、FF1、FF0 的驱动信号分别改为 $J_0 = K_0 = 1$、$J_1 = K_1 = \overline{Q}_0$、$J_2 = K_2 = \overline{Q}_0\overline{Q}_1$、$J_3 = K_3 = \overline{Q}_0\overline{Q}_1\overline{Q}_2$，就可以构成 4 位二进制同步减法计数器。一般没有单独的减法计数器产品，减法计数器附属于可逆计数器内。

由于同步计数器的计数脉冲 CP 同时接到各位触发器的时钟脉冲输入端，当计数脉冲到来时，应该翻转的触发器同时翻转，所以速度比异步计数器高，但电路结构比异步计数器复杂。

（2）同步二进制可逆计数器。实际应用中，有时要求一个计数器既能做加法计数又能做减法计数，这样的计数器称为可逆计数器。将 4 位二进制同步加法计数器和减法计数器综合起来，由控制门进行转换，并引入一加/减控制信号，便构成 4 位二进制同步可逆计数器，具体内容读者可参阅其他资料。

8.2.2　集成计数器介绍

目前，集成计数器产品的类型很多。例如，异步二—五—十进制计数器 74LS90、74LS196，4 位同步二进制加法计数器 74LS161、74LS163，同步十进制加法计数器 74LS160、74LS162，十进制同步加/减计数器 74LS190 等。集成计数器功能比较完善、功耗低、体积小，因此在一些小型数字系统中得到了广泛的应用。

1. 集成异步计数器 74LS90

74LS90 是异步二—五—十进制加法计数器，它既可以作二进制加法计数器，又可以作五进制和十进制加法计数器。图 8-12 所示为 74LS90 的逻辑图及引脚图，74LS90 的功能表见表 8-1。

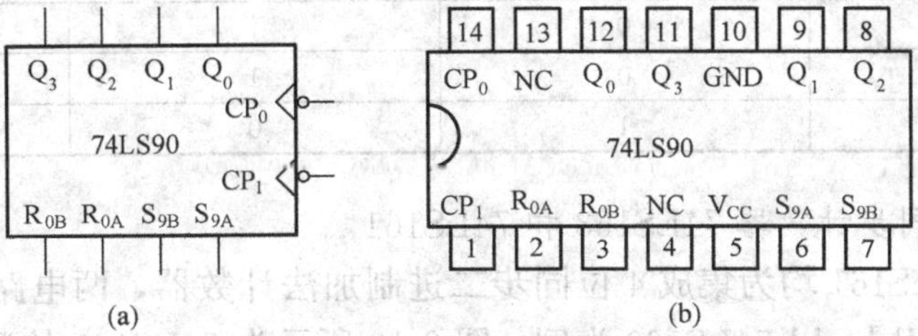

图 8-12　74LS90 的逻辑图及引脚图

（a）逻辑图；（b）引脚图

表 8-1　　**74LS90 的功能表**

CP_0	CP_1	R_{0A}	R_{0B}	S_{9A}	S_{9B}	Q_3	Q_2	Q_1	Q_0
×	×	1	1	× 0	0 ×	0	0	0	0
×	×	× 0	0 ×	1	1	1	0	0	1
↓	×	× 0	0 ×	× 0	0 ×	由 Q_0 输出，二进制计数器			
×	↓	× 0	0 ×	× 0	0 ×	由 Q_3～Q_1 输出，五进制计数器			
↓	Q_0	× 0	0 ×	× 0	0 ×	由 Q_3～Q_0 输出，十进制计数器			

通过不同的连接方式，74LS90 可以实现四种不同的逻辑功能；而且还可借助 R_{0A}、R_{0B} 对计数器清零，借助 S_{9A}、S_{9B} 将计数器置 9。其具体功详述如下：

（1）异步置 0 功能。当 R_{0A}、R_{0B} 均为“1”；S_{9A}、S_{9B} 中有“0”时，实现异步清零功能，即 $Q_3Q_2Q_1Q_0$＝0000。

（2）异步置 9 功能。当 S_{9A}、S_{9B} 均为“1”；R_{0A}、R_{0B} 中有“0”时，实现异步置 9 功能，即 $Q_3Q_2Q_1Q_0$＝1001。

（3）计数功能。当 S_{9A}、S_{9B} 中有“0”；R_{0A}、R_{0B} 中有“0”时，74LS90 处于计数工作状态，有下列四种情况：

①计数脉冲从 CP_0 输入，以 Q_0 作为输出端时，为 1 位二进制加法计数器。

②计数脉冲从 CP_1 输入，以 $Q_3Q_2Q_1$ 作为输出端时，为异步五进制加法计数器，其状态见表 8-2。

③将 CP_1 和 Q_0 相连，计数脉冲由 CP_0 端输入，输出端为 $Q_3Q_2Q_1Q_0$ 时，为 8421BCD 码异步十进制加法计数器。

④将 CP_0 和 Q_3 相连，计数脉冲由 CP_1 端输入，输出端为 $Q_0Q_3Q_2Q_1$ 时，为 5421BCD 码异步十进制加法计数器。

表 8-2　74LS90 接成五进制时的状态表

计数	输出		
	Q_3	Q_2	Q_1
0	0	0	0
1	0	0	1
2	0	1	0
3	0	1	1
4	1	0	0

2. 四位二进制同步计数器 74LS163 和 74LS161

74LS163 和 74LS161 均为集成 4 位同步二进制加法计数器，两电路的逻辑功能基本一致，引脚排列完全相同。以 74LS163 为例，图 8-13 所示为 74LS163 的逻辑图及引脚图。图中 $\overline{LD}$ 为同步置数控制端，$\overline{CR}$ 为置 0 控制端，CT_P 和 CT_T 为计数控制端，$D_0 \sim D_3$ 为并行数据输入端，$Q_0 \sim Q_3$ 为输出端，CO 为进位输出端。

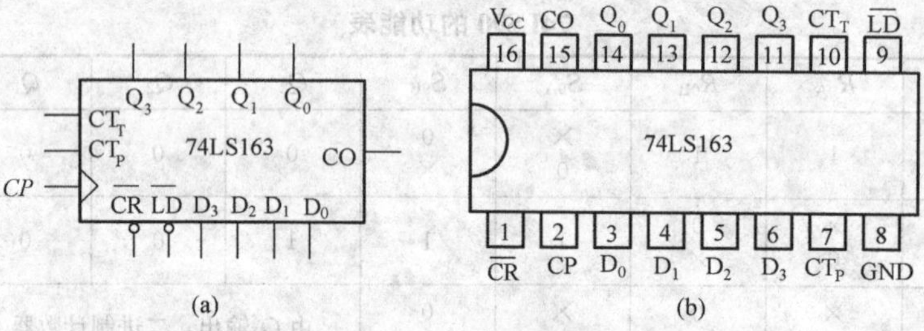

图 8-13　74LS163 的逻辑图及引脚图

(a) 逻辑图；(b) 引脚图

74LS163 的功能表见表 8-3。由表可知，74LS163 具有以下功能。

表 8-3　74LS163 的功能表

清零	预置	使能		时钟	预置数据输入				输出				工作模式
$\overline{CR}$	$\overline{LD}$	CT_T	CT_P	CP	D_3	D_2	D_1	D_0	Q_3	Q_2	Q_1	Q_0	
0	×	×	×	↑	×	×	×	×	0	0	0	0	同步清零
1	0	×	×	↑	d_3	d_2	d_1	d_0	d_3	d_2	d_1	d_0	同步置数
1	1	0	×	×	×	×	×	×	保持				数据保持
1	1	×	0	×	×	×	×	×	保持				数据保持
1	1	1	1	↑	×	×	×	×	计数				加法计数

（1）同步清零。当 $\overline{CR}=0$ 时，不管其他输入端的状态如何，在输入时钟脉冲 CP 上升沿的作用下，计数器输出将被置零（$Q_3Q_2Q_1Q_0=0000$），称为同步清零。

（2）同步并行预置数。当 $\overline{CR}=1$、$\overline{LD}=0$ 时，在输入时钟脉冲 CP 上升沿的作用下，并行输入端的数据 $D_3D_2D_1D_0$ 被置入计数器的输出端，即 $Q_3Q_2Q_1Q_0=D_3D_2D_1D_0$。由于这个操作要与 CP 上升沿同步，所以称为同步预置数。

（3）计数。当 $\overline{CR}=\overline{LD}=CT_T=CT_P=1$ 时，在 CP 端输入计数脉冲，计数器进行二进制加法计数。当计数器累加到"1111"状态时，进位输出信号 CO 输出一个高电平的进位信号。

（4）保持。当 $\overline{CR}=\overline{LD}=1$，且 $CT_T\cdot CT_P=0$，即两个使能端中有 0 时，计数器保持原来的状态不变。这时，如 $CT_P=0$，$CT_T=1$，则进位输出信号 CO 保持不变；如 $CT_T=0$ 则不管 CT_P 状态如何，进位输出信号 CO 为低电平 0。

74LS163 和 74LS161 的唯一区别就是，74LS163 为同步清零方式，74LS161 为异步清零方式。这就是说，对于 74LS163，当 $\overline{CR}=0$ 时，计数器并不立即清零，还需要再输入一个计数脉冲 CP 才能被清零；对于 74LS161，只要 $\overline{CR}=0$，计数器立即清零，与 CP 的状态无关。

8.2.3　用集成计数器构成 N 进制计数器

计数器中循环的状态个数称为计数器的模，用 N 来表示，则 n 位二进制计数器的模为 $N=2^n$（n 为构成计数器的触发器的个数）。此处所说的 N 进制计数器是指 $N\neq 2^n$，即非模 2^n 计数器，也称为任意进制计数器。用集成计数器构成 N 进制计数器的常用方法有两种：反馈清零法和反馈置数法。

1. 反馈清零法

用反馈清零法构成 N 进制计数器，就是将计数器的输出状态反馈到计数器的清零端，使计数器由此状态返回到 0 再重新开始计数，从而实现 N 进制计数。

清零信号的选择与芯片的清零方式有关。设产生清零信号的状态称为反馈识别码 N_a。当芯片为异步清零方式时，可用状态 N 作为反馈识别码，$N_a=N$，通过门电路组合输出清零信号，使芯片瞬间清零，即第 N_a 个的状态存在时间极短，故其有效循环状态从 0 到 N_a-1 共 N 个，构成了 N 进制计数器。当芯片为同步清零方式时，可用 $N_a=N-1$ 作识别码，通过门电路组合输出清零信号，使芯片在 CP 脉冲到来时清零，所保留的状态是 $0\sim N_a$，也同样能构成 N 进制计数器。

【例 8-1】 利用集成计数芯片 74LS90 构成七进制计数器。

解　根据 74LS90 的功能表，应将 S_{9A} 或 S_{9B} 接地，使其具有技术或清零条件。为构成七进制计数器，当输出端状态为 0111 时，即 $N_a=N=(0111)_{8421BCD}$ 时，应执行清零功能，只要将此时处于 1 状态的 Q 端信号以与函数形式反馈给 R_{0A}、R_{0B}，使 $R_{0A}=R_{0B}=1$ 就可以了。其逻辑接线图如图 8-14 所示。

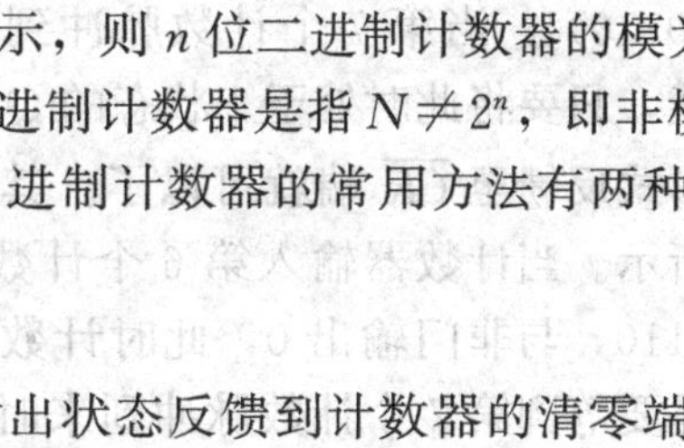

图 8-14　［例 8-1］逻辑图（$N=7$）

【例 8-2】 利用集成计数芯片 74LS90 构成二十三进制计数器。

解　74LS90 为十进制计数器，现在要求计数器的模

为 $N=23$，需要用两片才能完成。两片的级联方法是，将高位片和低位片都连接成8421BCD码十进制计数器的方式，然后将低位片的 Q_3 同高位片的 CP_0 相连，当低位片计数到1001时，下一个状态将变为0000，此时 Q_3 将由1跳变到0，将其作为高位片的计数脉冲，高位片将加一计数，而在其他状态，高位片没有计数脉冲，输出状态不变，这符合两位十进制的计数规律。

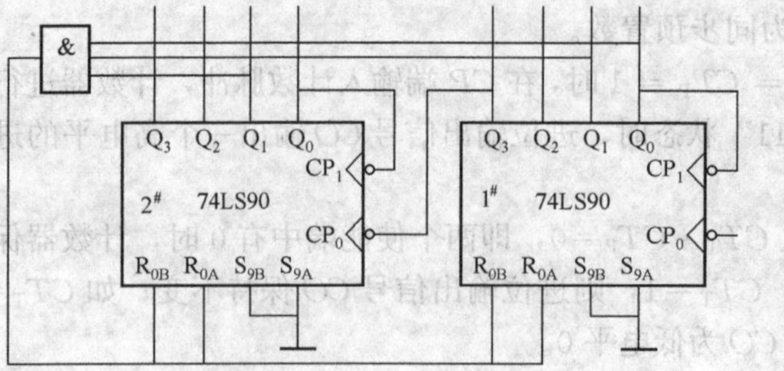

图 8-15 ［例 8-2］逻辑图（$N=23$）

将两片级联后，为构成二十三进制计数器，当低位片子出0011，高位片子出0010时，即 $N_a=N=(0011\ 0010)_{8421BCD}$ 时，应执行清零功能，只要将此时处于1状态的 Q 端信号以与函数形式反馈给 R_{0A}、R_{0B}，使 $R_{0A}=R_{0B}=1$ 就可以了。其逻辑接线图如图 8-15 所示。

【例 8-3】 利用集成计数芯片74LS163构成七进制计数器。

解 74LS163为同步清零方式，当计数器输入第6个计数脉冲时 $Q_3Q_2Q_1Q_0=0110$，即 $N_a=N-1=6=(0110)_2$，当第7个计数脉冲到来时，应执行清零功能，只要将此时处于1状态的 Q_2Q_1 端信号以与非函数形式反馈至 $\overline{CR}$ 端就可以了。其逻辑接线图如图 8-16 所示。当计数器输入第6个计数脉冲时 $Q_3Q_2Q_1Q_0=0110$，与非门输出0，此时计数器并不立即清零，而是要等到第7个计数脉冲到来时才使计数器清零，从而实现了七进制计数。

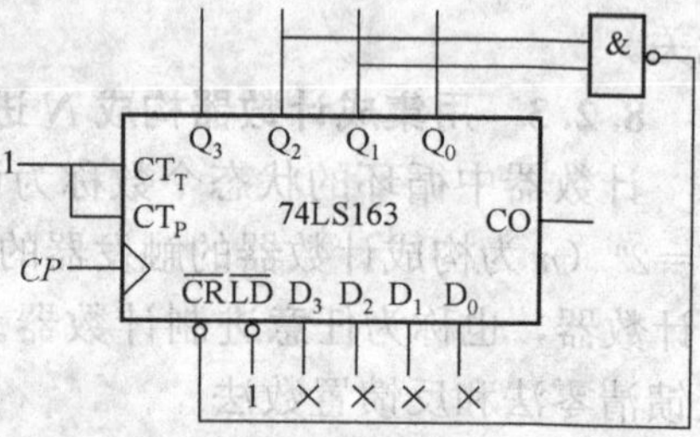

图 8-16 ［例 8-3］逻辑图（$N=7$）

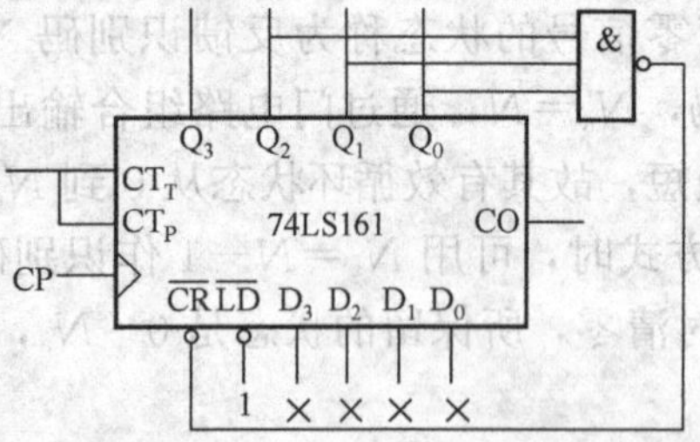

图 8-17 ［例 8-4］逻辑图（$N=7$）

【例 8-4】 利用集成计数芯片74LS161构成七进制计数器。

解 74LS161为异步清零方式，当计数器输入第7个计数脉冲时 $Q_3Q_2Q_1Q_0=0111$，即 $N_a=N=7=(0111)_2$，应执行清零功能，只要将此时处于1状态的 $Q_2Q_1Q_0$ 端信号以与非函数形式反馈至 $\overline{CR}$ 端就可以了。其逻辑接线图如图 8-17 所示。当计数器输入第7个计数脉冲时 $Q_3Q_2Q_1Q_0=0111$，与非门输出0，此时计数器立即清零，$Q_3Q_2Q_1Q_0=0111$ 状态的存在时间极短，故其有效循环状态有0000～0110共7个，从而实现了七进制计数。

2. 反馈置数法

用反馈置数法构成 N 进制计数器，就是利用有置数功能的计数器，截取从 N_b 到 N_a 之间的 N 个有效状态，构成 N 进制计数器。

当计数器的状态循环到 N_a 时，由 N_a 构成的反馈信号提供置数指令，由于事先将并行置数数据输入端置成了 N_b 的状态，所以置数指令到来时，计数器输出端必然被置成 N_b，再来计数脉冲，计数器将在 N_b 基础上继续计数，直至循环到 N_a，又进行新一轮置数、计数。

N_a称为反馈识别码，它的确定与计数器的置数方式有关。如果是异步置数，则应令 $N_a=N_b+N$；如果是同步置数，则应令 $N_a=N_b+N-1$。

【例 8-5】 利用集成计数芯片 74LS163 构成十四进制计数器。

解 74LS163 属于同步置数方式，采用反馈置数法实现，应令反馈识别码 $N_a=N_b+N-1=N_b+14-1=N_b+13$。现介绍以下两种方法。

（1）令 $N_b=0000$，则 $N_a=1101$，而置数端 $\overline{LD}$ 为低电平有效，所以只要使 $D_3D_2D_1D_0=0000$。将 $Q_3Q_2Q_0$ 构成与非函数，与非输出送 $\overline{LD}$ 端，其他使能端正常接线就可以了。这种方法相当于反馈清零法。其逻辑接线图如图 8-18（a）所示。

（2）令 $N_b=0010$，则 $N_a=1111$，在状态为 1111 时，进位输出端 $CO=1$，所以将 CO 经反相器引至 $\overline{LD}$ 端，且令 $D_3D_2D_1D_0=0010$，其他使能端正常接线就可以了。其逻辑接线图如图 8-18（b）所示。

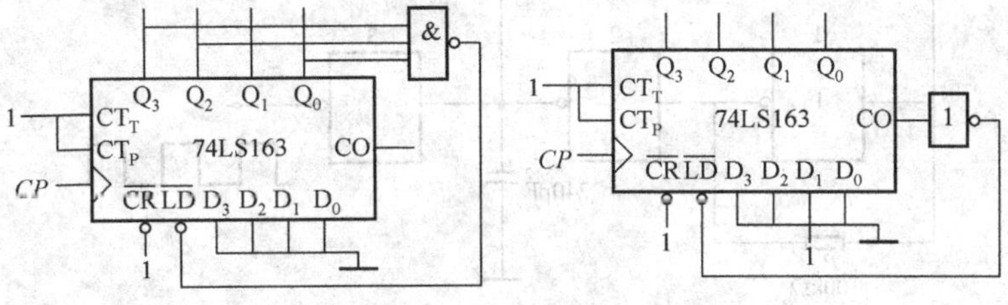

(a) (b)

图 8-18 ［例 8-5］逻辑图（$N=14$）

（a）$N_b=0000$；（b）$N_b=0010$

8.2.4 计数器电路设计

（1）由集成计数器 74LS90 构成的六十进制计数器，如图 8-19 所示。

（2）由集成计数器 74LS90 构成的二十四进制计数器，如图 8-20 所示。

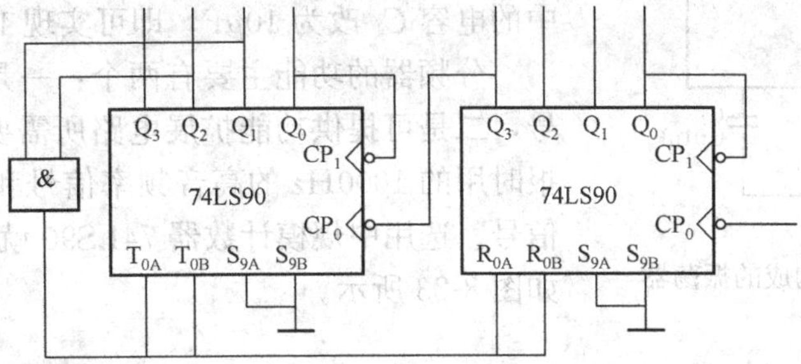

图 8-19 集成计数器 74LS90 构成的六十进制计数器

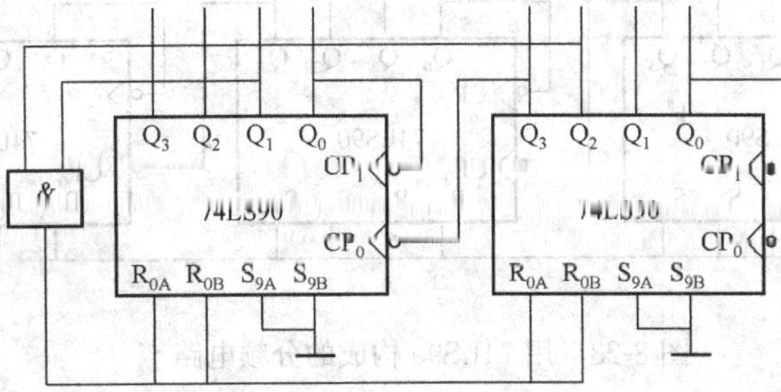

图 8-20 集成计数器 74LS90 构成的二十四进制计数器

任务三　秒脉冲产生电路制作实例

振荡器是计时器的核心，振荡器的稳定度和频率的精准度决定了计时器的准确度，所以通常选用石英晶体来构成振荡器电路。一般来说，振荡器的频率越高，计时的精度就越高，但耗电量将增大。故设计者在设计电路时，一定要根据需要，设计出最佳电路。

图 8-21 所示电路的振荡频率是 100kHz，把石英晶体串接于由非门 1、2 组成的振荡反馈电路中，非门 3 是振荡器的整形缓冲级。凭借与石英晶体串联的微调电容，可以对振荡器频率作微量的调节。

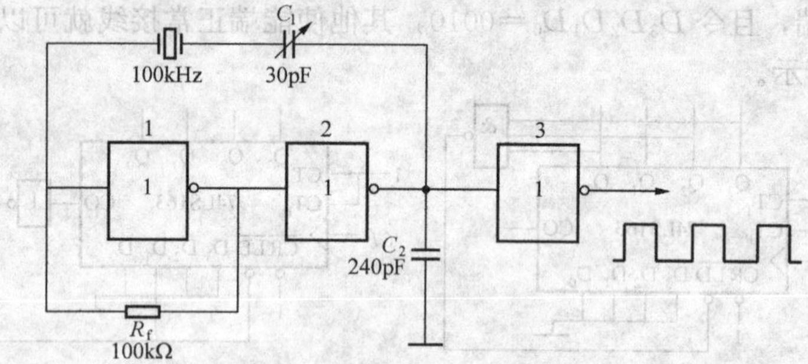

图 8-21　晶体振荡器

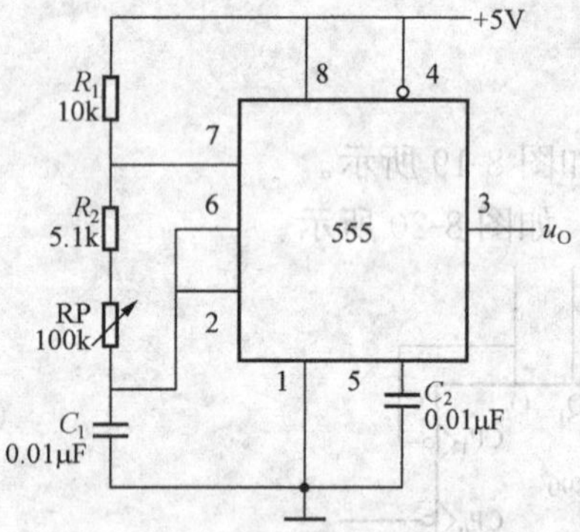

图 8-22　用 555 构成的振荡器

如果精度要求不高，可采用集成电路 555 定时器与 RC 组成多谐振荡器。

如图 8-22 所示。设振荡频率 f_o=1000Hz，RP 为可调电位器，微调 RP 可调出 1000Hz 输出。如果将电路中的电容 C_1 改为 10μF，即可实现 1Hz 输出。

分频器的功能主要有两个：一是产生标准秒脉冲信号，二是可提供功能扩展电路所需要的信号，如仿电台报时用的 1000Hz 的高音频率信号和 500Hz 的低音频率信号。选用中规模计数器 74LS90 就可以完成上述功能，如图 8-23 所示。

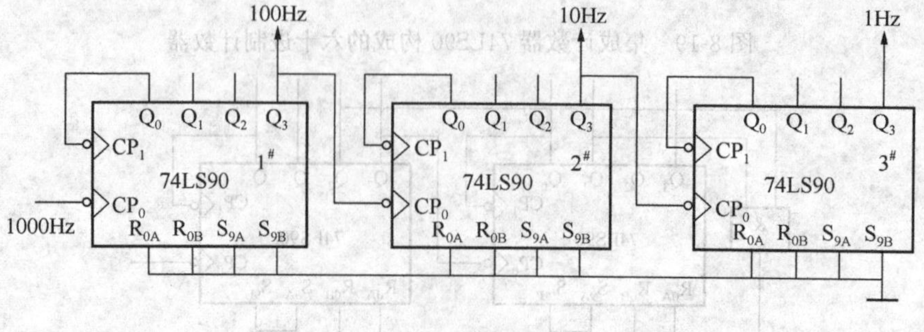

图 8-23　用 74LS90 构成的分频电路

任务四 校时电路制作实例

当刚接通电源或计时出现误差时，都需要对时间进行校正。校时电路如图 8-24 所示。

K1、K2 分别是时校正、分校正开关。不校正时，K1、K2 开关是闭合的。当校正时位时，需把 K1 开关打开。然后用手拨动 K3 开关，来回拨动一次，就能使时位数字增加 1，根据需要去拨动开关的次数，校正完毕后把 K1 开关合上。校分位和校时位方法一样，故不再叙述。

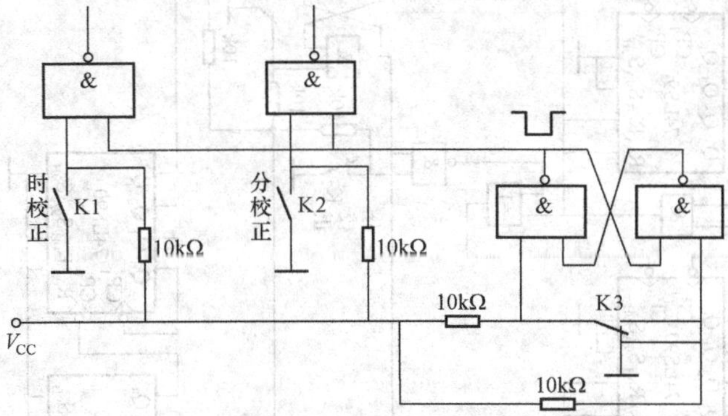

图 8-24 校时电路

任务五 用中规模数字集成电路制作数字电子钟实例

省略译码显示电路的总电路图如图 8-25 所示。其中译码显示电路由 74LS48 驱动共阴极 LED 数码管实现，对应时（2 位）、分（2 位）、秒（2 位）共有六组译码显示电路。计数器电路主要由 74LS90 组成，两组六十进制计数器分别实现分、秒位的计时，一组二十四进制计数器实现时位的计时。主要由与非门组成的校时电路实现对时、分位的调整，该电路中还包含一个基本 RS 触发器。秒脉冲产生电路可以分为时钟发生器和分频器两个电路，时钟发生器是由 555 定时器构成的多谐振荡器，调节可变电阻 RP，可以在输出端得到频率为 1kHz 的矩形波信号。由 3 块 74LS90 组成的千分频器，将频率为 1kHz 的矩形波转换为频率为 1Hz 的矩形波。在简易情况下，也可以将 555 定时器构成的多谐振荡器电路中 0.01μF 的定时电容用 10μF 的电解电容替换，这样多谐振荡器可以直接产生频率为 $1H_Z$的矩形波信号。

在实际制作过程中，为了防止外来干扰通过电源串入电路，需要对电源进行滤波，通常在电路电源输入端接入 10～100μF 的电解电容进行滤波。如果干扰严重，应该在每个集成电路的接电源正极和负极的两个引脚之间接入一个 0.01～0.1μF 的电容进行高频滤波。

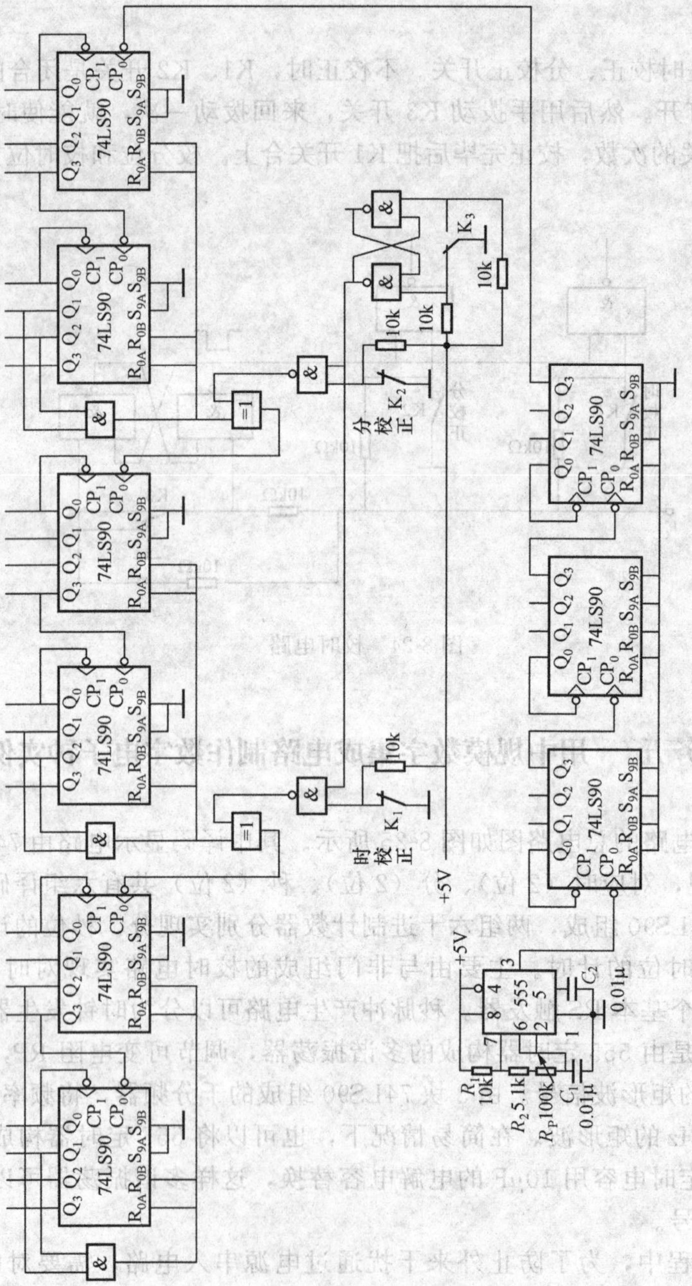
Q3 Q2 Q1 Q0
CP1 CP0
74LS90
R0A R0B S9A S9B
&
=1
时校正 K1
分校正 K2
K3
10k
+5V
555
R1 10k
R2 5.1k
RP 100k
C1 0.01μ
C2 0.01μ

图 8-25　数字钟电路

小　　结

1. 计数器是一种简单而又最常用的时序逻辑器件。计数器对 CP 脉冲个数实行计数，是以触发器输出 Q 的状态作为一位二进制数。计数器按触发器的翻转时序异同分为同步和异步计数器，按计数体制分为二进制、十进制和 N 进制计数器，按计数递增或递减功能可分加法、减法和可逆计数器。它们在计算机和其他数字系统中起着非常重要的作用。

2. 用已有的 M 进制集成计数器产品可以构成 N（任意）进制的计数器。构成过程中采用的方法有反馈清零法和反馈置数法，在使用时需根据集成计数器的清零方式和置数方式来选择。当 $M>N$ 时，用 1 片 M 进制计数器即可；当 $M<N$ 时，要用多片 M 进制计数器组合起来，才能构成 N 进制计数器。当需要扩大计数器的容量时，可将多片集成计数器进行级联。

练习题

8.1　试用如图 8-26 所示的 4 位同步二进制计数器 74LS163（同步清零，同步置数）设计一个十四进制计数器。

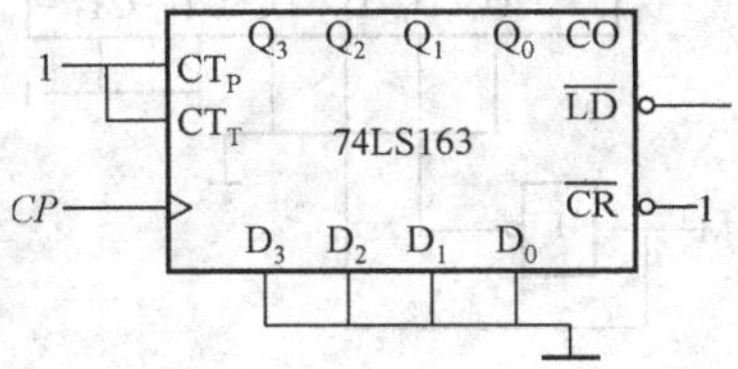

图 8-26　题 8.1 图

8.2　试用十六进制计数器 74LS161 设计一个六进制的计数器。

8.3　判断如图 8-27 所示的电路为几进制计数器。

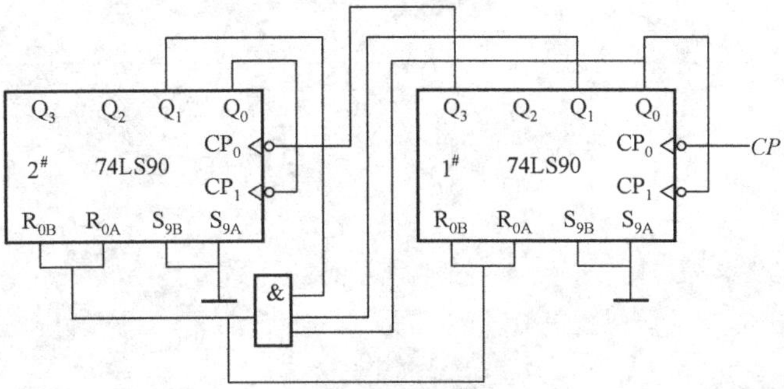

图 8 27　题 8.3 图

8.4　判断如图 8-28 所示的电路为几进制计数器。

8.5　用 74LS163 由两种方法构成六进制计数器，画出逻辑图，列出状态表。

8.6　用 74LS163 构成七十五进制计数器。

8.7　用 74LS90 构成六十进制计数器。

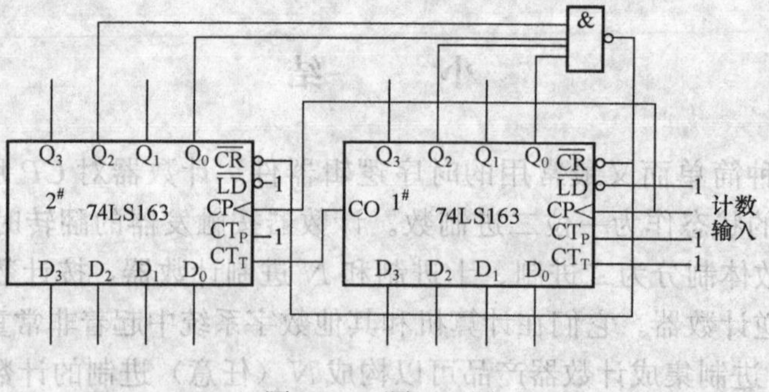

图 8-28　题 8.4 图

8.8　用 74LS161 构成六十进制计数器。

8.9　中规模集成计数器 74LS163 组成的计数器如图 8-29 所示，试分析 $M=1$ 和 $M=0$ 时该计数器分别为几进制计数器，并画出状态转换图。

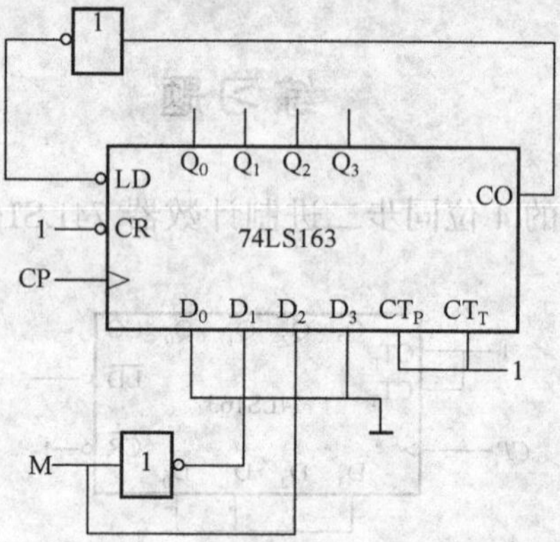

图 8-29　题 8.9 图

项目九

电子技术课程设计实例

任务一　电子节能镇流器制作实例

电子节能镇流器与老式的电感镇流器相比具有重量轻、节能、易启辉点亮灯管及工作无频闪，且功率因数高等特点，因而得到了大力的推广和应用，世界各国都相继推出了各式的电子节能镇流器和电子节能灯。电子节能镇流器用于启动普通日光灯管的工作，即起到镇流器的作用。只要选择和改变电路中部分元器件的规格、参数，就可装配任何规格的日光灯管。当其用于高效节能荧光灯管的启辉驱动时，由于高效荧光灯管是用三基色荧光粉制造的，其发光效率比日光灯管更高，可达到白炽灯的 5～6 倍；同时由于其结构紧凑、小巧的特点，可与节能荧光灯管制成一体化的高效电子节能灯，因此可取代白炽灯，并且它的使用和安装十分方便。

高效电子节能镇流器采用开关电源技术和谐振启辉技术，其工作频率设定在 30～60Hz，从而消除了普通日光灯镇流器的 50kHz 频闪现象及电感镇流器的“嗡嗡”噪声，使人眼长时间用光不易疲劳，对视力起到了很好的保护作用；谐振启辉技术使灯管无闪烁地一次性点亮，很大程度上延长了灯管的使用寿命；功率因数高（0.95 以上，比电感镇流器提高了 80%左右）也是电子节能镇流器的突出优点之一，这使得它对能源的充分利用和减少对电网的影响都起到了积极、良好的作用。

任务要求如下。

（1）设计一个电子节能镇流器电路。

（2）按设计电路焊接制作一个电子节能镇流器。

（3）测试其主要参数。

9.1.1　电子节能镇流器的工作原理

电子节能镇流器的种类很多，生产厂家也很多，但各镇流器电路的工作原理大致相同，其结构如图 9-1 所示。图 9-2 所示的是电子节能镇流器的一个典型应用电路。

1. 电子节能镇流器的工作原理

由图 9-1 和图 9-2 可以看出，交流 220/50Hz 市电直接经 AC/DC 转换电路，即 VD1～VD4 桥式整流、C_1 电容滤波后，输出约 300V 左右的直流电压。功率开关电路由 VT1、VT2 和振荡变压器 T（L_1、L_2、L_3）等组成自激振荡电路，由 R_6、R_4、C_3 组成振荡启动电路。接通电源的瞬间，300V 直流电压经过 R_6、R_4、C_3，使开关功率管 VT2 的基极获得电流而导通，同时，300V 直流电压经 C_2、灯管灯丝 1、2 端、灯丝电容 C_5、灯管灯丝 3、4 端，扼流电感 L，变压器 T 的 L_2 绕阻及 VT2 功率管构成的回路，对起谐振作用的灯丝电容 C_5 充电。由于谐振变压器各绕组的耦合作用，VT2 很快由导通转为截止，VT1 则由截止转为导通，此时谐振灯丝电容 C_5 通过灯丝 1、2 端，C_2、VT1、L_2、L 及灯丝 3、4 端放电。如此反复，使 VT1、VT2 交替通断，产生自激振荡。

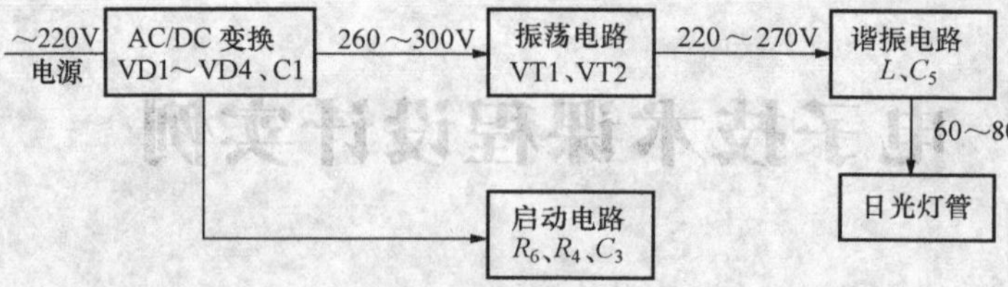

图 9-1　电子节能镇流器原理框图

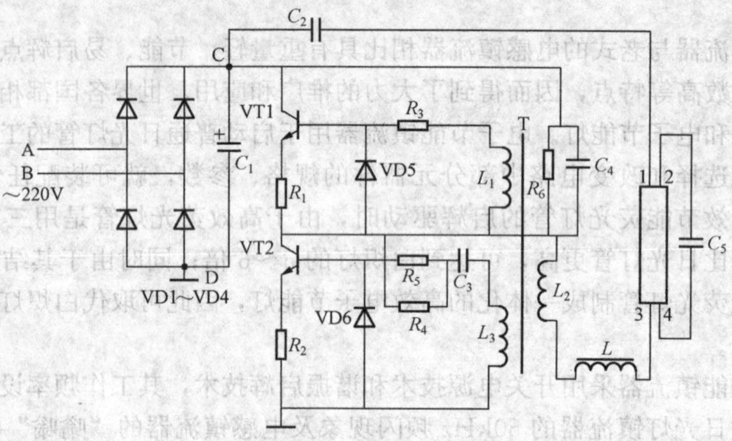

图 9-2　电子节能镇流器原理电路

C_5 的充放电电流对灯管丝起预热作用，且 C_5 两端因振荡而产生一个 Q 倍的振荡电压，加在灯管两端，击穿灯管内的水银气体使灯管启辉发光。VT1、VT2 振荡的频率取决于 L、C_5 串联谐振回路。

灯管点亮时，其内阻大幅度下降，该内阻并联于 C_5 两端，使 L、C_5 串联谐振电路的 Q 值大大下降，从而使 C_5 两端（即灯管两端）启辉时的电压下降为正常的工作电压，并维持灯管稳定发光。电子镇流器的功率可以通过改变扼流电感 L 的电感量来进行调节。

2. 电子节能镇流器电路的讨论和比较

上述如图 9-2 所示的电子节能镇流器电路是一种比较典型的应用电路，但其工作时充放电回路相对来说比较复杂，因而易出现故障，尤其在使用中，对谐振灯丝电容 C_5 要求较高，实际使用时电容 C_5 易损，将会导致灯丝两端发黑。

如图 9-3 所示，是另一种结构的电子节能镇流器电路。与如图 9-2 所示电路不同的是，图 9-3 电路中起振电路由 R_3、C_3 和双向触发二极管 DIAC 组成充电式触发电路。当镇流电路输出的 300V 左右的直流电压经 R_3 对电容 C_3 充电，达到双向触发二极管的导通电压（一般为 32V）时，使其导通，从而提供足够的电流给 VT2 开关工作管，使 VT2 导通。VT2 的起始集电极电压由 300V 电压通过 R_4 电阻提供。VT2 导通之后 VT1、VT2 的工作情形与图 9-2 所示电路相似。其他部分的工作原理与图 9-2 所示电路相同。该电路中的 C_5 电容为灯丝电容，只起灯丝预热作用。两端灯丝间并联的两只二极管对灯管灯丝起保护作用。C_1、

C_2、R_1、R_2构成的电路除起滤波作用外，还为电路获得中点电压（150V左右）。R_4、C_4组成高次谐波滤波电路，对电路的交流平衡起到一定的作用，可以滤除高次谐波抑制镇流器的对外干扰，降低功率开关管的发热，提高电路工作的稳定性和可能性。

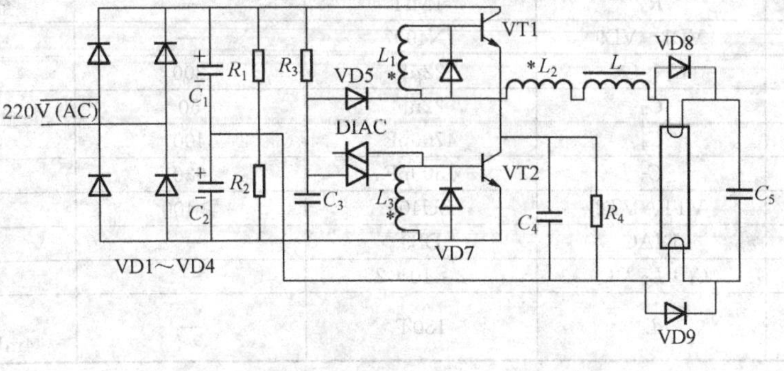

图 9-3　用双向触发二极管构成的电子镇流器电路

3. 装配、调试要点（印制板自制）

（1）由于该电路工作在高压状态，因而对元器件的参数要求较高，尤其要充分考虑所使用的功率开关管VT1和VT2的极限参数（≥400V），同时，还要考虑电容的耐压值及漏电流参数。选用合适的、高质量的元器件是使电子镇流器能够正常工作的保证。

（2）装配时一定要注意各元器件的极性和接线端所接的位置要正确，稍有疏忽将会导致电路的损坏。此外，还应特别注意振荡变压器各绕组的同名端，若连接错误，电路将不能振荡，灯管将不会发光。绕制变压器T的不同绕组最好选用不同颜色的导线，绕制时切不可将绝缘皮层划破。否则金属导线碰到磁环，镇流器依然不能正常工作。

（3）一般情况下，只要按照电子产品的装配、焊接工艺来制作，使元器件安装正确，无虚焊、脱焊，电子节能镇流器装配完毕后，通电即可正常工作，无需调试。

（4）图9-1和图9-3所示电子镇流器的电路元器件清单及参数见表9-1和表9-2。

表 9-1　图 9-1 所示电子镇流器的电路元器件清单及参数

元器件名称	编号	参数（型号）	耐压/V	备　注
电阻	R_1、R_2	2.2Ω	—	—
电阻	R_3、R_5	10Ω	—	—
电阻	R_4	1.5MΩ	—	—
电阻	R_6	330kΩ	—	—
电容	C_1	4.7μF	400	—
电容	C_2	47μF	160	—
电容	C_3	10μF	50	—
电容	C_4	1000pF	400	—
电容	C_5	1500pF	600	—
二极管	VD1～VD4	IN4007	—	—
功率开关管	VT1、VT2	DK52（2482）	≥400	—
振荡变压器	$L_1:L_2:L_3$	2∶10∶2	—	注意同名端
扼流电感	L	250T	—	匝数随功率而变化

表 9-2　图 9-3 所示电子镇流器的电路元器件清单及参数（40W）

元器件名称	编　号	参数（型号）	耐压/V	备　注
电阻	R_1、R_2、R_4	220kΩ	—	—
电阻	R_3	1MΩ	—	金属膜电阻 1/4W
二极管	VD1～VD9	1N4007	—	—
电容	C_1、C_2	22μF	200	
电容	C_3	22nF	50	—
电容	C_4	4700pF	400	—
电容	C_5	1500pF	630	—
功率二极管	VT1、VT2	BU406	≥400	代用管 13005
触发二极管	DIAC	DB3	—	导通电压 32V
振荡变压器	$L_1:L_2:L_3$	2∶10∶2	—	—
扼流电感	L	180T	—	40W 时电感量 4mH，随功率而变化

4. 技术要求

（1）电子节能镇流器的负载功率应能适应 7～40W。

（2）功率因数应不小于 0.95，工作频率 40kHz 左右。

（3）灯管启辉时间≤0.5s。

（4）环境温度−20℃<T<+45℃应能正常工作。

9.1.2　故障分析及排除方法

在制作或维修电子镇流器时，可能出现下列故障现象。

（1）接通电源，冒烟或者有爆炸声。可能是 C_1 滤波电解电容极性接反或漏电过大或耐压不够，或是整流二极管 VD1～VD4 有接反或击穿现象，查找并更换元件。

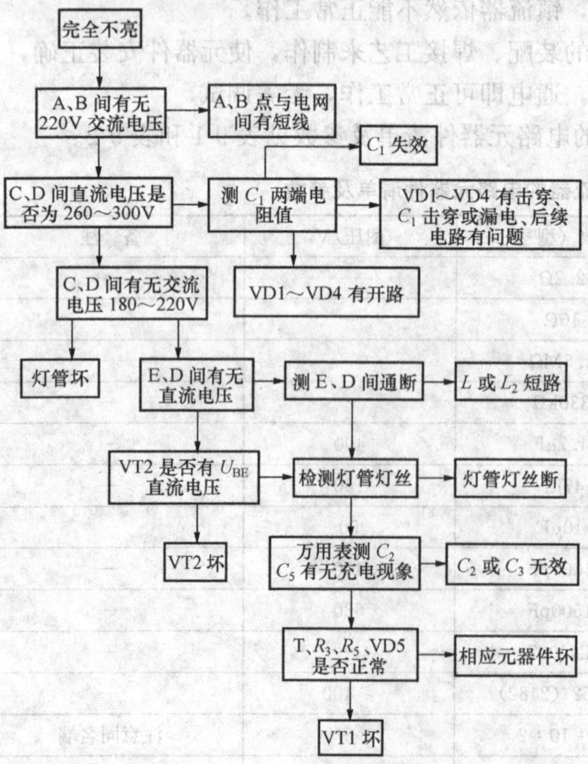

图 9-4　电子镇流器故障检修步骤和方法

（2）通电不亮。可能有虚焊。对如图 9-3 所示的电路用万用表测量中点对地电压若为 0，则可能 L_1 或 L_3 有同名端接错，或按图 9-4 所示的步骤检修。

（3）灯管两端发红，不能正常启辉发光。测量 C_5 两端应有 60～80W 交流电压，若无电压，则 C_5 被击穿或 C_5 容量不对，亦或是 L_2 的 Q 值太低。

（4）如图 9-3 所示的电路通电后，灯不亮。用万用表电压挡测量 R_3 两端电压时，灯启辉点亮，则 R_3 虚焊或开路。

（5）灯亮，但有“吱吱”声，则可能是 C_5 太小或振荡变压器 T 的绕组有虚焊。

（6）扼流电感 L 正常，但灯的亮度明显偏暗、功率偏小，可能是变压器 T 的磁环损坏。

(7) 灯亮正常，但 VT1 发热严重，可能是 C_4 容量太大，或 VT1、VT2 功率不够。

(8) 镇流器有时不起振，则可能是振荡电路元件参数不合适。

图 9-4 所示为镇流器完全不能点亮灯管时的排查步骤和方法，原理电路见图 9-2。

任务二　交通信号灯控制器制作实例

十字路口的交通灯指挥着人和各种车辆的安全运行，是保障城市交通安全和畅通的重要手段。现在我们利用前面学过的知识自己动手制作一个交通信号灯。

任务要求如下：

(1) 主路和支路交替通行，主路每次放行 30s，支路每次放行 20s。

(2) 每次绿灯变红灯时，黄灯先亮 5s（此时另一方向上的红灯保持不变）。

(3) 黄灯亮时，另一方向上的红灯按照 1Hz 的频率闪烁。

(4) 要求有倒计时读秒显示。

(5) 要求主路、支路通行时间及黄灯亮的时间均在 0～99s 的范围内可调。

9.2.1　总体设计

根据设计要求和相关技术指标，我们可以画出该交通灯的系统框图，如图 9-5 所示。图中各部分的功能和实现方法如下：

1. 秒脉冲发生器

为整个系统提供时基脉冲，确保整个系统同步工作和实现定时控制。这里我们用前面学过的“555 定时器”来设计。

2. 状态控制器

记录十字路口交通灯的工作状态，实现对主路和支路信号灯工作状态的控制，从而达到控制不同方向上的行人和车辆的目的。

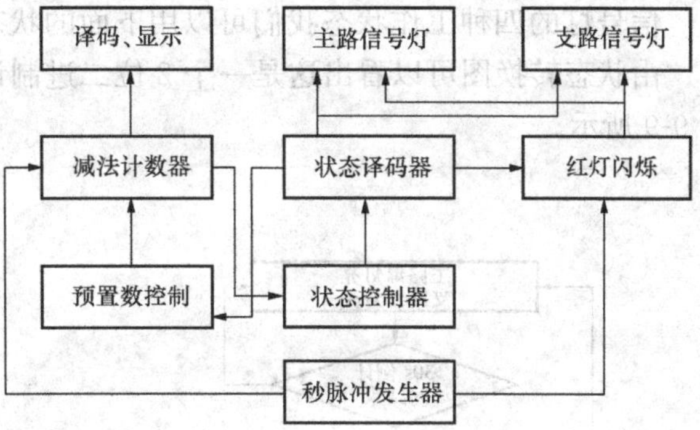

图 9-5　交通灯系统框图

3. 状态译码器

将状态控制器送过来的信号经过译码后分别点亮不同颜色的信号灯，实现对行人和车辆的控制。

4. 减法计数器

对“秒脉冲发生器”送过来的脉冲信号做减法计数，以控制不同颜色信号灯点亮的持续时间。减法计数器的归零脉冲使状态控制器完成状态转换，同时状态译码器根据下一个工作状态，决定计数器下一次递减计数的初始值。

5. 译码、显示

我们用译码器将减法计数器的状态经过译码后送到数码显示管来显示倒计时的读秒时间。常用的译码驱动芯片和七段数码管在前面已作了详细介绍，此处不再赘述。

6. 信号灯

此处我们用黄、绿、红三种颜色的发光二极管来模拟。

9.2.2 电路设计

1. 秒脉冲发生器

产生秒脉冲的电路有多种形式，此处我们利用前面讲过的555定时器来构成秒信号发生器(555具体工作原理不再赘述)。如图9-6所示，该电路的输出脉冲周期为$T\approx 0.7(R_1+2R_2)C$，令$C=10\mu F$，$R_1=39k\Omega$，$R_2=51k\Omega$，可得$T=1s$。在连接电路时，可以用一个电位器代替R_2，则通过调节电位器可使输出脉冲周期为1s。

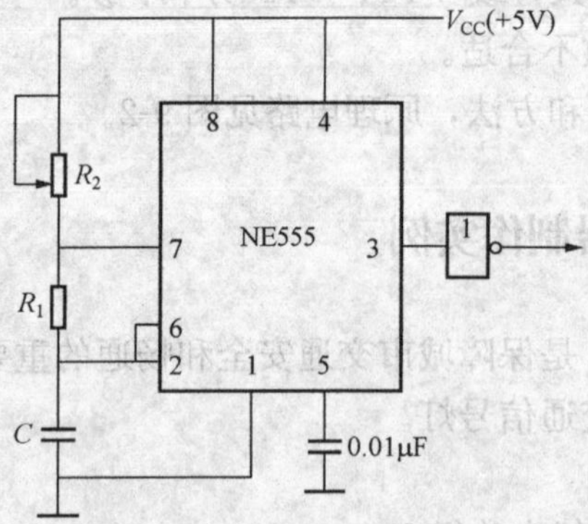

图 9-6　秒脉冲发生器

2. 状态控制器

通过分析设计要求和技术指标，我们可以得出主路和支路上的信号灯的工作状态只有以下4种情况。

(1) 主路绿灯亮，支路红灯亮。

(2) 主路黄灯亮，支路红灯亮。

(3) 支路绿灯亮，主路红灯亮。

(4) 支路黄灯亮，主路红灯亮。

四种工作状态可用流程图来表示，如图9-7所示。

信号灯的四种工作状态我们可以用下面的状态转换图来表示如图9-8所示。

由状态转换图可以看出这是一个2位二进制计数器，我们可以采用CD4029来实现，如图9-9所示。

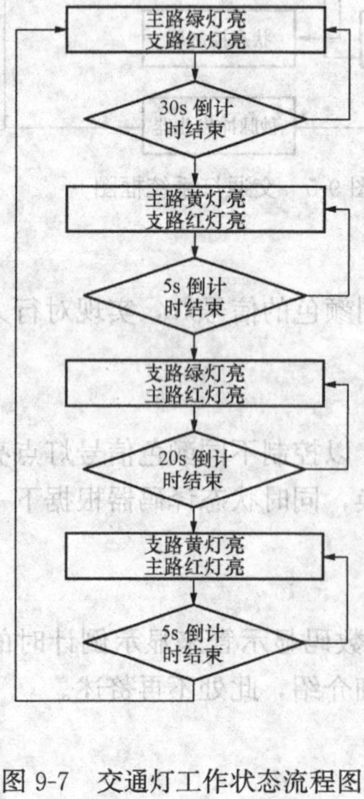

图 9-7　交通灯工作状态流程图

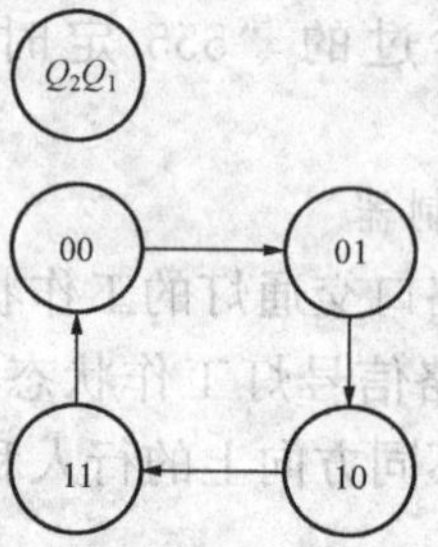

图9-8　交通灯工作状态转换图

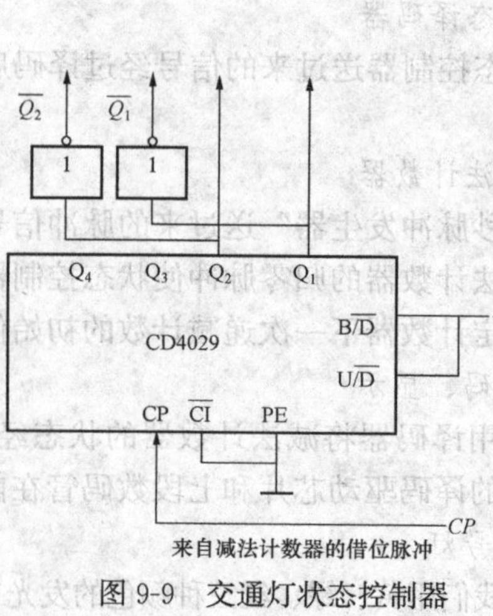

图 9-9　交通灯状态控制器

3. 状态译码器

主路和支路上的红、绿、黄信号灯的工作状态和状态控制器的输出信号之间的关系见真值表 9-3。这里我们用 1 表示信号灯点亮，0 表示信号灯熄灭。

表 9-3　　**信号灯状态真值表**

状态控制器输出		主路信号灯			支路信号灯		
Q_2	Q_1	R	Y	G	r	y	g
0	0	0	0	1	1	0	0
0	1	0	1	0	1	0	0
1	0	1	0	0	0	0	1
1	1	1	0	0	0	1	0

根据真值表，我们可以列写出信号灯的逻辑函数表达式如下：

$$\begin{cases} R = Q_2\overline{Q_1} + Q_2Q_1 = Q_2 \\ Y = \overline{Q}_2Q_1 \\ G = \overline{Q}_2\overline{Q}_1 \\ r = \overline{Q}_2\overline{Q}_1 + \overline{Q}_2Q_1 = \overline{Q}_2 \\ y = Q_2Q_1 \\ g = Q_2\overline{Q}_1 \end{cases} \qquad \begin{aligned} \overline{R} &= \overline{Q}_2 \\ \overline{Y} &= \overline{\overline{Q}_2Q_1} \\ \overline{G} &= \overline{\overline{Q}_2\,\overline{Q}_1} \\ \overline{r} &= \overline{\overline{Q}}_2 \\ \overline{y} &= \overline{Q_2Q_1} \\ \overline{g} &= \overline{Q_2\,\overline{Q}_1} \end{aligned}$$

根据设计要求，当黄灯亮时，红灯按照 1Hz 的频率闪烁。从真值表和逻辑表达式可以看出，黄灯亮时，Q_1为高电平，红灯点亮信号与Q_1无关，所以我们可以利用Q_1信号去控制一个三态门 74LS245，当黄灯点亮时（也就是Q_1为高电平）将秒脉冲信号引到驱动红灯的输入端，使红灯在黄灯点亮期间闪烁，电路如图 9-10 所示。

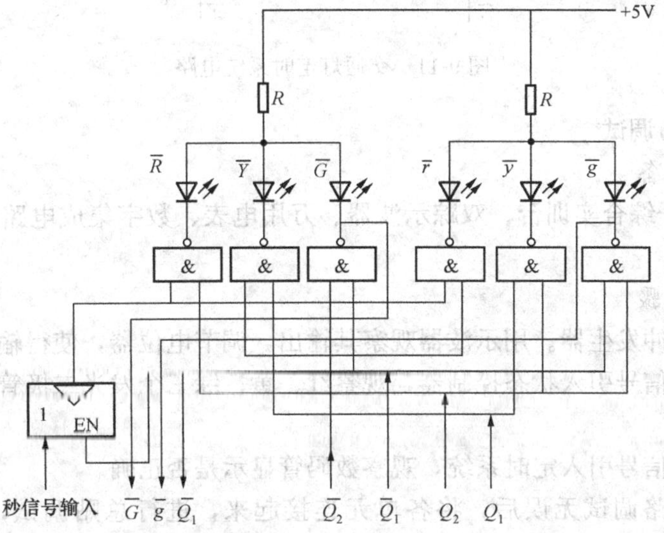

图 9-10　交通灯状态显示电路

4. 定时系统

根据设计要求，该系统应该有一个能自动装入不同定时时间的定时器，该定时器可由两片 CD4029 构成的 2 位十进制可预置减法计数器实现。读秒显示可由两个 74LS47 译码驱动的共阳极数码管来实现。减法计数器的预置定时时间可由 3 片 74LS245 来完成设置。由状态译码器的输出信号控制不同的 74LS245 芯片选通并将特定的定时时间置入减法计数器。定时系统电路如图 9-11 所示。

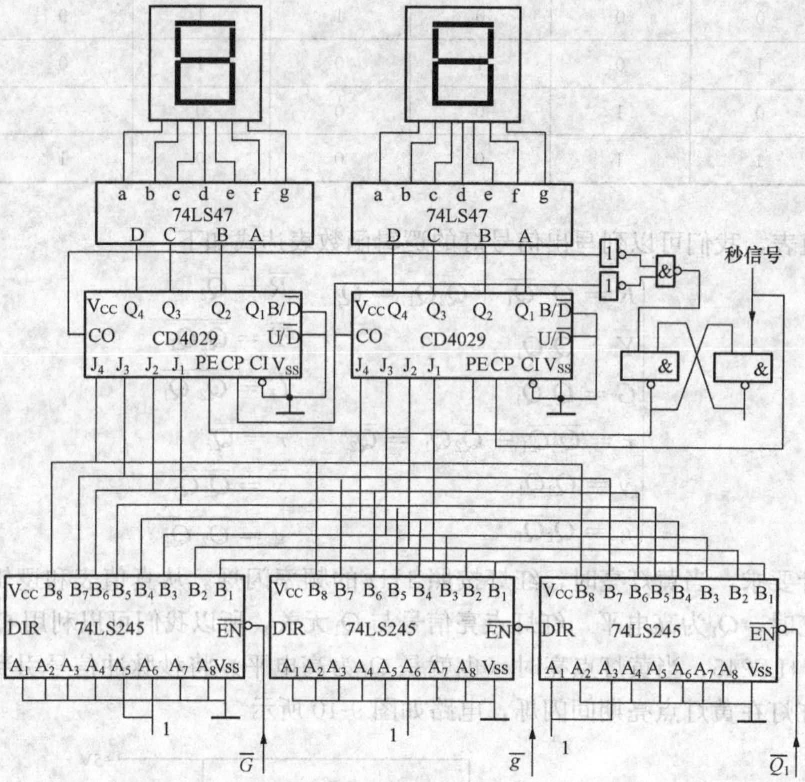

图 9-11　交通灯定时系统电路

9.2.3　安装与调试

1. 所需仪器设备

模拟/数字电子综合实训台、双踪示波器、万用电表、数字集成电路测试仪、电烙铁等常用焊接工具等。

2. 参考调试步骤

(1) 调试秒脉冲发生器。用示波器观察其输出，调节电位器，使得输出信号周期为 1s。

(2) 将秒脉冲信号引入状态控制器，观察红、黄、绿三个发光二极管是否按照要求依次转换。

(3) 将秒脉冲信号引入定时系统，观察数码管显示是否正确。

(4) 各单元电路调试无误后，将各单元连接起来，进行总贴调试，直至系统能正常工作。

附录 A　电子电路仿真软件 Proteus 介绍

Proteus 仿真软件是能够支持类型广泛的主流单片机内核的仿真（如 51、ARM、PIC、AVR 等），并且可以支持当前一些流行单片机开发环境（如 KEIL、GCC、ICC）进行关联调试与实时仿真。Proteus 除了具有同其他设计工具一样的智能原理图输入、PCB 自动布线或人工布线及关联调试仿真能力外，针对嵌入式系统与单片机外设的硬件仿真、内核仿真、软件仿真、系统协同仿真也做到了极强的视觉效果和良好的互动效果，是目前唯一能够对各种处理器进行实时仿真、调试和测试的 EDA 工具，真正实现了在没有目标原型的情况下就可以对系统进行设计与测试，满足了广大电子爱好者和研究学者的需求。

Proteus 包含 ISIS 和 ARES 两个程序，ISIS 是智能原理图输入系统，系统设计与仿真的基本平台，可以仿真、分析各种模拟器件和集成电路，同时还支持电路虚拟仿真模式 VSM。ARES 是一款高级的 PCB 布线编辑软件，可以完成印制电路板的设计、模型仿真及输出功能。本教材主要介绍的是 ISIS 程序的应用技术。

1. 认识 Proteus 的工作界面

（1）Proteus 的主页界面。Proteus 软件运行后，首先打开的是主页界面，如图 A-1 所示。

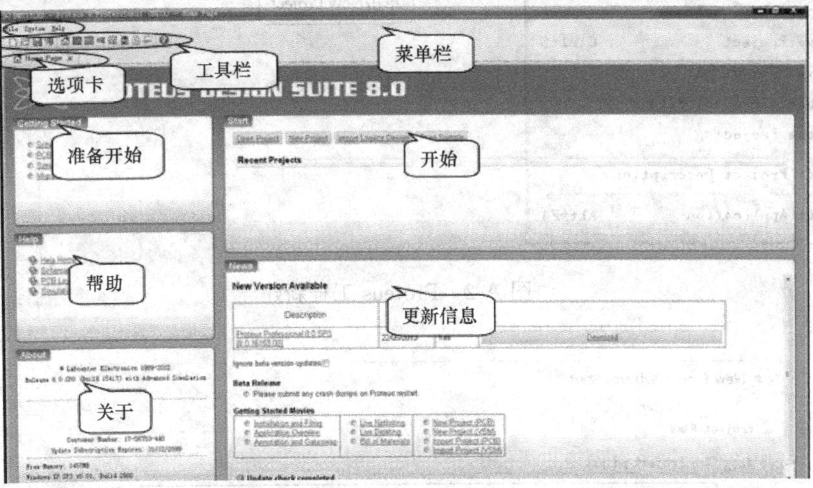

图 A-1　Proteus 的主页界面

1）菜单栏。菜单栏包括工程的新建、打开、保存、关闭和系统设置等操作。

2）工具栏。工具栏内包含多种工具，帮助快速进行文件操作和进入不同模块。

3）选项卡。选项卡是 Proteus 8 新增的功能，正在运行的模块在选项卡中以高亮显示。

4）准备开始框。准备开始框包括 Schematic Capture（原理图设计）、PCB Layout（PCB 设计）、Simulation（电子电路仿真）和 Migration Guide（操作迁移指南）。单击相应的选项，可以打开相应的帮助文件，有助于快速熟悉并适应 Proteus 的开发环境。

5）开始框。开始框包括 Open Project（打开工程）、New Project（新建工程）、Impot Legacy Design（导入旧版设计）和 Open Sample（打开样例）。Recent Projects（最近工程）

罗列出最近打开的工程，有利于快速进入工程。

6）Proteus 工程新建。要绘制仿真电路，需要先新建一个 Proteus 工程，一种方法是通过菜单栏 File（文件）菜单中的 New Project（新建工程）创建，另一种方法是通过开始框中的 New Project（新建工程）创建，如图 A-2 所示。点击 New Project（新建工程）后，首先会出现如图 A-3 所示的新建工程向导（Start 开始）对话框。Name（名字）选项用于设置保存工程的文件名，默认扩展名为“.pdsprj”无须修改。Path（路径）选项用于设置保存工程的路径。设置完毕后，点击 Next 出现如图 A-4 所示的新建工程向导（Schematic Design 原理图设计）对话框，选择原理图图纸大小。点击 Next 出现如图 A-5 所示新建工程向导（PCB Layout 印制板布局图）对话框，选择是否创建印制板布局图，选择默认不创建。点击 Next 出现图 A-6 所示新建工程向导（Firmware 固件）对话框，选择固件（Firmware）工程还是流程图（Flowchart）工程，选择默认的无固件工程。点击 Next 出现图 A-7 所示的新建工程向导（Summary 概要）窗口，显示新建工程的概要信息，最后点击 Finish 完成新建工程的创建，接下来会出现如图 A-8 所示的 Proteus ISIS 工作界面。

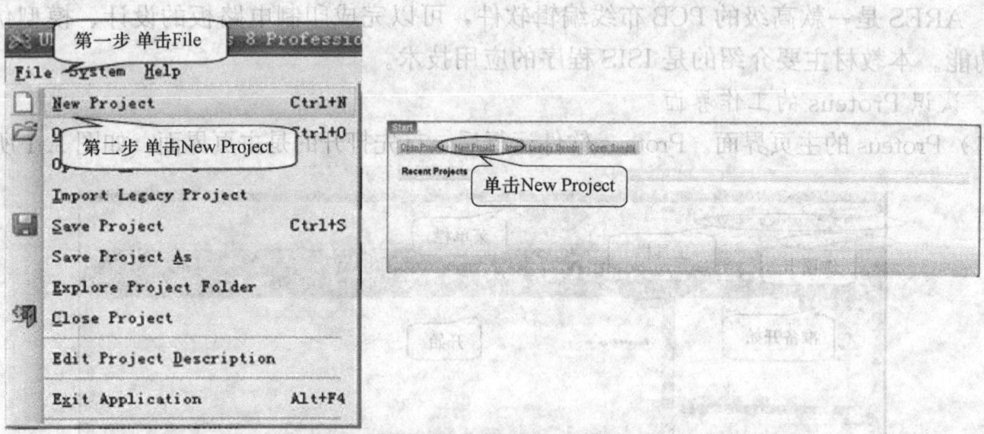

图 A-2 Proteus 工程新建

图 A-3 新建工程向导（Start 开始）

（2）Proteus ISIS 的工作界面。Proteus ISIS 的工作界面是一种标准的 Windows 界面，如图 A-8 所示，包括标题栏、菜单栏、标准工具栏、专用工具栏、对象选择按钮、交互仿真按钮、预览窗口、对象选择器窗口、电路编辑窗口等。

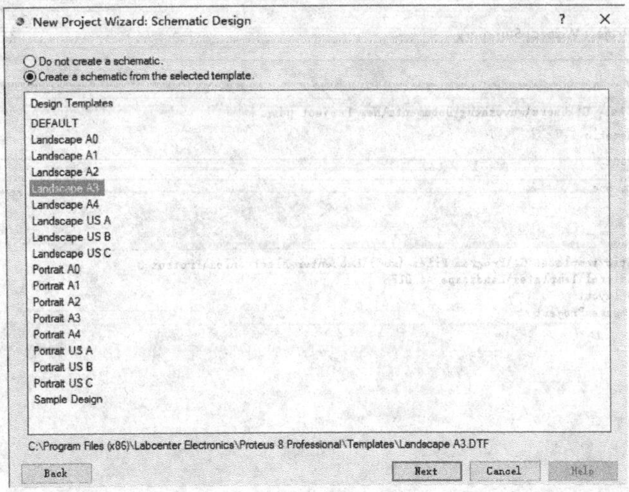

图 A-4　新建工程向导（Schematic Design 原理图设计）

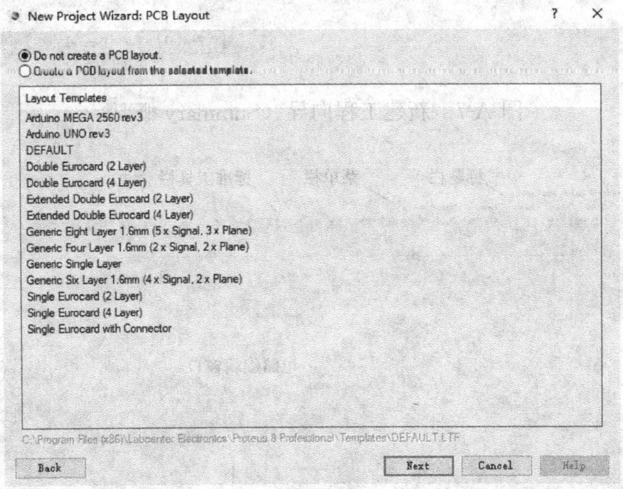

图 A-5　新建工程向导（PCB Layout 印制板布局图）

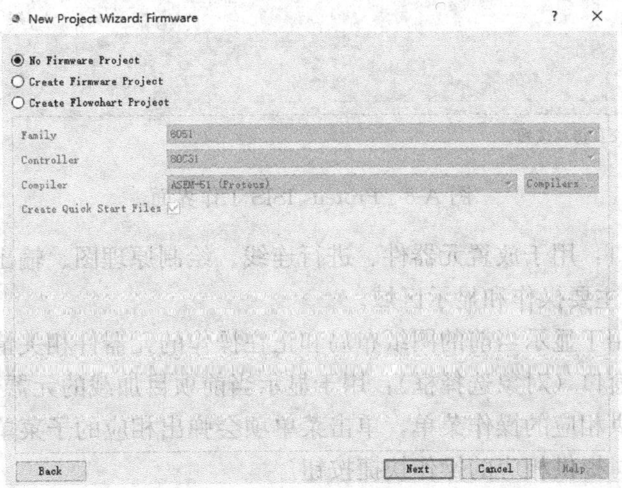

图 A-6　新建工程向导（Firmware 固件）

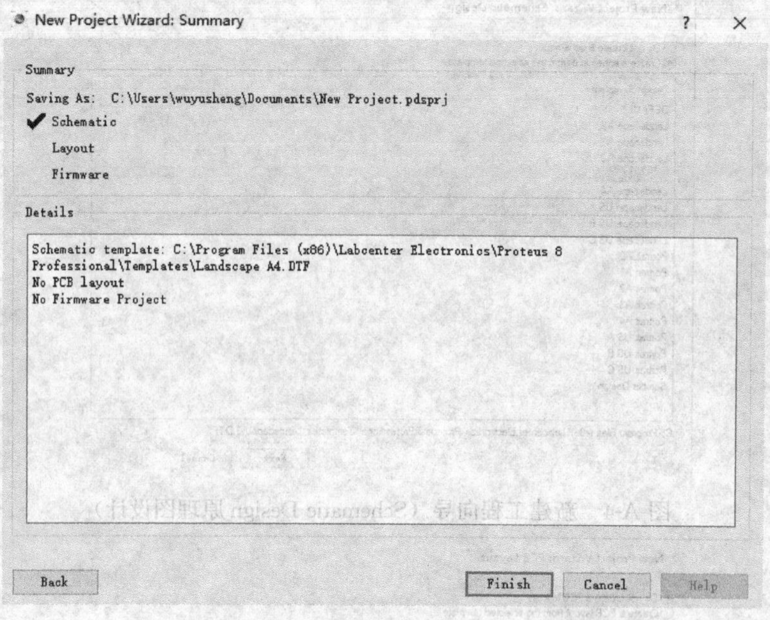

图 A-7　新建工程向导（Summary 概要）

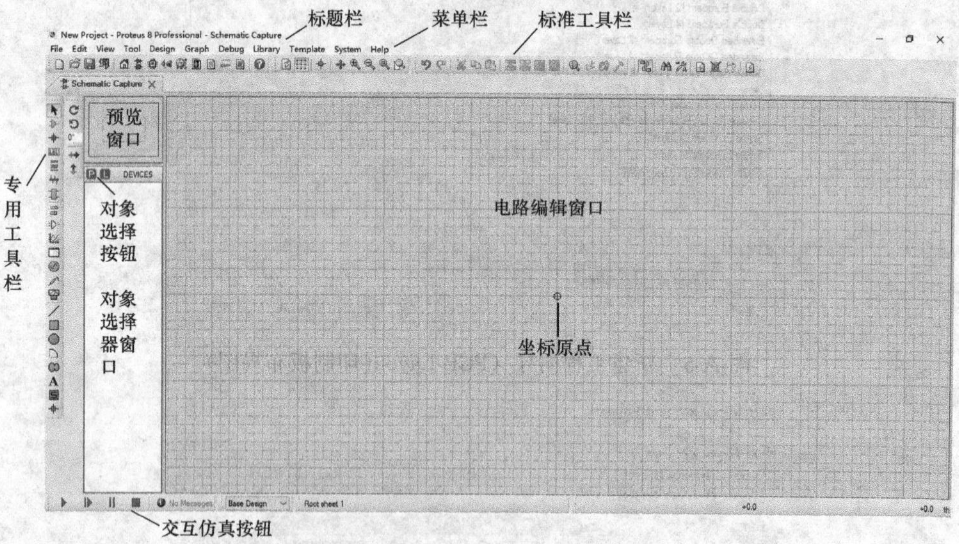

图 A-8　Proteus ISIS 工作界面

1）电路编辑窗口：用于放置元器件、进行连线、绘制原理图、输出运行和仿真结果等，这是 Proteus ISIS 的主要操作和显示区域。

2）预览窗口：用于显示当前的图纸布局和正在操作的元器件相关情况。

3）对象选择器窗口（对象选择框）：用于显示当前项目加载的元器件。

4）菜单栏：提供相应的操作菜单，单击菜单项会弹出相应的子菜单。

5）标准工具栏：提供相应的操作快捷按钮。

6）专用工具栏：提供如虚拟仪器等工具的启动操作。

7）交互仿真按钮：提供启动、暂停、停止仿真等操作。

2. 操作 Proteus 的菜单和快捷工具

（1）文件菜单（File）。文件菜单主要用于对文件的操作，包括新建、打开、保存、打印等选项，下面介绍常用的选项。

1）New Project：新建一个工程。

2）Open Project：打开已有的工程。

3）Save Project：保存当前工程。

4）Save Project As：将当前工程另存为一个工程。

5）Close Project：关闭当前工程，返回主页界面。

6）Exit Application：退出软件。

（2）编辑菜单（Edit）。编辑菜单主要用于对当前绘制的电路原理图进行操作，包括撤销操作、查找元件、元件选择、复制、剪切、粘贴、对象对齐等选项，下面介绍常用的选项。

1）Undo Changes：撤销操作。

2）Redo Changes：重复操作。

3）Find/Edit Component：查找/编辑元件。

4）Clear Selection：清除选择状态。

5）Cut To Clipboard：将选中的对象剪切到剪贴板。

6）Copy To Clipboard：将选中的对象复制到剪贴板。

7）Paste From Clipboard：将剪贴板中的对象粘贴到电路编辑窗口。

8）Align Objects：对选中的多个对象进行对齐操作。

（3）视图菜单（View）。视图菜单主要用于设置电路编辑窗口的相关显示内容，包括图形刷新、坐标选择、栅格类型和大小、界面缩放等选项，下面介绍常用的选项。

1）Redraw Display：刷新设计图纸，会丢掉图纸上无效的相关图形。

2）Toggle Grid：切换栅格，在无栅格、点状栅格、线状栅格三种方式中切换。

3）Toggle False Origin：切换假原点，用于临时改变图纸坐标原点位置。

4）Snap 10th：设置栅格大小为 10th。

5）Center At Cursor：以光标所在位置为中心移动图纸。

6）Zoom In：放大。

7）Zoom Out：缩小。

8）Zoom To View Entire Sheet：在当前窗口中显示整个图纸。

9）Zoom To Area：在当前窗口中放大显示鼠标选定的区域。

（4）工具菜单（Tool）。工具菜单主要提供一些在电路原理图编辑时用到的辅助工具操作，使用这些工具可以提高电路绘制效率，包括自动布线、搜索和标注、属性设置工具、全局标注、电器规则检查等选项，下面介绍常用的选项。

1）Wire Autorouter：自动布线，选中该选项后，在连线时系统会自动设置走线路径。

2）Global Annotator：全局标注，可以自动对所有元件的标号进行自动标注。

3）Electrical Rules Check：电气规则检查。

（5）设计菜单（Design）。设计菜单主要对工程文件和当前图纸的属性进行操作，以及在打开的不同图纸间切换的操作，包括编辑工程属性、编辑当前图纸属性、编辑设计注释、配置电源隐含值、新建图纸等选项，下面介绍常用的选项。

1）Configure Power Rails：配置电源轨，用于配置电源隐含值，例如，设置Vcc是5V还是3.3V，将Vcc和VDD配置为同一个电源网络等。

2）New（Root）Sheet：在同一个工程文件下新建一张图纸，常用于一个较大的工程文件中进行分模块设计。

（6）系统菜单（System）。系统菜单用于对Proteus ISIS的相关参数进行设置，包括系统环境、图纸尺寸、标注字体等选项，其中比较常用的是设置图纸尺寸（Set Sheet Sizes）选项。

除了以上菜单外，还有图形菜单（Graph）、调试菜单（Debug）、库元件菜单（Library）、模板菜单（Template）、帮助菜单（Help），这几项菜单在Proteus基本仿真应用中不常用或比较简单，在此不做过多介绍。

（7）快捷工具菜单。为了便于电路原理图绘制和仿真，Proteus ISIS提供了很多快捷工具按钮，现简要介绍如下：

1）标准工具栏，具体如下：

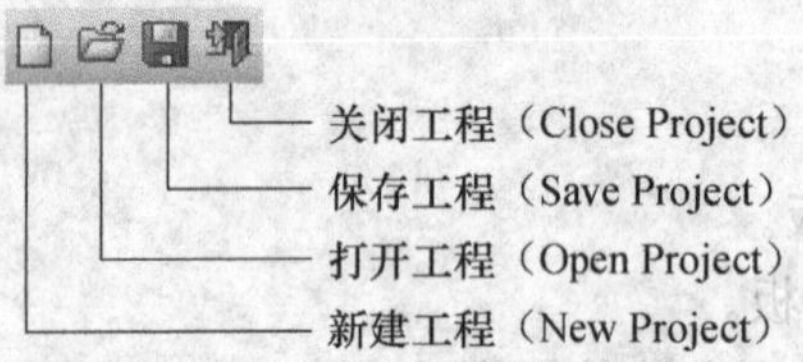

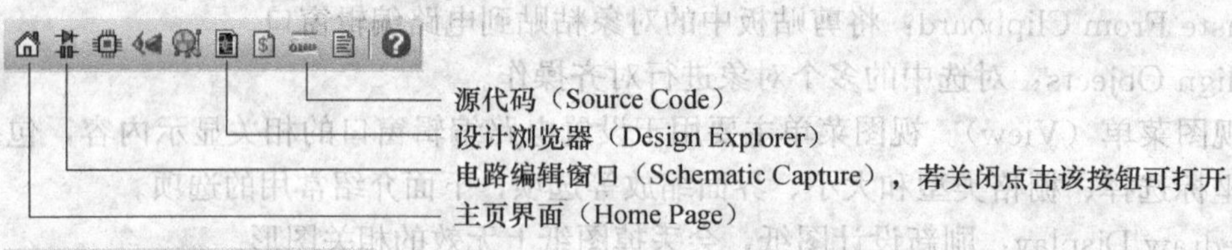

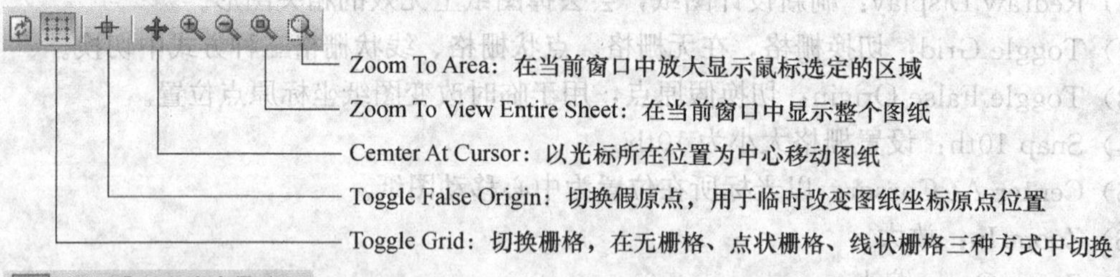

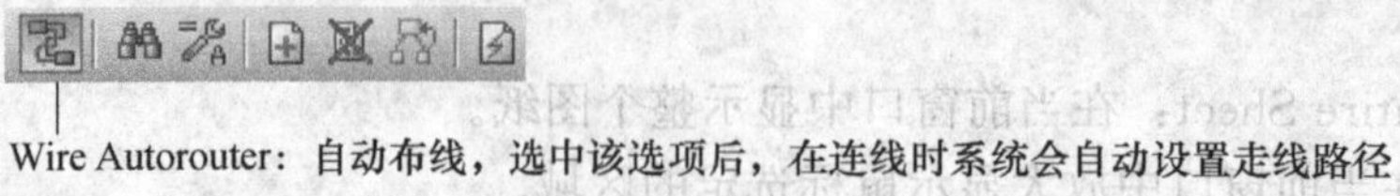

2）专用工具栏。

（Selection Mode）：选择模式，通常情况下都需要选中它，比如布局时和布线时。

（Component Mode）：组件模式，点击该按钮，能够显示出区域中的元器件，以便选择。

（Junction Dot Mode）：节点模式，点击该按钮可以放置两条连线交叉时的节点。若两条连线交叉处没有节点，则表示两条连线没有电气连接，只有在交叉点放置节点，才表示两条连线是连在一起的。

（Wire Label Mode）：线路标签模式，选中它并单击文档区电路连线能够为连线添加标签或网络标号，经常与总线配合使用。

（Text Script Mode）：文本模式，选中它能够为文档添加文本。

（Buses Mode）：总线模式，选中它能够在电路中画总线。

（Subcircuit Mode）：子电路模式，用于放置子电路的输入、输出、电源等符号。

（Terminals Mode）：终端模式，选中它能够为电路添加各种终端，比如输入、输出、电源、地等。

（Device Pins Mode）：器件引脚模式，放置器件的各种引脚符号。

（Graph Mode）：图形模式，设置分析图形。

（Active Popup Mode）：动态弹出模式。

（Generator Mode）：信号源模式，放置直流、交流、数字等信号源。

（Probe Mode）：探针模式，放置电压、电流探针。

（Virtual Instruments Mode）：虚拟仪器模式，选中它能够在对象选择器中看到很多虚拟仪器，比如示波器、电压表、电流表等。

3. 电路仿真操作练习

（1）新建工程（New Project）练习。

1）新建一个工程。按照图 A-2～图 A-7 所示步骤新建一个工程，文件名和保存目录自行设置，图纸尺寸设置为 A4。

2）修改图纸尺寸。通过系统菜单（System）中的设置图纸尺寸（Set Sheet Sizes）选项，将图纸设置为 A3。

3）图纸的缩放。

①将鼠标移动到需要缩放的区域，前后滚动鼠标滚轮（向前放大，向后缩小）。

②将鼠标移动到需要缩放的区域，使用快捷键 F6（放大）和 F7（缩小）。

③按下 Shift 键，用鼠标左键拖曳出需要放大的区域。

④使用快捷工具栏或菜单栏中的相应按钮或命令进行操作。Zoom In：放大，Zoom Out：缩小，Zoom To View Entire Sheet：在当前窗口中显示整个图纸，Zoom To Area：在当前窗口中放大显示鼠标选定的区域。

4）图纸的平移。

①按下鼠标滚轮，出现光标，表示图纸已经处于“提起”状态，此时可以移动鼠标进行平移操作，然后单击鼠标任意键释放图纸。

②将鼠标移动到要将图纸平移到的地方，按下快捷键 F5 进行操作。

③按下 Shift 键，在编辑窗口移动鼠标，鼠标移动到边框外时，图纸会平移。

④如果想要平移至相距较远的地方，快捷的方式就是在预览窗口单击显示该区域。

⑤使用菜单栏或快捷工具栏的 Center At Cursor：以光标所在位置为中心移动图纸。

（2）选取并放置元器件（Pick Devices）练习。

1）打开“Pick Devices”（拾取元器件）对话框。点击 Proteus ISIS 工作界面左上方，预览窗口下方的对象选择按钮“P”（Pick Devices，拾取元器件），打开“Pick Devices”（拾取元器件）对话框，对话框如图 A-9 所示，图中所示为默认没有选中任何元器件的情况。

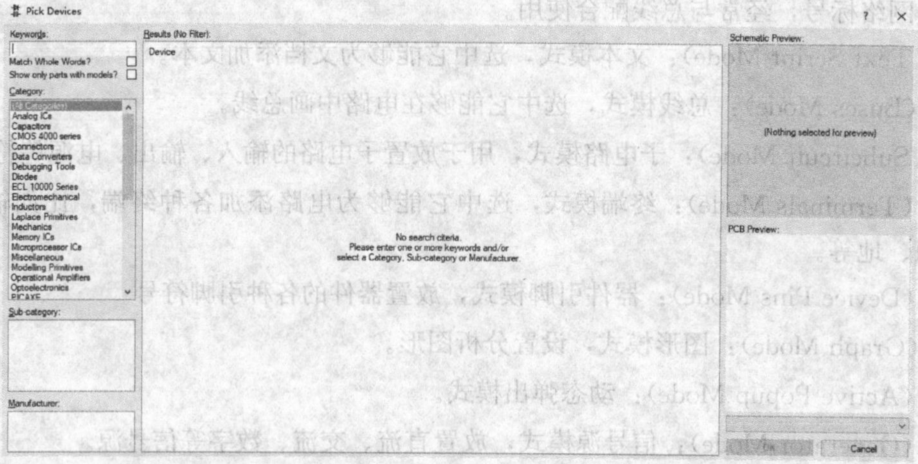

图 A-9　Pick Devices 对话框

2）浏览元器件。用鼠标点击元器件大类中的 Diodes 条目，子类和制造商选择默认，在出现的元器件列表中，用鼠标点击第一条 10A01，在对话框右侧会显示选中二极管的原理图符号和 PCB 封装，如图 A-10 所示。自行选择几个其他类别的元器件进行浏览。

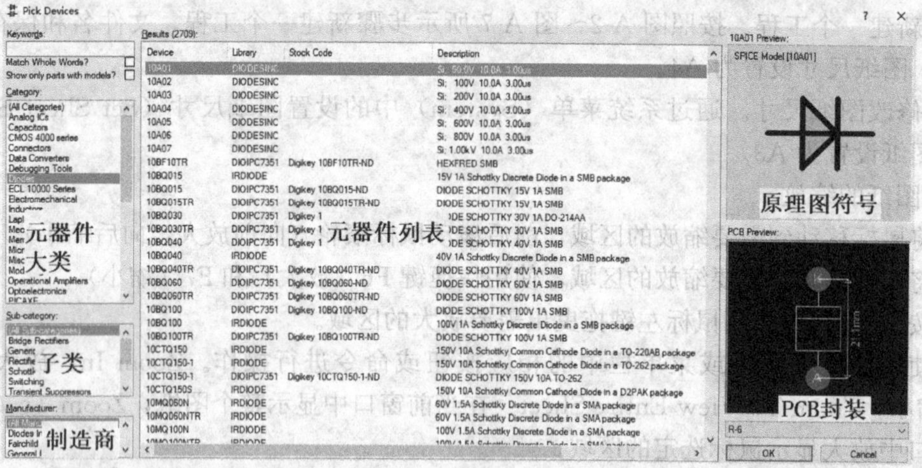

图 A-10　浏览元器件

3）选取元器件到对象选择框。在 Pick Devices 对话框中选择 Resistors 大类，在对应的元器件列表中选择 RES 元件。选取 RES 有两种方法：

第一种方法：用鼠标单击选中 RES 元件后，点击 Pick Devices 对话框右下角的“OK”按钮，此时 Pick Devices 对话框会自动关闭，同时在 Proteus ISIS 工作界面的对象选择框中显示一条名称为 RES 的条目，用鼠标单击 RES，在预览窗口中会显示 RES 对应的电阻符号，如图 A-11 所示。

第二种方法：用鼠标双击 RES，RES 会添加到对象选择框，同时 Pick Devices 对话框仍然处于打开状态，可以继续选取其他元器件，当已经将所需的元器件全部加入到对象选择框中时，可以点击“OK”按钮来完成元器件的添加。

在实际操作中，用浏览的方式选取元器件并不方便，在已知元器件型号的情况下，可以通过输入关键字（Keywords）进行快速搜索，如图 A-12 所示。输入关键字后，在 Results 窗口中会列出搜索结果，从中可以找到 RES。

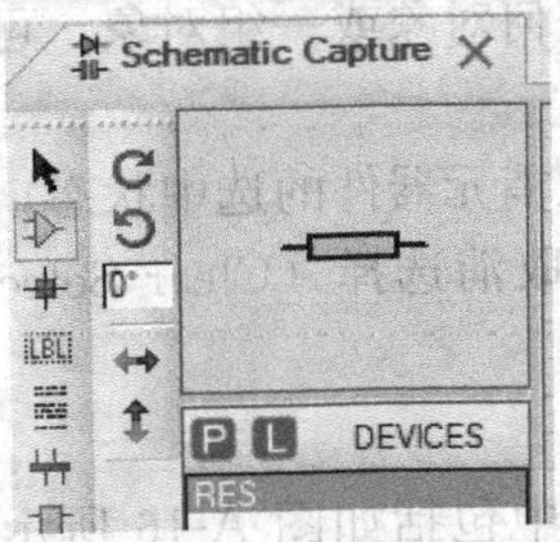

图 A-11　选取 RES

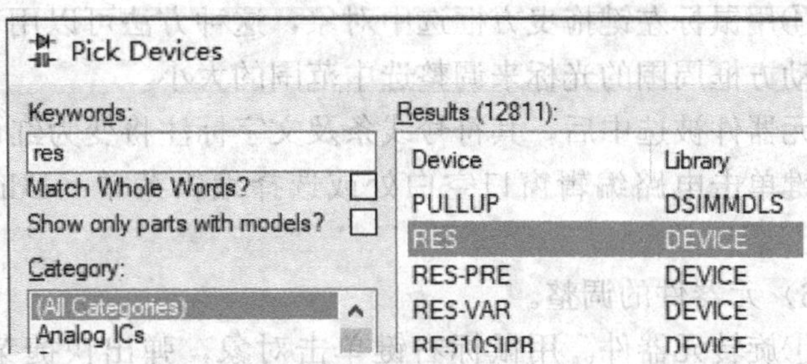

图 A-12　通过关键字（Keywords）查找元器件

RES 关键字比较短，所以搜索结果比较多，需要进一步通过浏览的方式查找。有些关键字比较精确的元器件，搜索结果将更加精确，例如，在 Keywords 栏输入 led-green，搜索结果只有一个，对应的是绿色发光二极管，如图 A-13 所示。

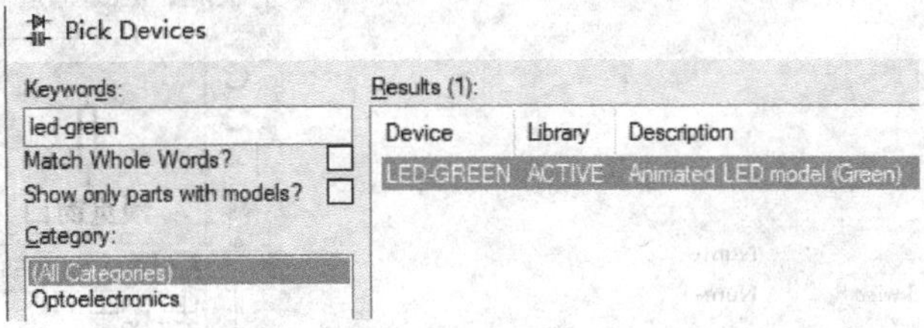

图 A-13　精确搜索绿色发光二极管

4）放置元器件到电路编辑窗口。在对象选择框中，用鼠标单击选中需要放置的元器件，然后将鼠标移动到电路编辑窗口单击鼠标左键，鼠标光标将变成相应元器件的形状，如图 A-14 所示。移动鼠标到需要放置元器件的位置，单击鼠标左键或者按键盘上的 Enter 键可以将元器件放置到电路编辑窗口中，如图 A-15 所示。在图 A-14 所示情况下，如果不想放置这个元器件，可以单击鼠标右键或按键盘上的 Esc 键。

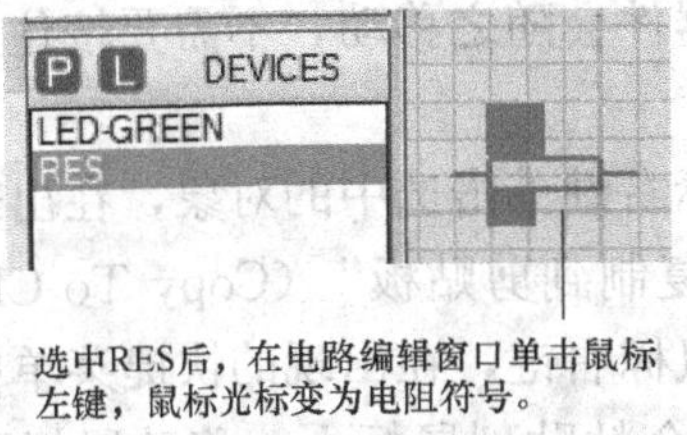

图 A-14　放置电阻前鼠标光标的形状

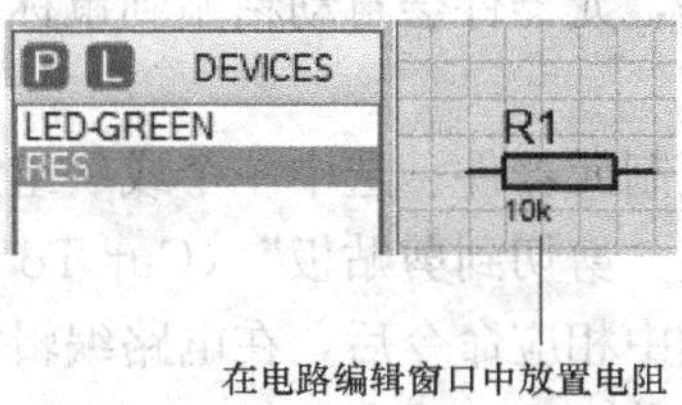

图 A-15　在电路编辑窗口中放置电阻

5）在电路编辑窗口中选择元器件。在完成了元器件的放置之后，常常还需要对元器件的位置、方向、参数等进行一些调整。在对元器件进行调整操作之前通常先要选中元器件，可以通过以下几种方法选中对象：

①单击专用工具栏中的选择模式（Selection Mode）按钮，再用鼠标左键单击选择

对象。

②用鼠标右键单击对象，选中对象并弹出快捷菜单。

③将鼠标光标移动到元器件上方时，鼠标光标若变成形状，单击鼠标左键也可以选中元器件，但对于像可变电阻、按钮这种需要调节元器件值或状态的元器件除外。

④用鼠标左键拖曳方框选中对象，这种方法可以用于选中任何对象或一组对象，可以通过移动方框周围的光标来调整选中范围的大小。

元器件被选中后，其符号线条及文字标注将变为红色，要取消元器件的选中状态，用鼠标左键单击电路编辑窗口空白处或选择编辑菜单（Edit）中的取消选择（Clear Selection）命令。

6）元器件的调整。

①旋转元器件。用鼠标右键单击对象，弹出快捷菜单，其中包括如图 A-16 所示的选项，单击相应选项可以实现对象的旋转和翻转。在对象选择框选中元器件后，在放置元器件到电路编辑窗口之前，也可以通过点击预览窗口旁边相应的快捷工具，在预览窗口中旋转或翻转元器件，如图 A-17 所示，调整完毕后再将鼠标移动到电路编辑窗口单击鼠标左键放置元器件。

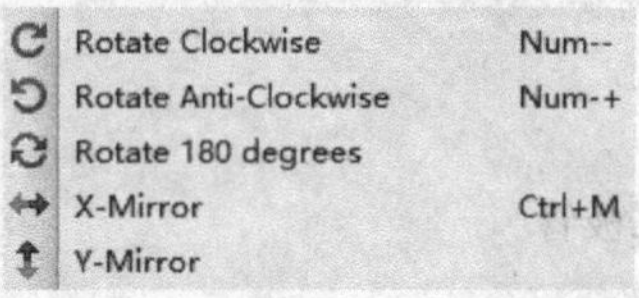

图 A-16　旋转元器件右键菜单

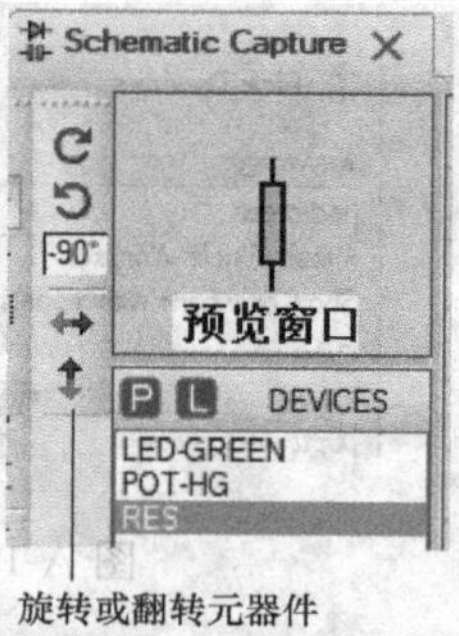

图 A-17　放置之前在预览窗口旋转或翻转元器件

②移动元器件。选中元器件后，把鼠标移动到选中的元器件上，鼠标光标将变成形状，如果要移动选中的元器件，则直接按住鼠标左键不放，将元器件拖曳到适当位置即可。也可以用鼠标右键单击对象，在出现的快捷菜单中选择拖曳对象（Drag Object）命令，采用此方法，元器件会自动粘贴到鼠标上，移动鼠标元器件会随之移动，不需要按住鼠标左键不放。

③复制元器件。选中一个或一组元器件后，用鼠标右键单击选中的对象，在出现的快捷菜单中有“剪切到剪贴板”（Cut To Clipboard）和“复制到剪贴板”（Copy To Clipboard）选项，选中相应命令后，在电路编辑窗口空白处单击鼠标右键，在出现的快捷菜单中选择从剪贴板粘贴（Paste Form Clipboard）命令，相应对象会粘贴到鼠标上，移动鼠标到适当位置单击鼠标左键即可完成对象的放置。

④删除元器件。选中一个或一组元器件后，按键盘上的 Delete 键即可删除选中的对象。也可以直接用鼠标右键单击对象，在出现的快捷菜单中选择删除对象（Delete Object）命令。

⑤修改元器件参数。以电阻为例，通常需要修改的参数是电阻的标号和阻值，可以通过

以下方式修改：

- 在电阻没有被选中的状态下，用鼠标左键双击电阻符号，会弹出如图 A-18 所示编辑元器件（Edit Component）对话框，可以进行电阻标号、阻值等参数的修改操作。此种方式不适合用于像可变电阻、按钮这种需要调节元器件值或状态的元器件。
- 在电阻处于选中状态下，将鼠标移动到电阻符号上，鼠标光标变成☝形状时单击鼠标左键，同样会弹出如图 A-18 所示编辑元器件对话框。此种方式不适合用于像可变电阻、按钮这种需要调节元器件值或状态的元器件。

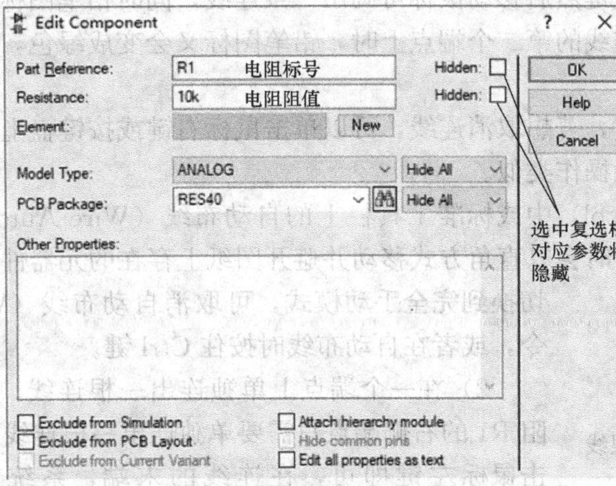

图 A-18 编辑元器件对话框

- 用鼠标左键直接双击电阻的标号，会弹出如图 A-19 所示编辑部件标号（Edit Part Id）对话框，可以修改元器件标号。用鼠标左键直接双击电阻的阻值，会弹出图 A-20 所示编辑部件值（Edit Part Value）对话框，可以修改阻值。

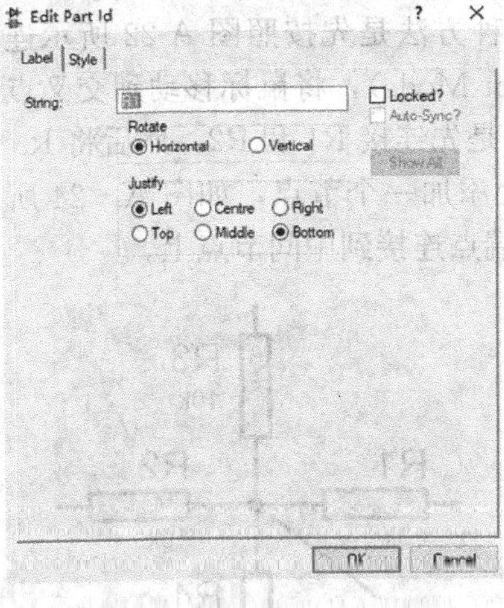

图 A-19 编辑部件标号对话框

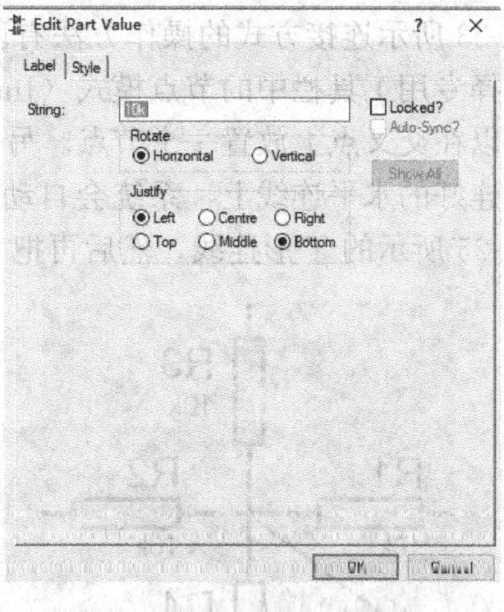

图 A-20 编辑部件值对话框

- 使用鼠标右键单击电阻符号，在弹出的快捷菜单中选择编辑属性（Edit Properties）命令，也会弹出如图 A-18 所示编辑元器件对话框。

- 使用编辑菜单（Edit）中的查找/编辑元器件（Find/Edit Component）命令，在弹出的对话框中输入元器件标号后点击“OK”按钮，也会弹出如图 A-18 所示编辑元器件对话框。

注意：要修改电阻阻值为 100Ω，则输入 100。1kΩ，输入 1k，必须用小写字母 k。电容容值 μF、nF 等单位，F 前的字母都需要用小写字母。

（3）连线练习。

1）连接两个端点。将鼠标放置到需要连线的第一个端点上，可看到鼠标变成绿色铅笔状态，此时单击鼠标左键然后移动鼠标可画出一条连线，同时铅笔图标会变成白色，将鼠标带着连线移动到需要连线的第二个端点上时，铅笔图标又会变成绿色，此时单击鼠标左键即可完成连线。

在鼠标带着连线时，若想取消连线，可以单击鼠标右键或按键盘上的 Esc 键。导线的删除操作同元器件的删除操作类似。

如果工具菜单（Tool）中或标准工具栏上的自动布线（Wire Autorouter）命令处于选中状态，则连线在拐弯时会以直角方式移动并避开图纸上存在的元器件等障碍物，如果想要切换到完全手动模式，可取消自动布线（Wire Autorouter）命令，或者在自动布线时按住 Ctrl 键。

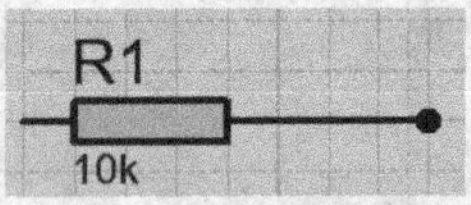

图 A-21　单独连出一根线

2）在一个端点上单独连出一根连线。如图 A-21 所示，电阻 R1 的右侧端点只需要单独连出一根连线，在连线结束位置双击鼠标左键即可，在连线的末端，系统自动添加一个节点（Junction Dot）。

3）两条连线出现十字交叉情况的处理。如图 A-22 所示情况，先练完一条线，然后再连另一条线，两条线出现十字交叉时，在交叉点系统不会自动添加节点，默认两条线是不连接状态。如果要求两条十字交叉连线在交叉点相连，连接状态须如图 A-23 所示，在交叉点要有节点。

图 A-23 所示连接方式的操作方法有两种，一种方法是先按照图 A-22 所示连线，然后用鼠标选择专用工具栏中的节点模式（Junction Dot Mode），将鼠标移动到交叉点点击鼠标左键，可以在交叉点上放置一个节点。另一种方法是先连接 R1 和 R2，然后将 R3 的下端点连接到已连好的水平连线上，系统会自动在连接处添加一个节点，如图 A－24 所示，从而完成图 A-25 所示的 T 形连线，然后再把 R4 的上端点连接到中间节点上。

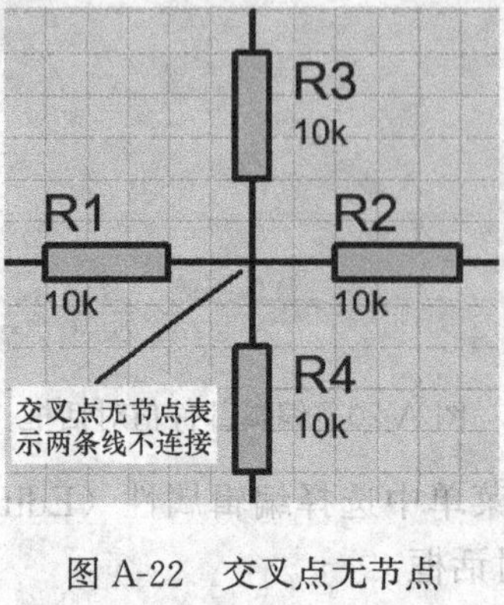

图 A-22　交叉点无节点

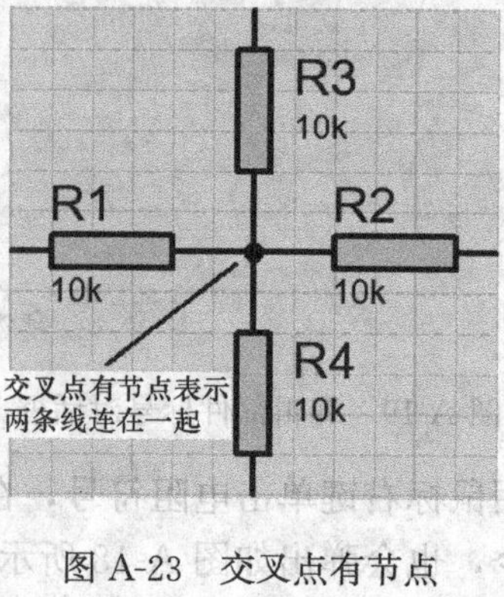

图 A-23　交叉点有节点

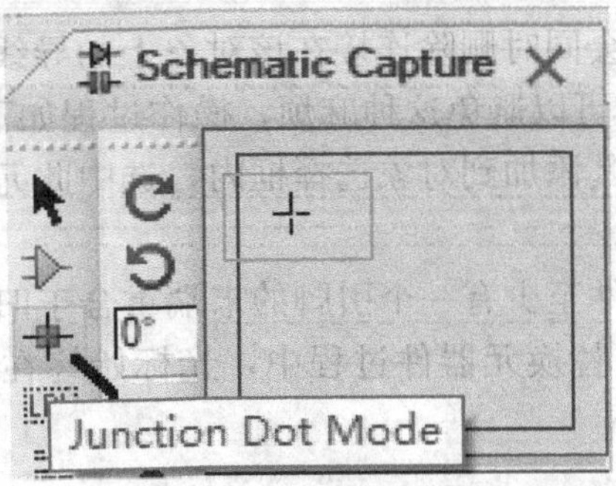

图 A-24　选择节点模式

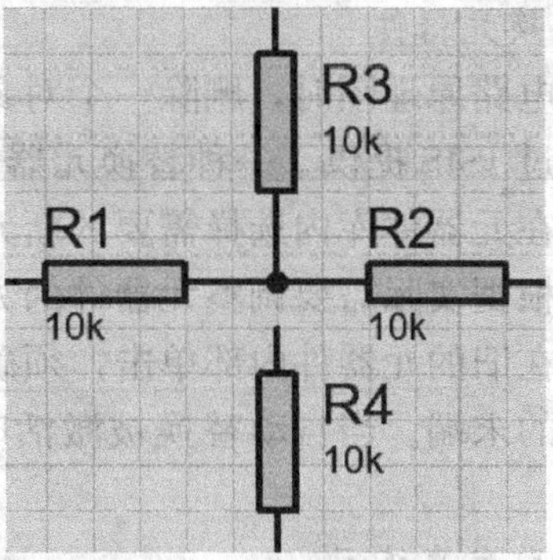

图 A-25　T 形连线

4）使用线路标号实现连线的功能。如图 A-26 所示，R1、R2、R3、R4 均有一个端点上引出一段连线，均放置有名称为 LBL1 的线路标号，则这四个具有相同线路标号的点相当于用连线连在一起。这种连接方法，在电路比较复杂时，可以令电路图看起来比较简洁，在采用总线方式连线时，往往配合使用线路标号的方式。

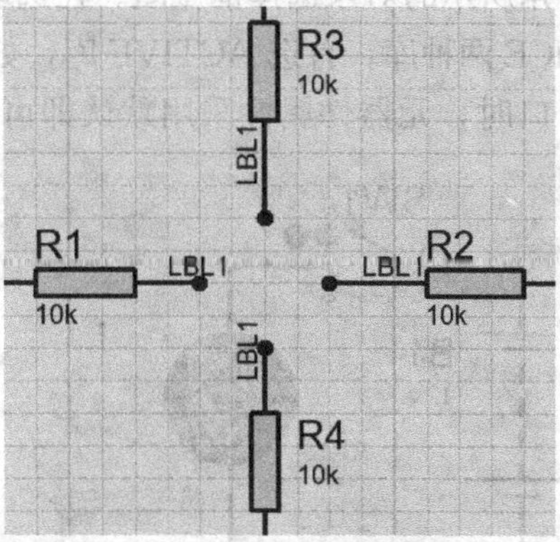

图 A-26　使用线路标号实现连线的功能

线路标号的放置方法，首先选择专用工具栏中的线路标号模式（Wire Label Mode）命令，如图 A-27 所示，然后移动鼠标到需要放置线路标号的连线上，当鼠标显示为符号时，单击鼠标左键，会弹出如图 A-28 所示的编辑线路标号（Edit Wire Label）对话框，输入线路标号名称后点击“OK”即可。

要更改线路标号的名称，可以用鼠标左键双击需要更改名称的线路标号，或用鼠标右键单击需要更改名称的线路标号，在弹出的快捷菜单中选择编辑标号（Edit Label）命令，系统均会弹出如图 A-28 所示的编辑线路标号（Edit Wire Label）对话框。要删除线路标号，可以用鼠标右键单击需要删除的线路标号，在弹出的快捷菜单中选择删除标号（Delete Label）命令即可。

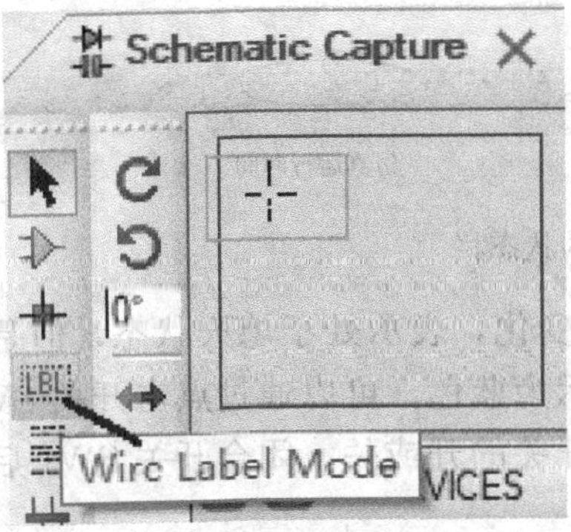

图 A-27　线路标号模式

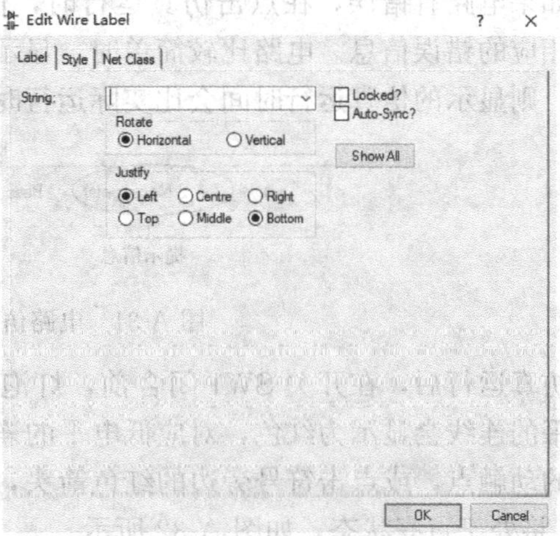

图 A-28　编辑线路标号对话框

4. 替换元器件

编辑电路原理图时，删除一个对象时，往往会同时删除连接在该对象上的导线，非常不方便，不过 ISIS 提供了一种替换元器件的方法，可以避免这种麻烦，操作过程如下：

（1）在元器件库内选择需要的新元器件并将其添加到对象选择框内，选中此元器件。

（2）根据实际需要调整元器件的方位。

（3）在旧的元器件内部单击，须确保新元器件至少有一个引脚的末端重合于旧元器件的某一引脚的末端。当自动替换被激活时需保证在替换元器件过程中，光标始终在旧元器件内部。

5. 电路仿真练习

（1）点亮一个灯泡。绘制如图 A-29 所示的点亮一个灯泡电路，选用元器件名称如图中右下角所示的对象选择框截图。在选取元器件时，同一个名称的元器件可能对应 ACTIVE 和 DEVICE 两种库，首选 ACTIVE 库，如图 A-30 所示。本电路的三个元器件，在放置到电路编辑窗口时，元器件属性采用默认即可。在电路图编辑过程中，要养成随时保存文件的习惯。

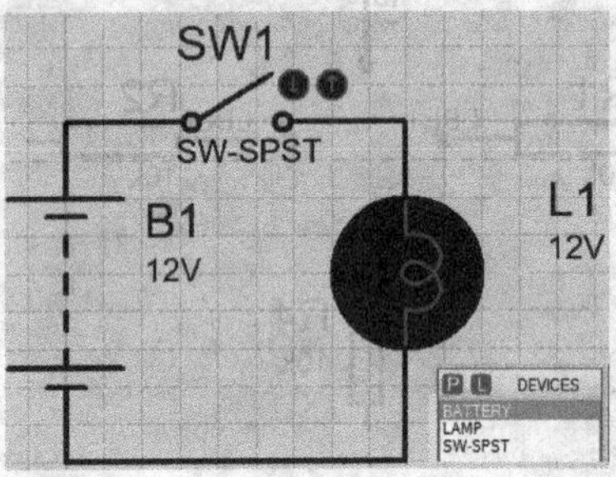

图 A-29　点亮一个灯泡电路

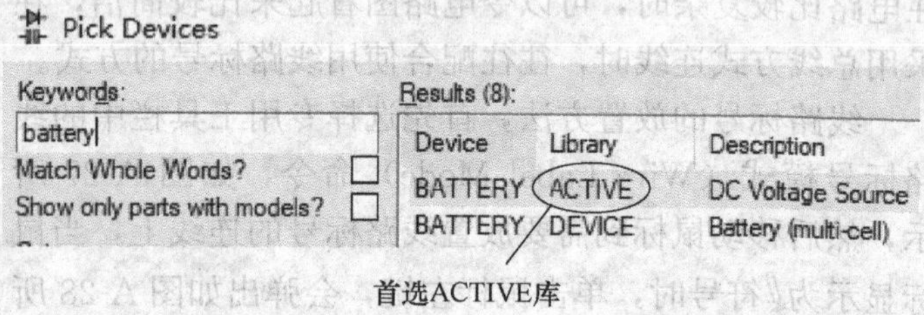

图 A-30　在元器件库中搜索电池

电路连接完毕后，点击工作界面左下角的仿真运行按钮▶，如果电路连接没有错误，在工作界面最下方的状态栏里将会显示提示信息，同时会看到仿真运行时间在变化，如图 A-31 所示。用鼠标点击提示信息，可以打开仿真日志（Simulation Log）窗口，显示软件版本号以及仿真文件等信息，点击仿真停止■按钮后，该窗口会进一步显示相关仿真结果信息。如果电路有错误，在点击仿真运行时，仿真日志（Simulation Log）窗口会自动弹出，显示相应的错误信息。电路比较简单时，显示的仿真运行时间同实际时间一样，若电路比较复杂，则显示的仿真运行时间会比实际运行时间慢。

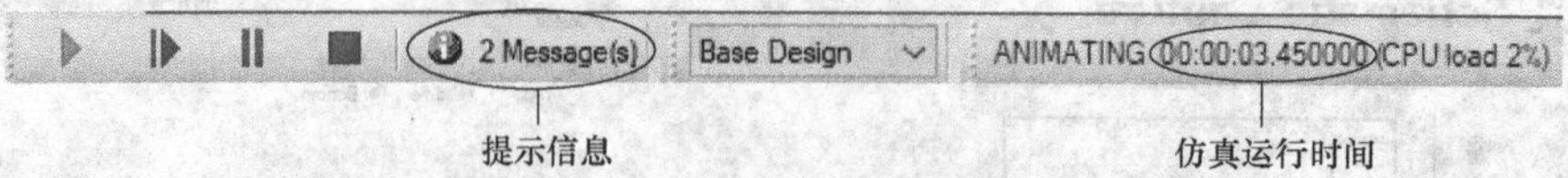

图 A-31　电路仿真运行时的状态栏

仿真运行后，在开关 SW1 闭合前，灯泡 L1 没有变化，表示处于熄灭状态，但是对应高电平的连线会显示为红色，对应低电平的连线会显示为蓝色。可以通过点击开关 SW1 符号上的动触点，或点击符号旁边的红色箭头，来切换开关的开或关。闭合开关 SW1 后，灯泡 L1 将处于点亮状态，如图 A-32 所示。

电路仿真完毕，点击仿真停止■按钮后，仿真停止运行。在仿真运行时，不能进行电路修改操作。要修改元器件参数或连线，电路必须处于仿真停止状态。

（2）电阻串联电路仿真测试。绘制如图 A-33 所示电阻串联电路，选用元器件名称如图中所示的对象选择框截图。需要将电池 B1 的电压（Voltage）参数修改为 5V，将电阻 R1 的阻值（Resistance）修改为 1k，以上操作均可以通过双击对象，在弹出的编辑元器件（Edit Component）对话框中设置。

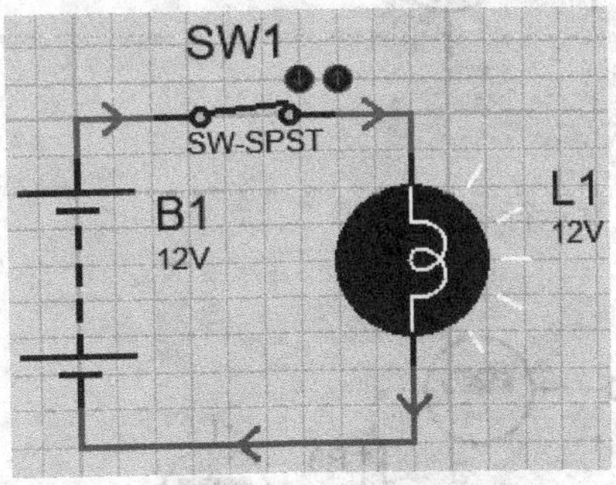

图 A-32　闭合 SW1，灯泡 L1 点亮

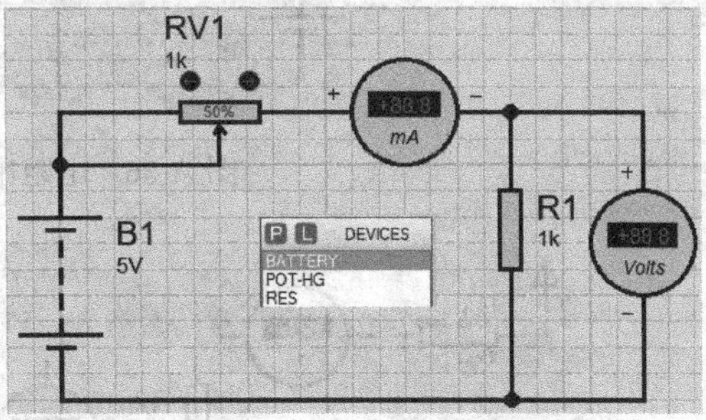

图 A-33　电阻串联电路

电路中标有 mA 符号的是直流电流表，标有 Volts 符号的是直流电压表。选取方法是，点击专用工具栏中的虚拟仪器模式工具，如图 A-34 所示，在对象选择框中会显示所有的虚拟仪器，其中常用的是示波器、交直流电压表、交直流电流表。直流电流表默认显示单位为安培（A），本电路需要将显示单位改为毫安（mA），操作方法是，双击毫安表符号，弹出如图 A-35 所示编辑元器件（Edit Component）对话框，点击显示范围（Display Range）栏对应的下拉箭头，会显示四个单位选项，选择毫安后，点击“OK”按钮即可。电压表也有对应的设置项，本电路无须修改。

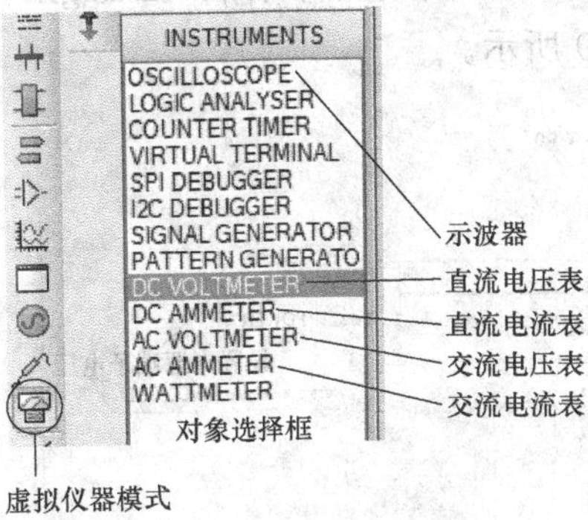

图 A-34　虚拟仪器模式

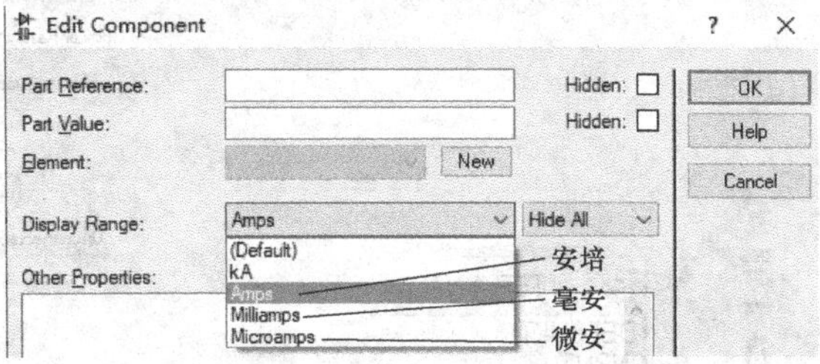

图 A-35　编辑直流电流显示单位

电路设置及连接完毕无误后，点击仿真运行按钮，电路开始仿真运行，如图 A-36 所示。调整可变电阻 RV1，观察电流表和电压表显示数字的变化情况，并做好记录。可变电阻 RV1 的调整方法是，用鼠标直接点击电阻符号矩形框内部，可实现粗调，点击符号上的红色箭头可实现每步 1%的细调。

（3）另外两种提供直流电源的方法。在电路仿真时提供直流电源除了可以使用电池元件外，还可以采用如图 A-37 所示的两种方法。一种是采用电源端子符号和接地符号，另一种是采用直流信号源符号和接地符号。

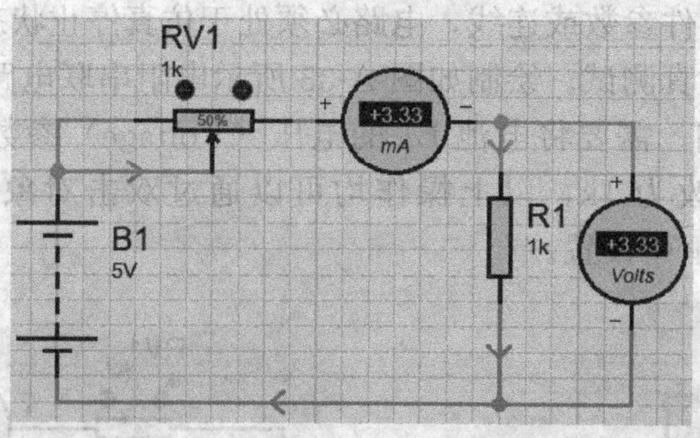

图 A-36　电阻串联电路仿真运行

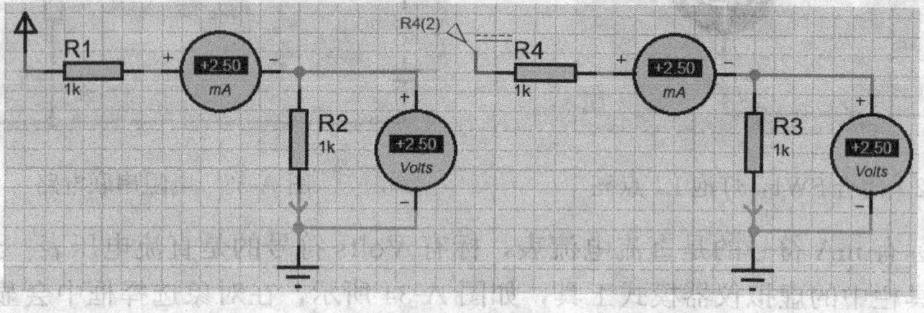

图 A-37　两种提供直流电源的方法

电源端子符号和接地符号均在专用工具栏的终端模式（Terminals Mode）中，如图 A-38 所示。电源端子符号默认端子标号为空，可以通过在电路编辑窗口中用鼠标左键双击该符号，在弹出的编辑端子标号（Edit Terminal Label）对话框中输入端子标号名称。电源端子符号默认对地电压为 5V，要想修改对地电压，可以使用设计菜单（Design）中的配置电源轨（Configure Power Rails）命令，如图 A-39 所示。

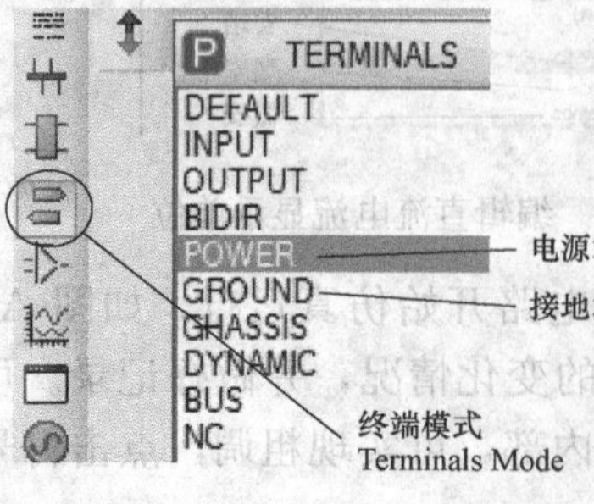

图 A-38　终端模式

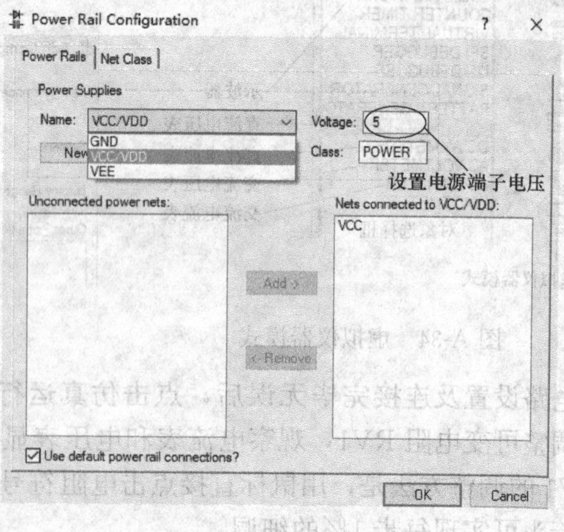

图 A-39　配置电源轨

直流信号源符号在专用工具栏的信号源模式（Generator Mode）中，如图 A-40 所示，其中 DC 即为直流信号源。将直流信号源符号放置到电路编辑窗口后，其默认对地电压为 0V，需要用鼠标左键双击该符号，在弹出的直流信号源属性（DC Generator Properties）对话框中进行修改，如图 A-41 所示。

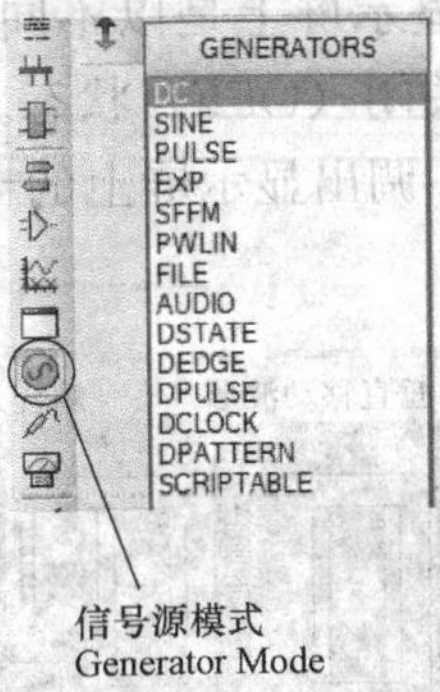

信号名称	信号描述
DC	直流信号，参数：电压值
Sine	交流信号，参数：三要素，阻尼因素和幅值偏移
Pulse	脉冲信号，参数：初始值、最大值、开始时间、上升时间、下降时间、占空比和频率（周期）
EXP	指数信号，参数：初始值、最大值、上升开始时间、上繁荣昌盛时间、下降开始时间、下降时间
SFFM	调制信号，参数：偏移量、增值、载波频率、调制指数、信号频率
Pwlin	自定义v-t特性信号，参数：自定义输入
File	来自文件的信号，参数：文件的位置
Audio	来自音频文件的信号，参数：wav 文件的位置
Dstate	数字状态信号，参数：提供了 7 种状态供选择
Dedge	数字边沿触发信号，参数：L-H /H-L 选择、边沿时间
Dpulse	数字脉冲信号（单），参数：LHL/HLH 选择、开始时间、宽度
Dclock	数字时钟信号，参数：LH L/H LH 选择、第一个边沿时间、周期
Dpattern	数字模型信号，参数：初态、第一个边沿时间、脉冲宽度、信号连续的类型等

图 A-40　信号源模式

(4) 使用示波器测量交流信号波形。在电路仿真实验时，有时候需要在电路输入端输入交流输入信号，也要用示波器测量电路中某点的信号波形。提供交流信号的常用方式有三种，一种是放置交流发电机元件（ALTERNATOR），第二种是使用交流信号源符号（SINE）、第三种是使用信号发生器（SIGNAL GENERATOR）。

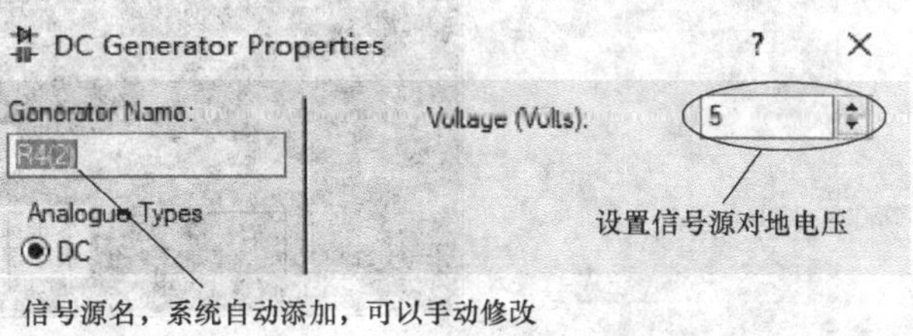

图 A-41　直流信号源属性

如图 A-42 所示，通过放置交流发电机元件（ALTERNATOR）提供交流信号，选取和放置方法同前述放置电阻等元器件一样。使用交流发电机元件前，需要先用鼠标左键双击符号，弹出如图 A-43 所示对话框，设置其输出振幅和频率。

示波器是四通道的，分别用 A、B、C、D 表示，可以同时测量四路信号的波形，图 A-42 中示波器只使用了其中 A 通道。在实际测量时，示波器同电路连接需要两根连接线，一根为信号线，另一根为接地线。在仿真电路中，地线在示波器内部默认已经连接，外部无须再连接地线。所以在图 A-42 中只有 A 通道一根信号线同交流发电机输出端相连，这是仿真软件为简化电路连接而采取的优化措施。

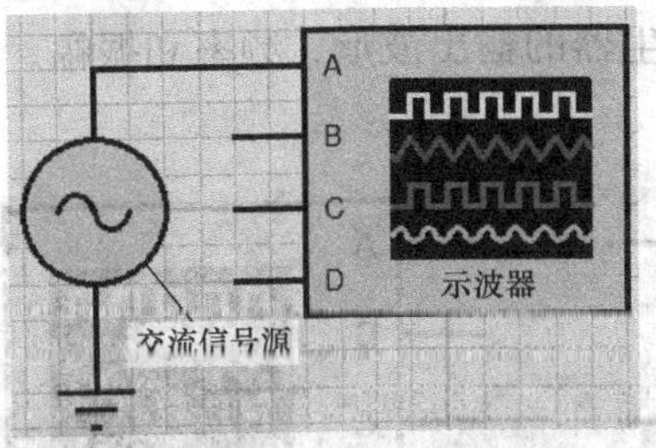

图 A-42　用示波器测量交流信号源波形

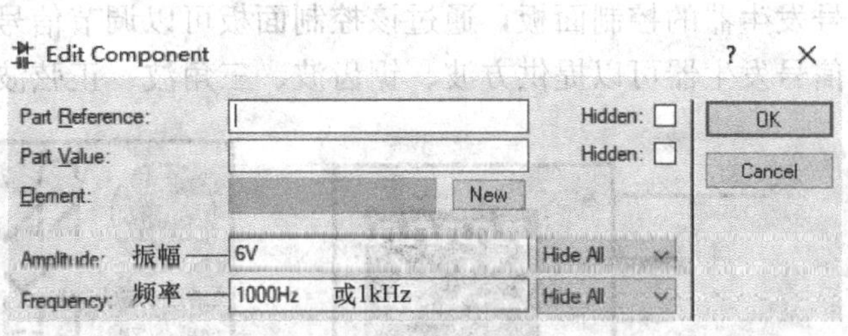

图 A-43　编辑交流信号源参数

电路设置及连接完毕后，可以点击仿真运行按钮，系统会自动弹出如图 A-44 所示示波器的显示面板。同实际示波器操作方式基本一样，也要通过调整虚拟示波器的水平灵敏度、垂直灵敏度、耦合方式，使示波器显示屏显示适当的波形。A、B、C、D 四个通道在示波器面板上均有对应的参数设置区，用于调整各个通道的交流、直流、接地、关闭等耦合方式，还配有波形垂直移动旋钮。A、B、C、D 四个通道的波形在显示屏上是以不同颜色区分的，如果只用到一个通道，其他三个通道的耦合方式可以设置为关闭（OFF）状态。还可以用鼠标点击图 A-44 中示波器控制面板上的光标（Cursors）按钮，调出显示屏上的十字光标，通过光标可以准确测量波形某点的电压和时间参数。

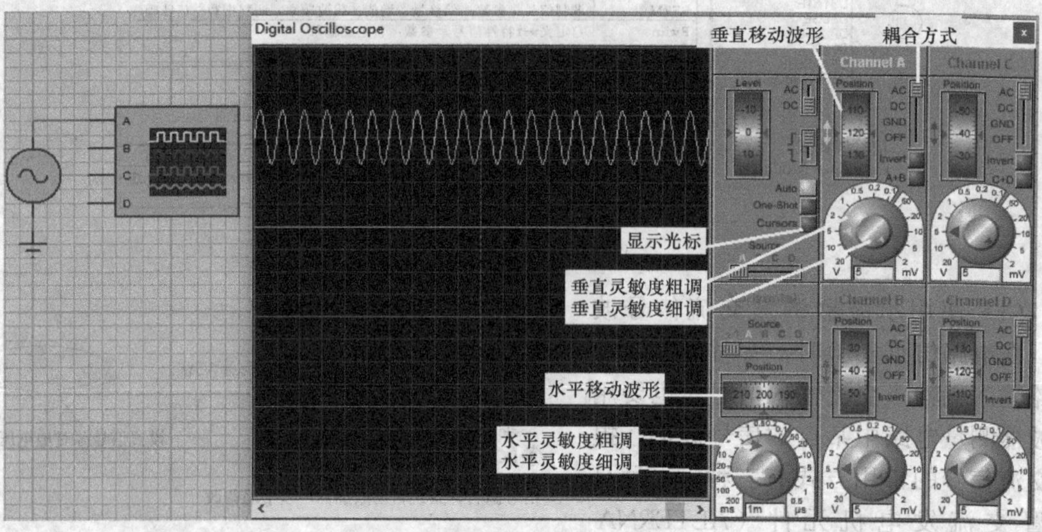

图 A-44　仿真运行时的示波器窗口

在使用示波器时，如果在仿真运行状态下，关闭了示波器面板，则系统下次运行时，示波器面板不会自动弹出。要再次调出示波器面板，需要在仿真运行状态下，选择调试菜单（Debug）中的数字示波器（Digital Oscilloscope）命令。

在图 A-45 所示电路中，使用交流信号源符号提供交流信号，该符号在专用工具栏的信号源模式（Generator Mode）中，名称为 SINE。在仿真之前，需要用鼠标左键双击该符号，在弹出的信号源属性（Sine Generator Properties）对话框中设置输出信号的振幅（Amplitude）和频率（Frequency）。

在图 A-46 所示电路中，使用信号发生器提供交流信号，该仪器在专用工具栏的虚拟仪器（INSTROMENTS）模式中，名字为 SIGNAL GENERATOR。图 A-47 所示为仿真运行信号发生器的控制面板，通过该控制面板可以调节信号发生器的输出波形、频率和振幅。通过信号发生器可以提供方波、锯齿波、三角波、正弦波。

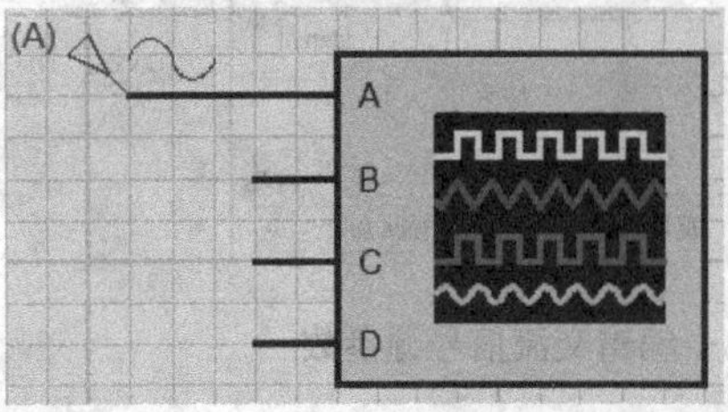

图 A-45　使用交流信号源符号

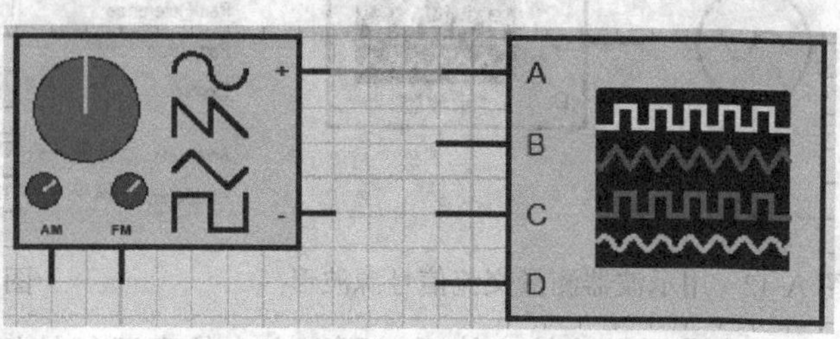

图 A-46　使用信号发生器

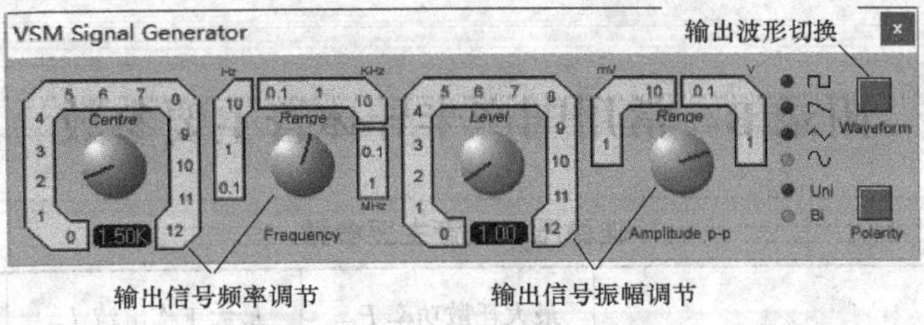

图 A-47　仿真运行时的信号发生器控制面板

（5）使用探针测量电压和电流。在电路仿真时，可以使用电压探针来测量电路中某点对地的电压，利用电流探针来测量电路中某条支路的电流。选择专用工具栏中的探针模式（Probe Mode）工具，在探针对象选择框内列出了三种探针，如图 A-48 所示。

在电路中放置电压和电流探针，如图 A-49 所示，仿真结果如图 A-50 所示。电压探针测量的数值为被测点同接地点（又称参考点或零电位点）之间的电压，也就是被测点的电位。

图 A-51 所示电路中无接地符号，电路默认接地点为电源的中心，所以电压探针测量电源正极电位的结果为电源电压的一半。

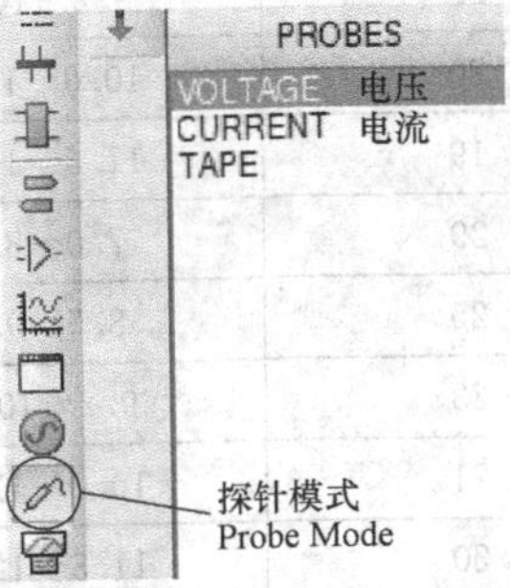

图 A-48　探针模式

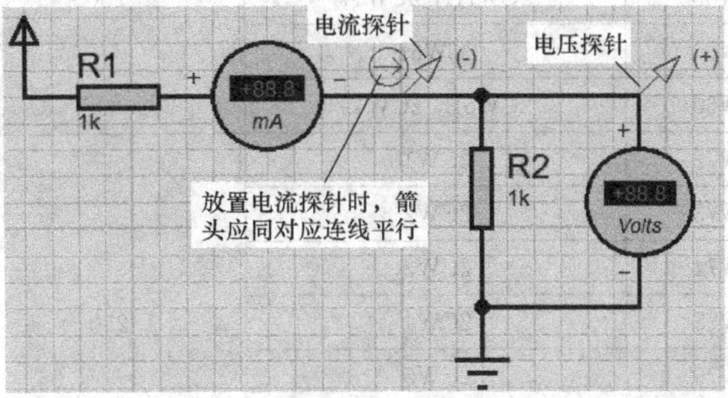

图 A-49　在电路中放置电压和电流探针

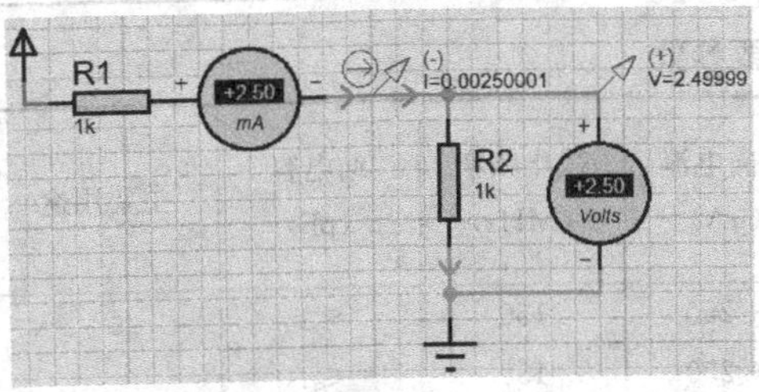

图 A-50　电压和电流探针测量结果

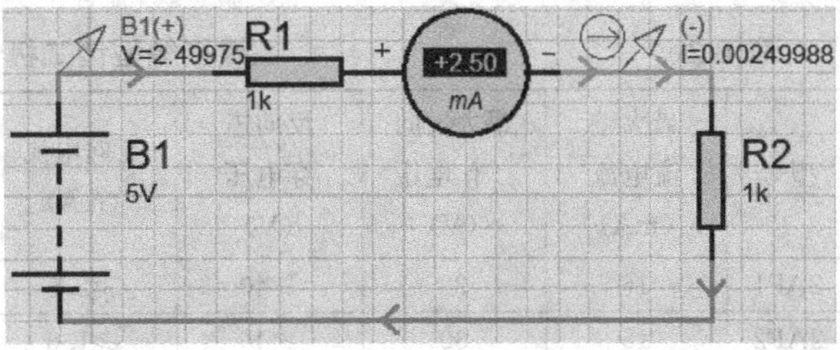

图 A-51　电路中无接地符号时电压探针测量结果

附录 B　常用国产半导体管主要参数

表 B-1　　　　硅稳压二极管主要参数

部标型号	旧型号	最大耗散功率 P_{zm} (mW)	最大工作电流 I_{zm} (mA)	稳定电压 U_z (V)
2CW50	2CW9		83	1.0～2.8
2CW51	2CW7，2CW10		71	2.5～3.5
2CW52	2CW7A，2CW11	250	55	3.2～4.5
2CW53	2CW7B，2CW12		41	4.0～5.8
2CW54	2CW7C，2CW13		38	5.5～6.5
2CW55	2CW7D，2CW14		33	6.2～7.5
2CW56	2CW7E，2CW15		27	7.0～8.8
2CW57	2CW7F，2CW16		26	8.5～9.5
2CW58	2CW7G，2CW17	250	23	9.2～10.5
2CW59	2CW6B		20	10.0～11.8
2CW60	2CW6E，2CW19		19	11.5～12.5
2CW72	2CW1		29	7.0～8.8
2CW73	2CW2		25	8.5～9.5
2CW74	2CW3		23	9.2～10.5
2CW75	2CW4	250	21	10.0～11.8
2CW76	2CW5		20	11.5～12.5
2CW77	2CW5		18	12.2～14.0
2CW78	2CW6		14	13.5～17

表 B-2　　　　点接触型锗二极管主要参数

型号	最大整流电流 (mA)	最大反向工作电压 (V)	反向击穿电压 (V)	正向电流 (mA)	反向电流 (μA)	截止频率 (MHz)	结电容 (pF)	主要用途
2AP1	16	20	≥40	≥2.5	≤250	150	≤1	作检波和小电流整流用
2AP2	16	30	≥45	≥1.0	≤250	150	≤1	
2AP3	25	30	≥45	≥7.5	≤250	150	≤1	
2AP4	16	50	≥75	≥5.0	≤250	150	≤1	
2AP5	16	75	≥110	≥2.5	≤250	150	≤1	
2AP6	12	100	≥150	≥1.0	≤250	150	≤1	
2AP7	12	100	≥150	≥5.0	≤250	150	≤1	
2AP8	≥5	15	≥20	≥4.0	≤200	150	≤1	
2AP9	5	10	≥65	≥8.0	≤200	100	≤1	
2AP10	5	20	≥65	≥8.0	≤200	100	≤1	

表 B-3　部标硅半导体二极管最高反向工作电压 U_{rm} 规定

分档标志	A	B	C	D	E	F	G	H	J	K	L	M
U_{rm}（V）	25	50	100	200	300	400	500	600	700	800	900	1000

表 B-4　硅半导体二极管

部标型号	旧型号	额定正向整流电流 I_f（A）	正向压降（平均值）V_f（V）	工作频率 f（kHz）	主要用途
2CZ52A～H	2CP10～20	0.10	≤1.0	3	用于整流
2CZ53C～K	2CP21～28	0.30			
2CZ54B～G	2CP33A～I	0.50			
2CZ55C～M	2CZ11A～J	1			
2CZ56C～K	2CZ12A～H	3	≤0.8		
2CZ57C～M	2CZ13B～K	5			
2CZ58	2CZ10	10			
2CZ59	2CZ20	20			
2CZ60	2CZ30	50			

表 B-5　常用国产半导体三极管主要参数

部标型号	旧型号	P_{cm}（mW）	I_{cm}（mA）	$V_{(BR)CEO}$（V）	H_{fe}（色标分档）	f_t
3AX31A、B、C、D		125	125	A：12 B：18 C：24 D：12	40～180	≥8kHz
3AX81A、B		200	200	A：10 B：15	40～270	≥6kHz
3BX31M		125	125	≥6	80～400	≥8kHz
3BX81A、B		200	200	A：10 B：15	40～270	≥6kHz
3AG56A	3AG1A	50	10	≥10	40～270	≥25MHz
3AG56D	3AG1E	50	50	≥10	40～180	≥65MHz
3DG100A、B、C、D	3DG6B、D	100	20	A：20 B：30 C：20 D：30	≥30 红：30～60 绿：50～110 蓝：90～160 白：≥150	≥150MHz
	3DG6C					≥300MHz

续表

部标型号	旧型号	P_{cm}（mW）	I_{cm}（mA）	$V_{(BR)CEO}$（V）	H_{fe}（色标分档）	f_t
3DG110A、B、C、D	3DG4B、C 3DG4D	300	30	A：15 B：30 C：45 D：15	≥30 色标分档： 红：30～60 绿：50～110 蓝：90～160 白：≥150	≥150MHz ≥300MHz
3DG121A、B、C、D	3DG7A、B、C、D	500	100	A：30 B：45 C：30 D：45	≥30 色标分档 红：30～60 绿：50～110 蓝：90～160 白：≥150	≥150MHz ≥300MHz
3DG130A、B、C、D	3DG12A、B、C、D	700	300	A：30 B：45 C：30 D：45	≥30 色标分档 红：30～60 绿：50～110 蓝：90～160 白：≥150	≥150MHz ≥300MHz
3DG182C、D	3DG27C、D	700	300	C：140 D：180	≥30 色标分档 红：30～60 绿：50～110 蓝：90～160 白：≥150	≥50MHz
3CG100	3CG1、14	100	30	15～35	≥25	≥100MHz
3CG111	3CG2、3	300	50	15～45	≥25	≥200MHz
3CG130	3CG4、9	700	300	15～45	≥25	≥80MHz
3AD50A	3AD6A	10W	3A	18	≥20	4MHz
3AD51A	3AD1、2	10W	2A	18	≥20	4MHz
3AD53A	3AD30A	20W	6A	12	≥20	4MHz
3AD56A	3AD18 B	50W	15A	30	≥20	4MHz
3DD101A	3DD15B	50W	5A	≥100	≥20	≥1MHz
3DD101B	3DD15C	50W	5A	≥200	≥20	≥1MHz
3DA101A	3DA1A	7.5W	1A	≥30	≥10	≥50MHz
3DA101B	3DA1B	7.5W	1A	≥45	≥15	≥70MHz
3DA101C	3DA1C	7.5W	1A	≥60	≥15	≥100MHz

附录 C　常用集成电路引脚图

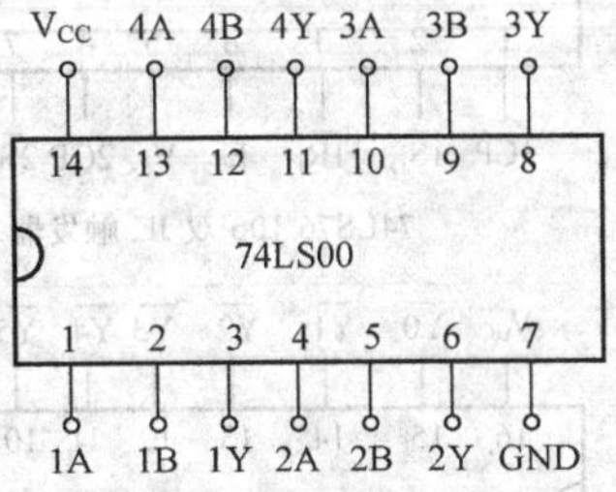

与非门 74LS00

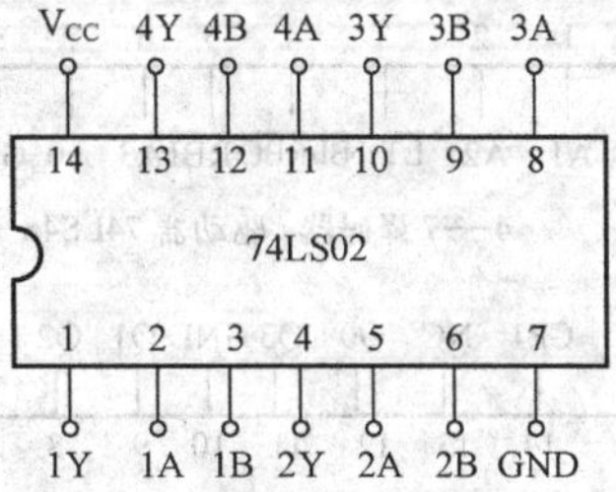

四个二输入或非门 74LS02

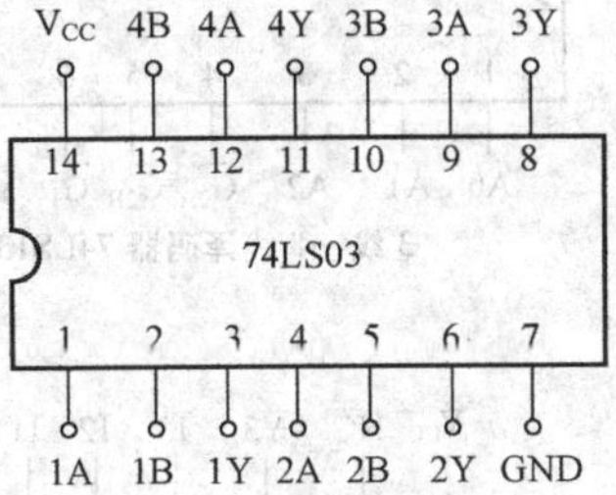

四个二输入与非门 74LS03

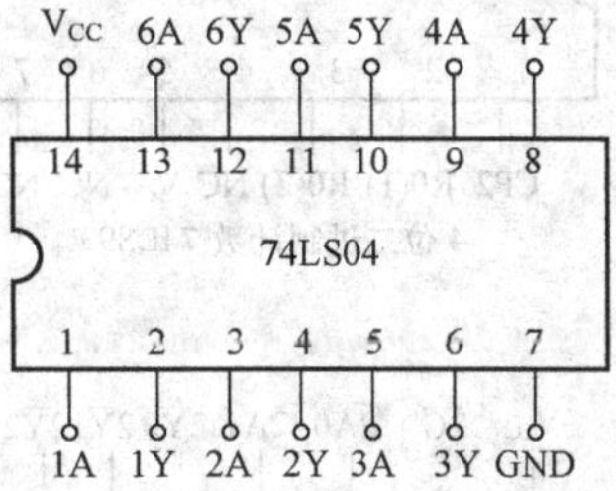

非门 74LS04

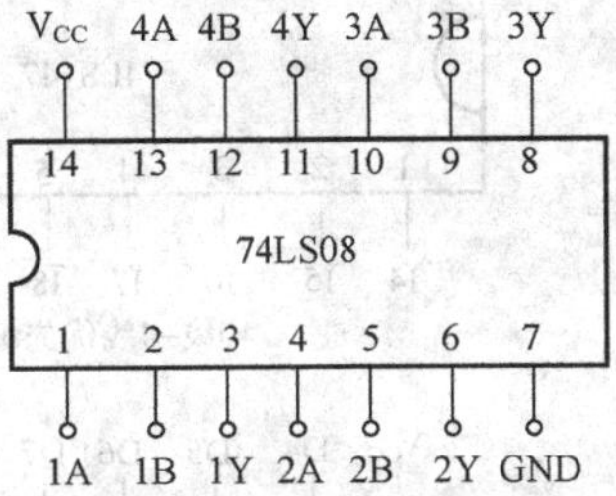

四个二输入与门 74LS08

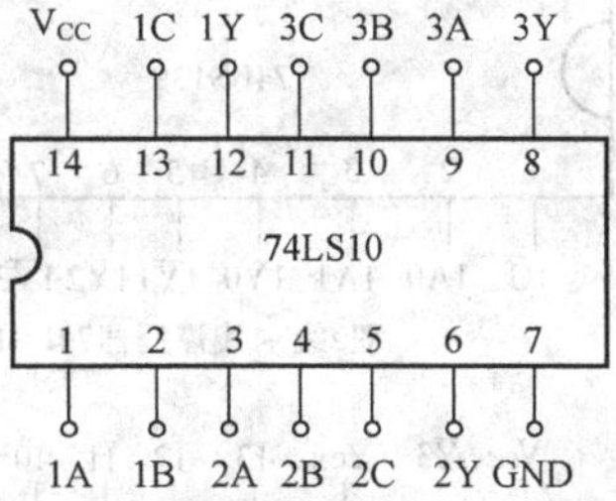

三个三输入与非门 74LS10

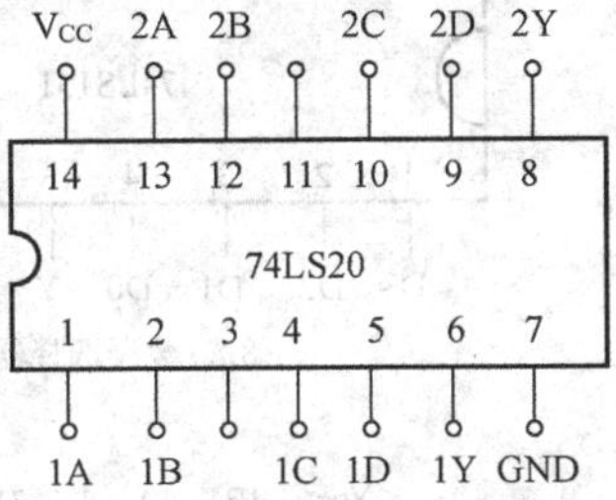

与非门 74LS20

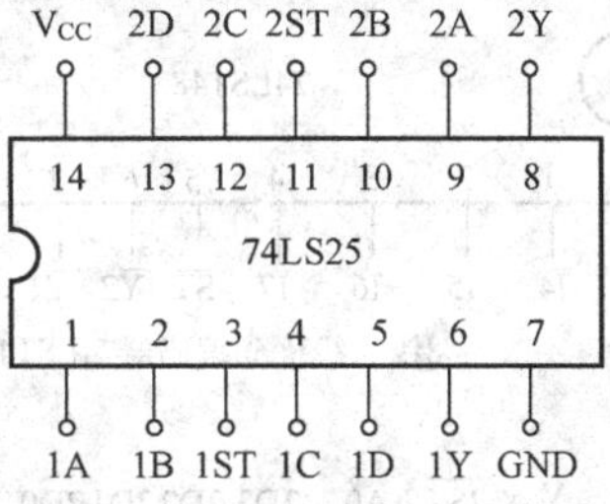

或非门 74LS25

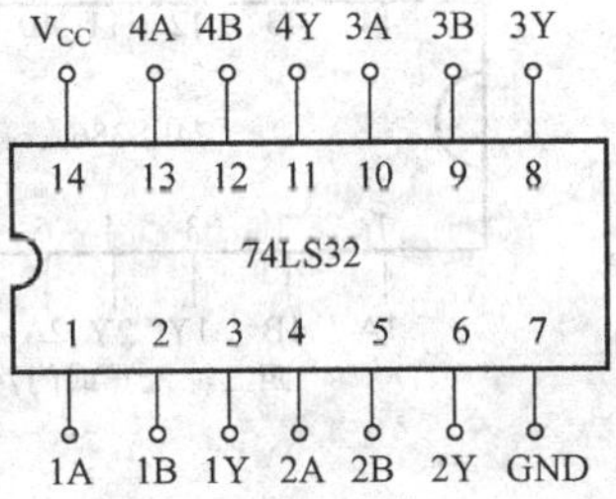

四个二输入或门 74LS32

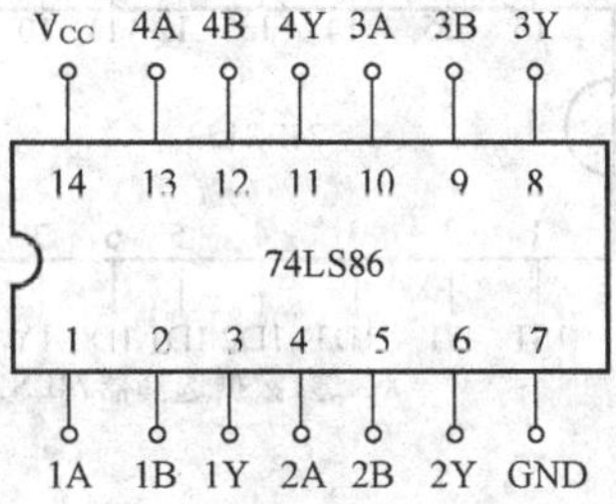

四个二输入异或门 74LS86

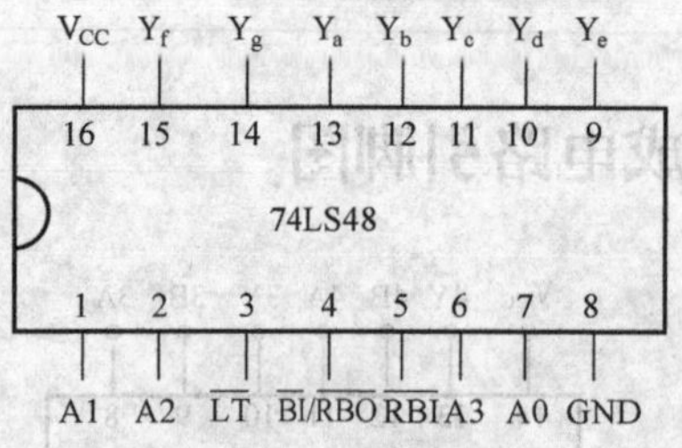

4—7 译码器 / 驱动器 74LS48

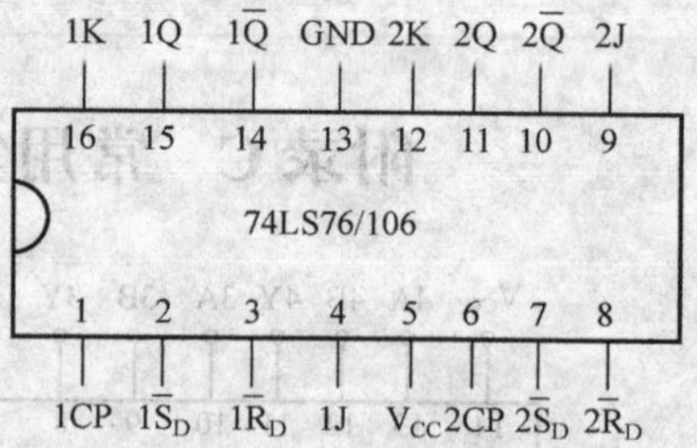

74LS76/106 双 JK 触发器

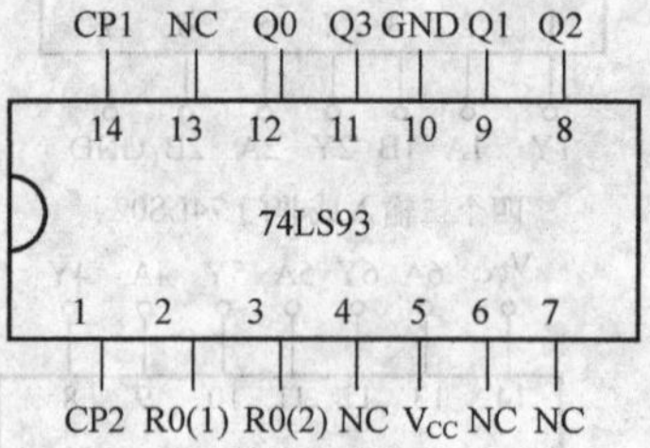

4 位二进制计数 74LS93

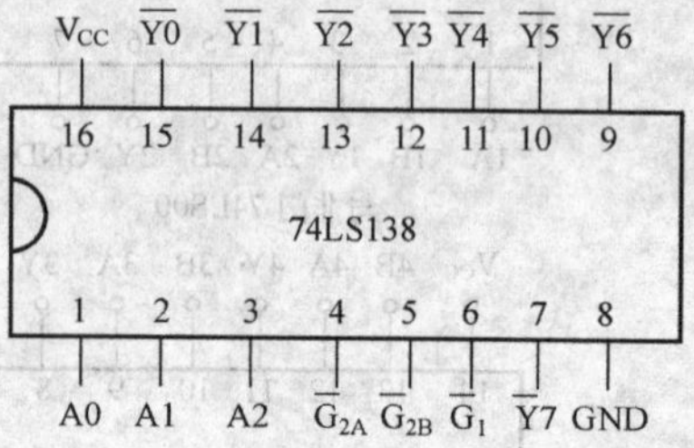

3 线 -8 线译码器 74LS138

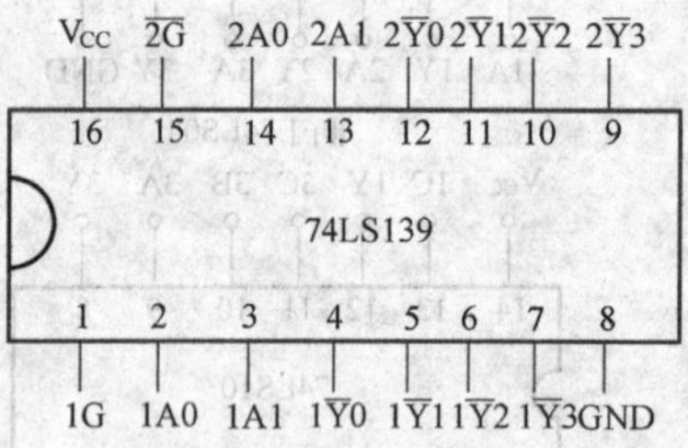

双2线–4线译码器74LS139

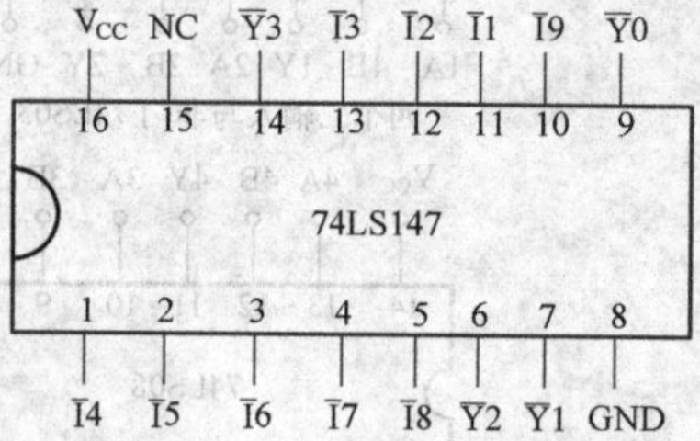

10线–4线优先编码器74LS147

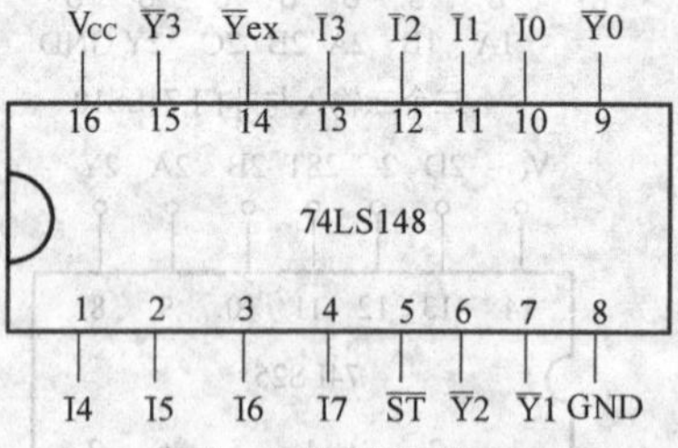

8线–3线优先编码器74LS148

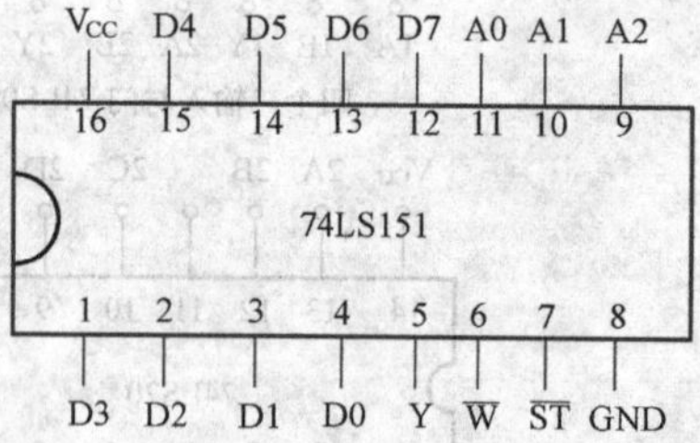

8选1数据选择器74LS151

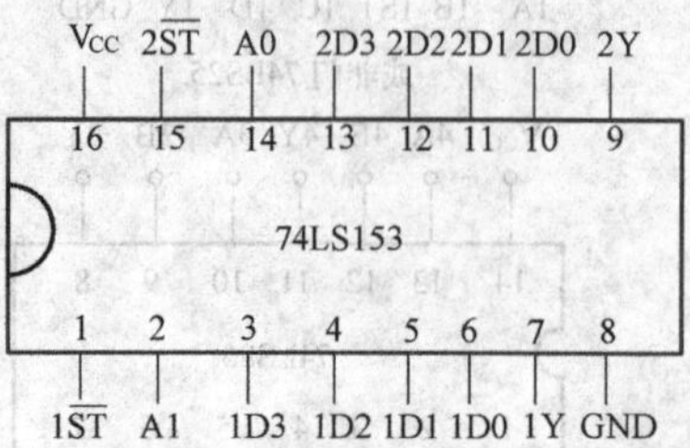

双4选1数据选择器74LS153

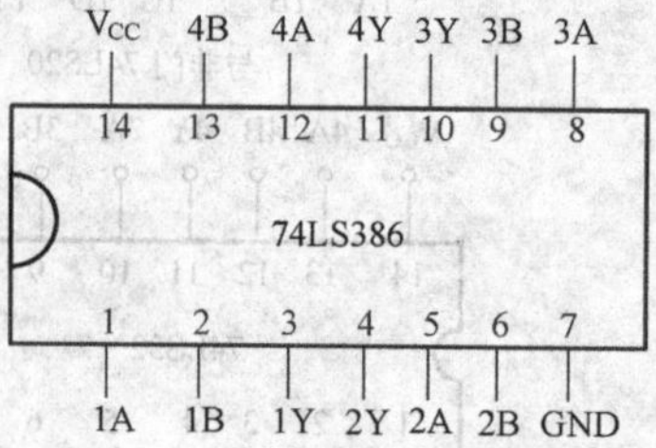

四二输入异或门74LS386

附录D 晶闸管及其应用电路

1. 概述

晶闸管（Thyristor）是硅晶体闸流管的简称，又称可控硅整流器（Silicon Controlled Rectifier——SCR），它是1956年由美国贝尔实验室（Bell Lab）发明的，之后，1957年美国通用电气公司（GE）开发出世界上第一只晶闸管产品。1958年，它的商业化开辟了电力电子技术迅速发展和广泛应用的崭新时代；20世纪80年代以来，它开始被性能更好的全控型器件取代；但由于其能承受的电压和电流容量最高，工作可靠，因此它在大容量的场合具有重要地位。

晶闸管包括普通晶闸管、逆导晶闸管、双向晶闸管和可关断晶闸管等。由于普通晶闸管应用最为普遍，因此通常所说的晶闸管就是指普通晶闸管。

2. 晶闸管及其工作原理

(1) 晶闸管外形及符号。晶闸管的外形和电气图形符号如图D-1所示。从外形上看，通常有螺栓型和平板型两种，有三个供接线用的接线端子，分别为阳极（Anode）A、阴极（Kathode）K和门极（Gate）（控制端）G。螺栓式晶闸管，通常螺栓是其阳极，能与散热器（Radiator）紧密连接且安装方便，但散热效果不理想，多用于电流在200A以下的器件；平板式晶闸管可由两个散热器（Radiator）将其夹在中间，散热效果好，超过200A的元件大多采用此种结构。

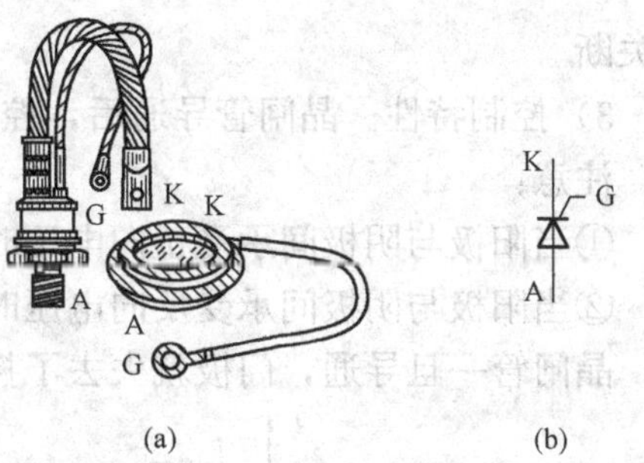

图D-1 晶闸管的外形、结构和电气图形符号
(a) 外形；(b) 电气图形符号

(2) 晶闸管的结构与工作原理。晶闸管的内部是一个四层、三个PN结（J1、J2、J3）的半导体芯片，封装时将三个极用引线引出。通常晶闸管三个极的电流分别称为阳极电流 i_A，阴极电流 i_K 和门极电流 i_G。阳极—阴极间电压称为阳极电压，门极与阴极间的电压为门极电压。

晶闸管可用如图D-2（c）所示的等效电路来表示。它可以看成是由PNP和NPN型两个晶体管联结而成，每一个晶体管的基极与另一个晶体管的集电极相连。阳极A相当于PNP型晶体管VT1的发射极，阴极K相当于NPN型晶体管VT2的发射极。

(3) 晶闸管的导通与截止条件。先介绍两个重要参数。

维持电流 I_H：它是使晶闸管维持导通所必需的最小电流，一般为几十到几百毫安，与结温有关，结温越高，I_H 越小。

擎住电流 I_L：晶闸管刚从关断状态转入导通状态并移除触发信号后，能维持导通所需的最小电流。对同一晶闸管来说，通常 I_L 约为 I_H 的2～4倍。

1) 导通条件。晶闸管由关断状态变为导通时必须同时具备以下两个条件：

①晶闸管阳极电路加正向电压；

②控制极加适当的正向电压（实际工作中，控制极加正触发脉冲信号）。

2) 截止条件。晶闸管在导通状态下，阳极电流逐渐减小到维持电流 I_H 以下时晶闸管自

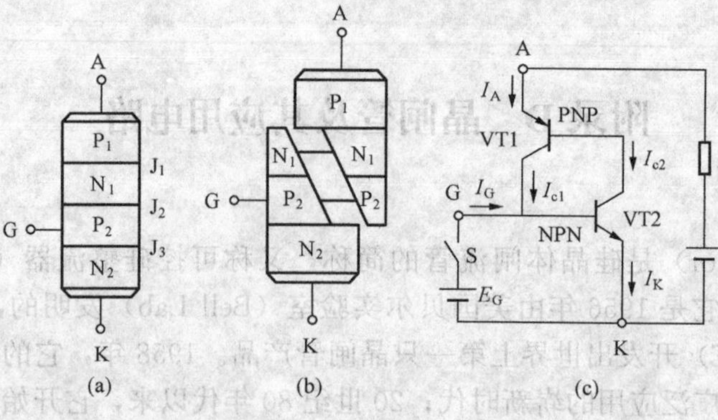

图 D-2　晶闸管的双晶体管模型及其工作原理

（a）基本结构；（b）双晶体管模型；（c）等效电路

行关断。

3）控制特性。晶闸管导通后，控制极便不起作用了，即晶闸管一旦导通，便失去控制。注意：

①当阳极与阴极间承受正向电压时，仅在门极有触发电流的情况下晶闸管才能开通；

②当阳极与阴极间承受反向电压时，不论门极是否有触发电流，晶闸管都不会导通；晶闸管一旦导通，门极就失去了控制作用，这也是晶闸管之所以为半控型器件的原因。

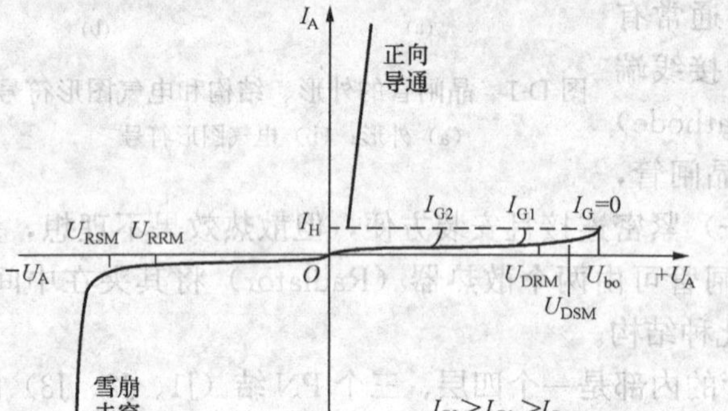

图 D-3　晶闸管阳极伏安特性

（4）阳极伏安特性。晶闸管的阳极伏安特性是指晶闸管阳极电流和阳极电压之间的关系曲线，如图 D-3 所示。其中：第Ⅰ象限的是正向特性；第Ⅲ象限的是反向特性。晶闸管的门极触发电流从门极流入晶闸管，从阴极流出，门极触发电流也往往是通过触发电路在门极和阴极之间施加的触发电压而产生的。

从图 D-3 可看出：

1）随着门极触发电流幅值的增大，正向转折电压降低；

2）导通后的晶闸管特性和二极管的正向特性相仿；

3）晶闸管本身的导通压降很小，在 1V 左右；导通期间，如果门极电流为零，并且阳极电流降至 I_H 以下，则晶闸管又回到正向阻断状态。

4）晶闸管上施加反向电压时，其伏安特性类似于二极管的反向特性。

3. 单相半波可控整流电路

单相半波可控整流电路是组成各种类型可控整流电路的基本单元电路，可控整流电路的工作回路都可等效为单相半波可控整流电路。因此，对于单相半波可控整流电路的分析是十分重要的，它可以作为研究各种可控整流电路的基础。单相半波可控整流电路可以为各种负载供电，下面分别对电阻负载和阻感负载进行分析讨论。

（1）电阻性负载。图 D-4 所示为单相半波可控整流电路的主电路及波形图，其输入为单

相正弦交流电压，经变压器变压，二次侧电压可表示为

$$u_2 = \sqrt{2}U_2\sin\omega t$$

下面介绍几个分析可控整流电路要用到的重要的基本概念：

1）触发延迟角。从晶闸管开始承受正向阳极电压起到施加触发脉冲为止的电角度，用 α 表示，也称触发角或控制角；

2）导通角。晶闸管在一个电源周期中处于通态的电角度，用 θ 表示。

在 u_2 为正的半个周期内，晶闸管为正向电压作用，具备由阻断状态到导通状态的主电路条件。当未予触发时，晶闸管处于正向阻断状态，承受全部电源电压。晶闸管端电压 $u_{VT}=u_2$，输出电压 $u_d=0$。设 $\omega t=\alpha<\pi$ 时，施加门极触发脉冲，晶闸管具备由阻断状态转为导通状态的两个条件，立即开通。晶闸管导通后，电源电压全部加于负载电阻，晶闸管端电压 $u_{VT}=0$；输出电压 $u_d=u_2$。负载电阻 R、晶闸管 VT 和电源变压器 T 二次绕组通过的电流相同。当 $\omega t=\pi$ 时，$u_2=0$，晶闸管自然关断。在 u_2 的负半周内，电源电压 u_2 对晶闸管而言为反向电压，晶闸管处于反向阻断状态，承受全部电源电压。$u_{VT}=u_2$，$u_d=0$。输出电压 u_d，晶闸管端电压 u_{VT} 可用周期为 2π 的周期量表示为

$$u_d=\begin{cases}\sqrt{2}U_2\sin\omega t, & \alpha\leqslant\omega t\leqslant\pi\\ 0, & \pi<\omega t\leqslant 2\pi+\alpha\end{cases}$$

$$u_{VT}=\begin{cases}0 & \alpha\leqslant\omega t\leqslant\pi\\ \sqrt{2}U_2\sin\omega t & \pi<\omega t\leqslant 2\pi+\alpha\end{cases}$$

假设触发延迟角为 α，则直流输出电压平均值为

$$U_d=\frac{1}{2\pi}\int_\alpha^\pi\sqrt{2}U_2\sin\omega t\,d(\omega t)=\frac{\sqrt{2}U}{2\pi}(1+\cos\alpha)$$

$$=0.45U_2\,\frac{1+\cos\alpha}{2}$$

晶闸管 VT 的 α 移相范围为 180°，α 角度不同，则得到的直流电压大小不同，这种通过控制触发脉冲的相位来控制直流输出电压大小的方式称为相位控制方式，简称相控方式。

（2）阻感性负载及续流二极管作用。

阻感负载的特点：电感对电流变化有抗拒作用，使得流过电感的电流不能发生突变。图 D-5 所示为阻感负载单相半波可控整流主电路及波形图。比较图 D-4与图 D-5 可看出，由于电感的储能作用，使得晶闸管输出电压的波形存在负的部分，并且，随着电感 L 越大，电感储能越多，导通角越大，输出电压负的部分也随之增加。显然，在控制角 α 相同的条件下，输出整流平均电压 U_d 将随电感 L 的增大而下降。为了解决这一问题，可在电源电压过零变负时，为负载电流提供一条新的电流回路，并迫使导通的晶闸管元件关断。这样，电感 L 将不再通过电源释放其储能和

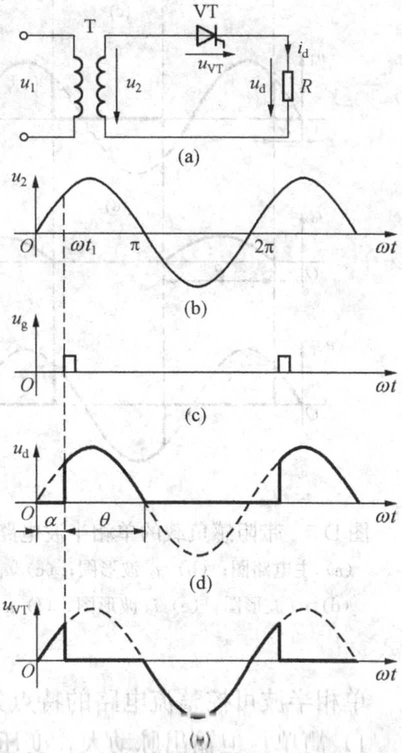

图 D-4 单相半波可控整流电路及波形

（a）主电路；（b）u_2 波形图；（c）u_g 波形图；（d）u_d 波形图；（e）u_{VT} 波形图

回馈电能，输出电压U_d不再出现负的电压。据此设想，可在负载（R_L）两端反并联一个二极管，其主电路如图 D-6（a）所示。因二极管具有单向导电开关特性，在电源电压为正时，晶闸管 VT 为正向电压，二极管则为反向电压，对电路工作不产生影响；在电源电压过零变负时，电感 L 的自感电势对二极管为正向，经二极管为负载电流提供一条继续导通的回路。因此，通常称这样的二极管为续流二极管，以 VDR 表示。在 VDR 开始续流后，晶闸管因承受反向电压而关断。这样使输出电压U_d不再出现负电压，使输出电压的平均值增大。

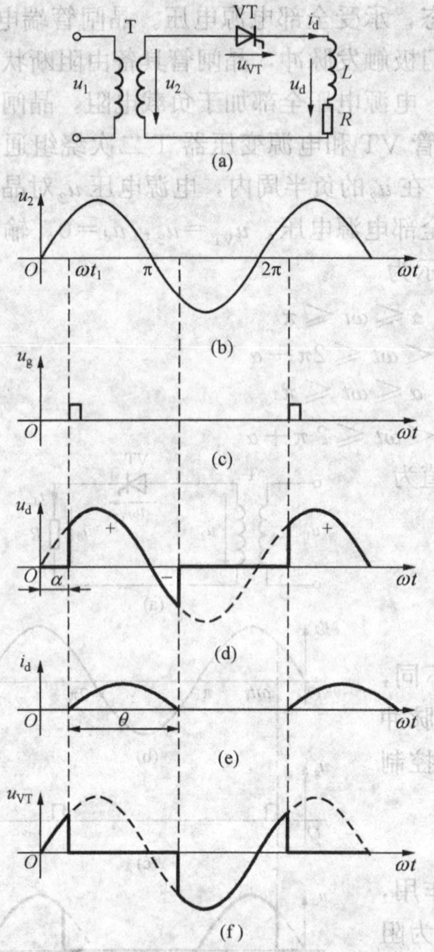

图 D-5　带阻感负载的单相半波电路及其波形

（a）主电路图；（b）u_2 波形图；（c）u_g 波形图；（d）u_d 波形图；（e）i_d 波形图；（f）u_{VT}波形图

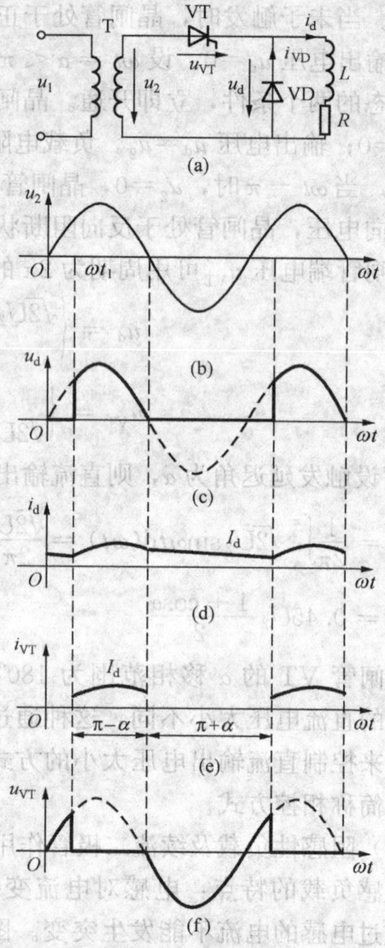

图 D-6　单相半波带阻感负载有续流二极管的电路及波形图

（a）主电路图；（b）u_2 波形图；（c）u_d波形图；（d）i_d 波形图；（e）i_{VT}波形图；（f）u_{VT}波形图

单相半波可控整流电路的特点如下：

1）简单，但输出脉动大，变压器二次侧电流中含直流分量，造成变压器铁心直流磁化。

2）实际上很少应用此种电路。

4. 单相桥式全控整流电路

（1）电阻性负载。单相桥式全控整流电路的主电路及波形图如图 D-7 所示。

VT1 和 VT4 组成一对桥臂，VT2 和 VT3 组成另一对桥臂，假设触发角为 α，则当 $\omega t<\alpha$时，晶闸管未导通，全部电压加到处于一对桥臂的两个晶闸管上，则输出电压为零，而每个管子上的压降为 $1/2u_2$。α 角的移相范围为 0 °~180 °。

假设触发角为 α，则输出直流平均电压大小为

$$U_d=\frac{1}{\pi}\int_x^{\pi}\sqrt{2}U_2\sin\omega t\,d(\omega t)=\frac{2\sqrt{2}U_2}{\pi}\frac{1+\cos\alpha}{2}=0.9U_2\frac{1+\cos\alpha}{2}$$

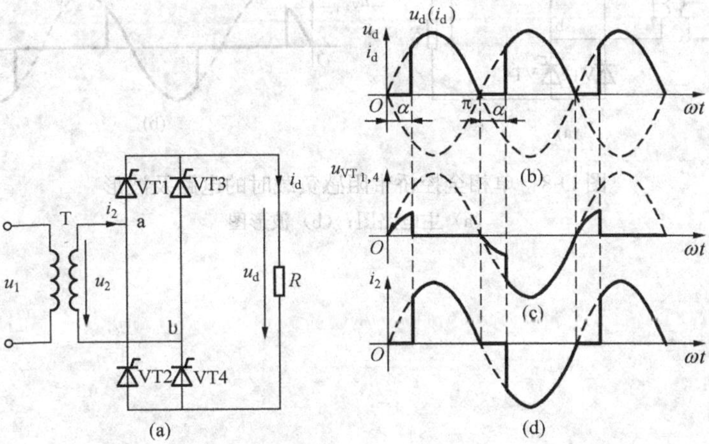

图 D-7 单相全控桥式带电阻负载时的电路及波形

(a) 主电路图；(b) u_d 波形图；(c) u_{VT}波形图；(d) i_2 波形图

输出电流大小为

$$I_d=\frac{U_d}{R}=\frac{2\sqrt{2}U_2}{\pi R}\frac{1+\cos\alpha}{2}=0.9\frac{U_2}{R}\frac{1+\cos\alpha}{2}$$

流过晶闸管电流的平均值为

$$I_{dVT}=\frac{1}{2}I_d=0.45\frac{U_2}{R}\frac{1+\cos\alpha}{2}$$

(2) 阻感性负载。为便于讨论，我们作如下假设：假设电路已工作于稳态，i_d的平均值不变；假设负载电感很大，负载电流 i_d连续且波形近似为一水平线。

当 u_2过零变负时，由于电感的作用，晶闸管 VT1 和 VT4 中仍流过电流 i_d，并不关断，至 $\omega t=\pi+\alpha$ 时刻，给 VT2 和 VT3 加触发脉冲，因 VT2 和 VT3 本已承受正向电压，故两管导通。VT2 和 VT3 导通后，u_2通过 VT2 和 VT3 分别向 VT1 和 VT4 施加反向电压使 VT1 和 VT4 关断。

分析图 D-8 可看出，由于是阻感负载，输出电压也存在负的部分，若电感 L 值很大，则输出电流可认为是一条直线。

$$U_d=\frac{1}{\pi}\int_x^{\pi+\alpha}\sqrt{2}U_2\sin\omega t\,d(\omega t)=\frac{2\sqrt{2}}{\pi}U_2\cos\alpha=0.9U_2\cos\alpha$$

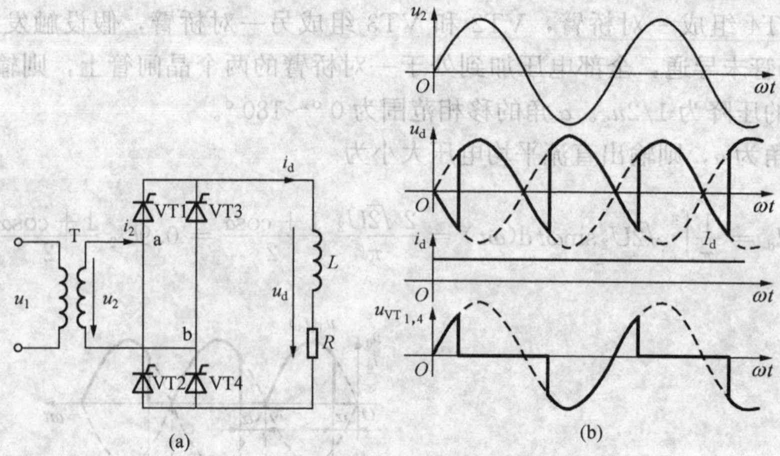

图 D-8 单相全控桥带阻感负载时的电路及波形

（a）主电路图；（b）波形图

参 考 文 献

[1] 谢兰清．电子技术项目教程[M]．北京：电子工业出版社，2009.
[2] 贾更新．电子技术实验、设计与仿真[M]．郑州：郑州大学出版社，2006.
[3] 江小安．模拟电子技术[M]．西安：西北大学出版社，2006.
[4] 佘新平．数字电子技术[M]．武汉：华中科技大学出版社，2007.
[5] 李加升．电子技术[M]．北京：北京理工大学出版社，2007.
[6] 王卫平．数字电子技术实践[M]．大连：大连理工大学出版社，2009.
[7] 周良权，等．数字电子技术基础[M]．北京：高等教育出版社，2002.
[8] 周良权，等．模拟电子技术基础[M]．北京：高等教育出版社，2009.
[9] 华永平，等．电子线路课程设计：仿真、设计与制作[M]．南京：东南大学出版社，2002.
[10] 李增国．电子技术[M]．北京：北京航空航天大学出版社，2010.
[11] 刘建成，等．电子技术实验与设计教程[M]．北京：电子工业出版社，2007.